完美家装必修的68堂课

汤留泉 等 编著

中国建筑工业出版社

内容简介

本书以全新的表述形式介绍了现代家居装修全过程，将专业性较强的装修知识融会贯通，潜移默化地转为通俗读本，令广大业主轻松了解装修重点，由重点举一反三，覆盖装修全局，毫无遗漏地介绍了家居装修细节，同时揭开装修内幕，提出防上当受骗的方法，使繁琐的装修不再令人头疼。本书分为68堂课，包容设计、选材、施工、配饰全部内容，是一册全新的装修百科全书，适合即将装修或正在装修的业主阅读，既是专业性较强的装修图书，又是增长生活经验的休闲读物。

前　言

　　家居装修现在已经融入普通百姓生活中。家装内容复杂，所包容的细节与要点很多，作为普通装修业主应当了解相关的专业知识才能将其掌控好。家居装修不同于烹饪、健身、美容、广大业主完全依靠自己是不能完成的，装修需要聘用设计师、施工员，要和材料商、装饰公司交往，涉及内容多样，装修业主需要系统、深入地学习才能操控家装全程。为了追求时尚精简的家装，获得高品质生活质量，应该从以下几个方面入手。

　　1. 重新分配建造投资

　　目前我国城镇住宅的装修周期普遍为5～10年，从初次购房后的使用价值来看，装修投资一般为800～1000元／m²，考虑今后社会经济发展变化，第2～3次装修的投资会有所增加。如果希望在使用频率较高的卧室、卫生间、厨房、客厅中营造出更好的起居环境，可以适当增加投入，同时简化储藏间、客房、书房等不常用的室内空间装修，如在储藏间内只保留水泥抹灰墙地面，在客房、书房中只涂刷墙面乳胶漆，地面涂刷普通混油，简化家具、灯具配置等，这样可以大幅度节省资金。

　　2. 掌握材料选购常识

　　装饰材料是从建筑材料分离出来的，但是又不同于建筑材料。装饰材料的特征在于品种繁多、门类细致、使用面广、差价很大。同种材料在市场上有多种产品可供挑选，即使是同种价位，都需要经过细致地挑选。例如，廉价劣质的水泥砂浆及防水剂会对高档外部饰面型材造成侵蚀，使用劣质木芯板制作衣柜会使高档外部饰面板起泡、开裂等。在选择过程中要做到货比三家与量体裁衣，在市场上多看多比较，根据自己的实际情况选择材料的档次。

3. 了解现代装修工艺

装修施工与建筑施工虽然有联系，但是联系不大，装修施工讲求精、细、慢，大多为独立施工，对施工质量有特别严格的要求，装修结束后即可入住使用，装修构造表面再没有其他东西掩盖、装饰。例如，从事地砖铺贴与墙砖砌筑的同样是泥瓦工，但地砖铺贴要求更细致，表面再无水泥砂浆抹灰掩盖。又如，装修木工制作的家具要反复校正边缘的精确度，棱角边缘要求平直、光滑但又不锐利。而建筑施工讲求集体协调，统筹并进，技术操作要领没有装修施工细致，很多成品构造都依靠后期装修来掩盖。

家居装修知识包含诸多细节，业主在学习家装知识时，往往感到学得会但记不住，会得多但用得少，花费了大量时间、精力，但收得的成效却很少，影响装修进程与质量控制。这是因为传统装修理论知识多来自于建筑、装饰专业图书，文字表述以系统化、章节化的语言陈述，配置复杂的表格、图例，令人感到疲劳。家居装修知识虽然繁多，但是对于业主而言，可学可用的重点内容则屈指可数，只需要掌握关键环节即可轻松入门。本书针对上述要点全面讲解现代家居装修的重点内容，使装修业主彻底了解现代装修常识。在本书编著过程中，也得到了广大同仁的热情支持，以下同事、同学、业主为本书提供了大量原始素材，在此表示衷心感谢！

李映彤　李建华　刘艳芳　吕　菲　马一峰　秦　哲　卢　丹

施艳萍　孙未靖　万才荣　杨　清　余珺怡　张　刚　赵　媛

编者

2013.1

目　录

第一篇　家装准备

关键词：考察、承包、设计师、装饰公司

第1课　现代家装发展趋势

我国的家装行业已经发展了20年，从20世纪90年代初开始，老百姓乔迁新居必然会想到专业的装修，不再是简单的四壁刷白、购置家具后入住。从石灰刷墙到可擦洗乳胶漆，从水磨石地面到铺贴玻化砖，从砖砌灶台到成品橱柜，无不反映时代的变迁。目前，我国家装产业发展迅速，即使与欧美发达国家相比，设计与施工水平也毫不逊色，正朝着舒适、经济、精湛、环保等四个方向发展。

1．居住环境舒适优雅

居住环境的舒适性来自于空间的合理划分，这是装修的基本要求，为了获得合理的生活空间，通常要对原有建筑形态作一些改造。有的住宅卧室面积太小，但房间数量较多，可以适当拆墙将它们合并起来。相反，也可以作分隔，满足不同家庭成员的需求。

紧凑的储藏空间也是中国式装修的一大特色，如果是房间数量少、面积小的住宅，还可以向高处扩展，壁橱、吊柜都是增加收纳空间的最佳场所。大门入口、卧室转角、吊顶内部、阳台边侧都可以成为相对独立的储藏空间，它能有效收纳杂物，方便生活起居，使有限的空间得到无限的扩展（见图1-1）。同时，住宅空间与家具尺度也要亲近宜人，尺度应该适合家庭成员的特定高度，需要定身量造，决不能东拼西凑。

"优雅"这类词在装修中其实是个很模糊的概念，谁都不能说自己觉得好看的就是优雅，更不会盲目去效仿别人。一般要理解装修中的"优雅"，只能认为是共性美，也就是大多数人觉得比较好的就可以算是"优雅"。这种共性美是有规律的，容易让人把握。例如，对主题墙装饰造型作画龙点睛，将家庭成员喜好的元素、色彩、饰品等放置在房间墙面的首要部位，围绕成品装饰件进行设计，既能节省成本，又能营造出与众不同的个性化创意（见图1-2）。那么，选择主题墙作装饰就是营造了优雅，它能从整个家居空间中脱颖而出，起到点题亮化的功能，也就符合大多数人的审美。待搬入新居后亲戚朋友看了，都会觉得格调优雅并赞不绝口。而中间放置的元素、色彩、饰品又是家庭成员特别喜欢的东西，这样又满足了个体审美。因此，满足优雅至少要考虑个体与公众双重审美。

2．工程造价经济合算

有多少钱就办多大事儿，装修要适合家庭的经济承受能力。尤其是刚结婚的新人要量力而行，盲目攀比与高消费装修都会给今后的生活带来压力。投资少的可以简单为主，重点装饰局部细节，时间长了遇到审美疲劳还可以随意变换。二次置业的成熟家庭也要注意减少复杂的用材与造型，使用过多的材料会造成长期污染，免得新房没住多久就搬到医院病房去了。

现代装修风格变幻无常，更新速度较快，保养维护非常重要，装修过于复杂，会给日后保养维护带来不少困难，付出的心血与资金会很快付之东流，得不偿失。装修毕竟是消费行为，就像汽车与手机一样，不保值更不增值。

如果资金充足，不妨将钱花在关键部位，充分体现生活质量，如

图1-1　厨房储物空间

图1-2　客厅主题墙

花在品牌瓷砖、中高档卫浴用品、厨房设备上。即使经济条件不太宽裕的家庭，也应当买张舒适柔软的床与耐用的衣柜。总之，主要资金最好花在使用频率高的装修构造上，虽然简洁但质量优异，其实经久耐用也等于经济合算。

3. 施工工艺精湛过硬

家居装修质量离不开过硬的施工工艺，需要精心选购优质装修材料，并配合过硬的施工队来完成，这是保证高品质生活的重要前提。基础设施检验要完备，装修前应该对各种设施作细致检测，水管、电路测压，防水层试水等都是检测重点，一切完备后才能进行装修，否则出现问题很难分辨到底是物业方还是装修方的责任了。水、电、气隐蔽工程需要单独验收，合格后方可继续工程，必要时可以聘请第三方专业监测人员协助验收（见图1-3）。

在整个施工过程中，要严格考察施工员的素质，时常监督施工过程，防止偷工减料。竣工验收时要特别注意油漆涂料表面，要求制作精细，视觉美观。质量不过关会给以后的生活带来很多不便，一旦气候温差有变化，水管就容易破裂，电线就容易短路，墙体就容易开裂，透风、触电、漏水接踵而至，令人防不胜防。

4. 坚持绿色环保装修

现代装饰材料和施工工艺都在不断更新，大多数更新方式都是以

图1-3　电路验收

图1-4　环保板材标签

成品或半成品材料替代以往需要长时间现场制作的装修构造，这些新材料在工厂预制生产，将多种材料融合为一体，追求华丽的外观与高效的使用功能，往往就忽略了装修污染。

环保装修是指从装饰设计、装修工程到家居使用都能贯彻环保健康的理念，时刻注意装修污染和环保行为，能将家居健康生活全部贯彻到装修内容中去。尽可能不使用有毒害的装饰材料进行装修。例如，含高挥发性有机物、含高甲醛等过敏性化学物质、含高放射性的石材等。应该尽量使用经国家环保认证的装修材料（见图1-4），必要时可以请权威机构进行鉴定。

现在，很多业主认为使用环保板材就可以高枕无忧了，其实任何人造板材都有污染，人造板材不可能不掺胶水，胶水里不可能不掺甲醛，因为甲醛是最好的促凝剂、稳定剂，不掺就得延长生产周期，增加生产成本。因此，板材数量多肯定就会造成污染超标，以常见的E1级木芯板为例，甲醛含量应不超过9mg／100g，一次使用50张这样的板材，即使再环保的产品也难免有碍健康。■

第2课　家装前的准备工作

在装修之前要全面了解自己的住宅，主要准备工作就是考察即将装修的住宅，其考察方式与标准都不亚于装修后的验收，目的在于检查住宅质量，找出安全隐患，及时要求物业管理公司整改，无法补救的部位要在装修过程中调整，提出优化方法，彻底解决住宅的各种弊病。因此，装修前的准备工作至关重要。

1. 考察楼盘环境

楼盘环境直接影响将来的装修质量和生活品质，主要看楼盘周边的交通状况、社区环境、房屋自身的适用性和物业服务。

楼盘位置的远近，不仅与实际生活是否方便有关，更重要的是楼盘位置是否与公共交通路线有联系。公交路线与道路条件会影响装修材料进场、施工效率、主要房间布局等问题。

要仔细考察住宅小区的容积率与绿化率。容积率是指小区的总建筑面积与用地面积的比率（总建筑面积／用地面积）。在良好的居住小区中，高层住宅容积率应≤5，多层住宅应≤3。环境设计再好，容积率太低也不切实际，还会影响房间的通风、采光和家具的摆放。此外，楼盘周边是否有乱搭乱建部分也是影响装修的关键。

2. 核实房屋面积

房屋面积是装修预算报价的重点，装修面积主要以建筑面积为准。建筑面积是指房屋外墙、柱、边角以上各层的外围水平投影面积，包括阳台、挑廊、地下室、室外楼梯等，且具备有上盖，结构牢固，层高2.2m以上（含2.2m）的永久性建筑。计算住宅面积的具体范围与方法如下。

1）普通单层住宅

普通单层住宅不论其高度如何，均按1层计算。单层住宅的建筑面积按建筑物外墙勒脚以上的外围水平面积计算。如果单层住宅内部带有部分楼层（如阁楼）也应计算建筑面积。多层或高层住宅建筑的建筑面积，应计算各层建筑面积的总和，其底层按建筑物外墙勒脚以上外围水平面积计算，2层或2层以上按外墙外围水平面积计算。现在常见的外挑窗台不计算面积，但窗台下的墙体厚度需要计算面积。

2）地下室、半地下室

地下室、半地下室等及相应出入口的建筑面积，按建筑外墙（不包括采光井、防潮层及其保护墙）外围的水平面积计算。当地下架空层高于2.2m时，按外围水平面积的50%计算建筑面积。穿过建筑物的通道，建筑内的门厅、大厅不论高度如何，均按1层计算建筑面积。电梯井、提物井、垃圾道、管道井、附墙囱等均按建筑物自然层计算建设面积。住宅建筑内用于修理养护或放置各种设备的技术层，当层高＞2.2m时，按外围水平面积计算建筑面积。

3）独立柱雨篷

独立柱雨篷按顶盖的水平投影面积的50%计算。建筑面积多柱雨篷按外围水平面积计算建筑面积。凸出房屋且有围护结构的楼梯间、水箱间、电梯机房等，按外围水平面积计算建筑面积。两个建筑物之间有顶盖的架空通廊，按通廊的投影面积计算建筑面积。无顶盖的架空通廊按其投影面积的50%计算建筑面积。凸出墙面的门斗、眺望间，按外围水平面积计算建筑面积。

4）封闭式阳台、挑廊

封闭式阳台、挑廊按其外围水平投影面积计算建筑面积。凹式阳台按阳台净面积（包括阳台栏板）的50%计算建筑面积。外挑式阳台按水平投影面积的50%计算建筑面积。住宅建筑内无楼梯，设室外楼梯（包括疏散梯）的，其室外楼梯按每层水平投影面积计算建筑面积；楼内有楼梯，并设室外楼梯（包括疏散梯）的，其室外楼梯按每层水平投影面积的50%计算建筑面积。

5）公摊面积

公摊面积是指每套（单元）商品房应当分摊的公用建筑面积，一般面积包括大堂、公共门厅、走廊、过道、公用厕所、电（楼）梯前厅、楼梯间、电梯井、电梯机房、垃圾道、管道井、消防控制室、水泵房、水箱间、冷冻机房、消防通道、变（配）电室、燃气调压室、卫星电视接收机房、空调机房、热水锅炉房、电梯工休息室、值班警卫室、物业管理用房等以及其他为该建筑服务的专用设备用房。此外，还包括套内公用建筑空间之间的分隔墙及外墙（包括山墙）墙体面积水平投影面积的50%。现在高层住宅的公摊面积占全部建筑面积的20%左右。

6）不计算建筑面积的范围

凸出墙面的构件配件、艺术装饰和挂（壁）板，如柱、垛、勒脚等；检修、消防等用的室外爬梯，宽度在600mm以内的钢结构楼梯；独立不贴于外墙的烟囱、烟道、贮水池等构筑物；没有围护结构的屋顶水箱间；层高低于2.2m的技术层（设备层）；单层住宅的分隔操作间、控制室、仪表间等单层房间；层高低于2.2m的深基础地下架空层；坡地建筑物吊脚架空空间。

3．观察房屋内部结构

住宅价格再便宜、朝向再理想，如果质量不能保证，都会给生活带来无穷的后患和烦恼，在这里主要是了解住宅的内部结构，包括管线的走向、承重墙的位置等，以便装修。房屋的内在质量可以从以下几个方面来看。

1）门窗

观察门的开启关闭是否顺畅，门插是否插入得当，门间隙是否合适，门四边是否紧贴门框，门开关时有无特别的声音，大门、房门的插销、门销是否太长太紧。观察窗边与混凝土墙体之间有无缝隙，窗框属易撞击处，框墙接缝处一定要密实，不能有缝隙。开关窗户是否太紧，开启关闭是否顺畅（见图1-5），窗户玻璃是否完好，窗台下面有无水渍，如有则可能是窗户漏水。

2）顶棚

观察顶上是否有裂缝，如果有裂缝就要具体分析，看是什么样的裂缝。一般而言，与房间横梁平行的裂缝，属于正常的混凝土缩胀，基本不妨碍使用。如果裂缝与墙角呈45°斜角，甚至与横梁呈垂直状态，那么就说明房屋沉降严重，该住宅有严重结构性质量问题。观察顶部是否有麻点，那是石灰水没有经过足够时间的熟化所致，如果顶部有麻点，将对装修带来很大的不利影响。观察顶棚有无水渍、裂痕，如有水渍，说明楼板有渗漏，特别留意卫生间顶棚有否油漆脱落或长霉菌。观察墙身顶棚有无部分隆起，用小锤子敲一下有无空声，墙身、顶棚楼板有无特别倾斜、弯曲、起浪、隆起或凹陷的地方，墙身、墙角有无水渍、裂痕。

3）厨房与卫生间

观察厨房与卫生间的排水是否顺畅，可以现场做个闭水试验，使用抹布将排水口堵住，往卫生间里放水，平层卫生间水位达到门槛台阶处即可（见图1-6），下层式卫生间水深应超过200mm，泡上3天再到楼下看看是否漏水，如果漏水就要在装修中重点施工。观察厨房内有否地漏，坡度是否正确，绝不能往门口处倾斜，否则水会流进房

图1-5 门窗开关

图1-6 卫生间闭水试验

验房工具要配置齐全

住宅验收最好亲历亲为，这样能防止被开发商与物业管理公司蒙混过关，常见的住宅交房验收的工具主要有以下几种。

（1）卷尺。一般以3～5m长为宜，用于测量房屋长、宽、高等各项数据。

（2）水平尺。又称为水平仪，用于测量墙面、地面、门窗及各种构造的平整度。

（3）铁锤。可以选用小型铁锤，用于检查房屋墙体与地面是否空鼓，也可以查看墙体内部构造，很多装饰公司与物业管理公司都会赠送1件给业主。

（4）水桶。体积较大的水桶比较好，用于验收下水管道、地漏是否阻塞，也可以做闭水试验。

（5）试电笔。用于测试各插座是否畅通，这需要一定的电学常识，也可以请懂行的亲友来协助。

（6）废旧报纸与打火机。点燃废旧报纸并熄灭明火，熏烟可以用于测试厨房、卫生间烟道和风道是否通畅。

（7）小镜子与手电筒。用于查看隐蔽的构造或细节，也可以用来照明采光不足的部位。

（8）记录工具。中性笔做记录，铅笔做标记，计算器用于计算测量数据。必要时还须带上1部带日期显示功能的数码相机，拍下验收中存在的问题，作为责令房地产开发商整改的依据。

间内。观察阳台的排水口是否通畅，排水口内是否留有较多的建筑垃圾。

4）私搭私建构造

有些年限的二手房要观察是否有占用屋顶的平台、走廊的情况；观察室内是否有搭建的小阁楼、是否改动过住宅的内、外部结构，如将阳台改成卧室或厨房，或将一间分隔成两间后隔墙是否能拆除。观察阳台是否为封闭的，这涉及阳台装修的承重安全。■

第3课 彻底考察装修市场

装修早已融入我们的生活，装修市场也是生活市场，就像日常购物一样，考察装修市场主要看经营地点、供需关系、价格盈利等要素。

1．装饰材料销售市场

现在能买到装饰材料的地方实在很多，主要分为以下三类。

1）大型连锁超市

这类超市一般坐落在省会城市，营业面积超大，购物环境优良，货品齐全，品牌、质量、售后服务均有保证，装修业主可到大型连锁建材超市一站式购物（见图1-7）。只是价格较高，在装修之前，可以首先考察这类超市，领略前沿的装修理念与时尚的装修风格，记下价格后再作比较。

2）材料集散市场

这类市场比较传统，在全国各地的县（市）级行政区域都有一定规模的材料集散市场，发达地区的乡（镇）也会设有材料集散市场。这类市场由很多个体经销门店组成，销售门类很齐全，价格优惠较多（见图1-8）。只是材料品种繁多，质量参差不齐，在这里购买装饰材料要求具备一定的识别能力，不太懂行的业主难免会上当受骗。

图1-7 大型连锁超市

图1-8 材料集散市场门店

3）小型街头门店

这类门店一般位于街头巷尾，或住宅小区周边，为正在装修的业主或生活中的维修提供方便，一般销售易磨损的五金、水电材料与工具，价格优势很大，除了部分产品为指定代理以外，其他多为中低档次产品，甚至是假冒伪劣产品。这类门店只能解决装修中的燃眉之急，不能作为主要材料的采购基地。

4）网店

现在很多品牌经销商都在网上开店，有零售、批发、团购等各种形式，可货到付款，可上门提货，形式灵活，能满足广大网购消费者。由于装饰材料体量较大，零售且通过长途物流的方式送货上门并不划算，可以选择在当地有实体门店或仓库的网络经销商那里选购。

经过对装饰材料销售市场的考察，可以根据自己的需要制订一套采购计划，基本内容为：高端品牌材料在大型连锁超市购买，顺带比较其他材料的品质与价格，再到材料集散市场选购，在装修过程须临时购买的辅材可以就近在街头门店购买，如果大宗品牌材料能在网上淘到更优惠的价格时，不妨选择上门提货的方式购买。

2．寻求设计师与施工队

一直以来，希望自主装修的业主都认为设计师与施工队很难寻求，材料好买，但是确不知在哪里能聘用到设计师与施工队，这两类资源好像都被装饰公司占有。

1）设计师

在家居装修中，设计师掌握娴熟的设计、制图技能，从事独立且有技术含量的工作。如果装修业主对设计的要求不是很高，且装修面积不大，投资金额少，有自己的主见，可以到中小型装饰公司，年轻的专职设计师会热情接待，并且能在最短的时间里拿出设计方案，甚至会附送效果图。但是由于工作时间短，对装修细节与具体尺寸的把握会有偏差，如果不仔细阅读图纸并及时校正，则会影响正常使用。

轻松解决设计难题

装修业主想不花钱或少花钱得到家装设计图纸有以下3种方法。

（1）下载简易的设计软件。自己动手绘制图纸，前提是要自己量房并记录详细数据，个人思维要求精确、敏锐，对尺寸的把握要有感觉。

（2）浏览家居装修网站。论坛中有很多设计师愿意提供设计服务，价格比较低廉，主要通过网上沟通，寻找同城的设计师可以上门测量。

（3）购买成套家具或集成家具。家具厂商一般会上门测量住宅尺寸，为消费者提供免费设计服务，而且图纸绘制会具有一定深度。

交谈时应该多夸奖，年轻人的工作热情来自于获取成就感，这样，他们更会全身心投入，将客户奉为"上帝"。

如果装修业主对设计要求很高，且装修面积大，有充裕的资金，可以到大型装饰公司的专家工作室，那里有经验丰富的设计师团队，多人配合，协同完成设计。他们会将住宅设计分解为平面布局、家具构造、色彩搭配、饰品摆放等几个环节，分别交给不同的设计师来完成，最后由设计总监来整合。这里的设计师平均年龄都要超过30岁，通常兼职几家公司或自己承接设计业务，经验丰富，设计水平高，但是工作时间较长。一般需要单独付设计费，而且价格不菲。

总之，装修设计品质是与设计师的年龄、收入成正比的。单从设计品质上而言，兼职多家公司设计师的工作质量会更有保障些，要知道设计师的具体工作性质，可以直接询问，这一点设计师是不会隐瞒的。在装饰公司寻求设计师，但是又不将施工承包给公司，设计收费自然很高，还可以上网登陆当地装修论坛或装饰公司网站，里面往往会有设计师的作品与联系方式，单独联系收费一般都不高。

2）施工队

一直以来，装修业主要寻求施工队往往都是到当地装饰材料市场，路边都会有不少施工员挂牌"揽活"，这些来自农村的剩余劳动力能吃苦，肯钻研，被装修界称为"游击队"，这也是我国装修市场的一大特色。他们经过几年的磨练大都能独当一面，尤其是低廉的价格吸引不少装修业主。"游击队"最大的特色就是工价低，项目明确后能快速开出价格，相对于正规装饰公司而言，他们没有税金、管理费和其他人员工资等开销，稍有能力的装修工仍在某家公司兼职，能联系装饰公司的设计师出来单独做设计，使装修水平有所提高，甚至能联系各种施工项目班组协同施工，这就相当于一家简易的装饰公司了。如果同样一套设计图纸拿给正规装饰公司报价需要5万元，而装修游击队的价格可能只需不到4万元，这中间的差价令很多装修业主神往。

然而，"游击队"来去无踪，即使签订合同也难求质量保障，遇到业主不断更改设计方案或任何施工难题，他们就会随时提高价格，否则就会停工走人，给装修带来麻烦，装修业主也无处伸冤。这主要是因为"游击队"的最初报价很低，中间利润少，相当于自己给自己打工，没有加入风险成本。一旦遇到工程变更或外界环境影响就不能收得最初的计划利润了，于是就偷工减料、滥竽充数导致施工质量问题，导致装修业主的开销超过了正规装饰公司的预算。当然，也有不少工程顺利完工，前提是装修业主要积极配合，解决装修过程中出现的各种问题，如方案设计、材料购置、现场管理等，保障施工顺利进行。毕竟比正规公司低20%的价格，自己应该为这个价格付出劳动。很多施工队平时也在装饰公司旗下工作，在装修旺季也独立承接装修业务，品质还是有保证的。

总之，施工队是否可信因人而异，业主积极配合，进展顺利的工程价格肯定比装饰公司低，也有很多施工队的负责人（项目经理）在当地装修论坛上发布广告，这些要预先赴施工现场考察再作决定。此外，很多新落成的住宅小区有正在施工的现场，业主可以登门拜访考察，如果质量过硬可以现场聘请，多数施工队都非常乐意单独承接施工业务。

3．装修的盈利点

家居装修的竞争很激烈，在我国省会城市，大小装饰公司不下2000家，其中专业承接家装业务的至少在1200家以上。

中小型平价装饰公司之间的竞争无非是打合同价格战，也就是以超低的预算报价将业主吸引过来，待施工中再不断追加。或是诱导业主临时更换高品质材料，或是指出工程增加了不少项目，总之追加费用会达到当初合同价的20％。如果业主不换好材料，项目经理满口就是"环保"、"健康"之类的词汇，听得业主心里发虚。如果业主不承认额外增加的施工项目，项目经理要么停工，要么将额外项目空置出来不做，使工程无法顺利完工。大多数装饰公司的盈利点都在于工程变更、追加。如果按当初签订的合同价格来施工，纯利润也就5％左右，控制不好就可能白干。遇到特别计较的业主，不增加一分钱，装饰公司就只能偷工减料了，总之要保证纯利润达到10％以上。

因此，业主们要做好心理准备，将装修承包给装饰公司，合同价格中虽然包括利润，但是远远达不到装饰公司的预期收益。如果后期要求追加，且增幅控制在20％以内，也是可以接受的，这些都是装饰公司迫于市场竞争的无奈之举。■

第4课　装饰公司经营之道

现在市面上的装饰公司太多了，广告铺天盖地，路边、车站、报纸、电视、网络、短信，甚至墙面涂鸦，数不胜数。这就不免会让人生疑，装饰公司到处做广告，难道装修是暴利行业？或者装修业主都不相信他们了，生意不好做？下面的介绍会让读者对想到与想不到的问题便一目了然。

1．装饰公司种类

一提起公司，很多人都会认为是一种很正规的商业运营机构。家居装修从临时聘用农民工演变为承包给装饰公司，在我国经历了20年的历程。只是最近5年来，装饰公司占据的市场份额才逐渐稳固。装饰公司是集室内外设计、预算、材料、施工于一体的专业化企业，他们为广大业主提供装饰装修技术支持，包括提供设计师和施工队等劳动资源，通过专业设计与施工为业主完成家居装修。装饰公司是营利性企业，提供服务自然就要收取回报，为了将利益最大化，现在的装饰公司一般是采取设计与施工相结合的运营模式。设计是承接业务的主要方式，施工才是盈利重点。目前，主流装饰公司可以分为以下几种。

1）大型连锁公司

大型连锁公司主要是指连锁加盟类的品牌公司，他们有固定的操作流程和严格的管理机制，提供的服务也比较好，尤其是设计水平较高，设计师的录用很严格。广告的投放点集中在大型户外广告牌、电视媒体、公交车车身、地铁站、报纸大幅版面上。当然收费也高，适合对装修品质要求较高的业主。

2）中小型平价公司

中小型平价公司是现代装修消费的主流，他们的操作流程与管理机制都效仿大型连锁公司。公司的老板以前多在大公司干过，现在自立门户，这类公司很有特色，要么设计精到，要么施工过硬，但是综合管理水平一般。他们的广告主要投放在当地报纸、电视、网络等媒体上，材料市场与住宅小区也有宣传，一般走平价路线，受众面很广。

3）工作室与设计部

这主要是由一些自立门户的设计师创办，他们或是某装饰公司的分支办公地点，或是独立运营的小企业，大多没有设计资质与施工资质，主要通过网络或社会关系来承接业务。他们人员少、办公场所小，收费也低，业主认可图纸后一般自行聘用施工队施工，或者由工作室推荐施工队。程序简化、效率高，适合对设计要求高，而手头不太宽裕的业主。

总之，正规公司存在，不正规甚至非法公司也存在，如果确定将自家装修承包给装饰公司，就得擦亮眼睛去识别。

2．选择装饰公司的方法

面对众多装饰公司，很多业主都感到困惑，既怕上当受骗，又怕价格过高，到底该选哪一家？这里就介绍几种判定方法供参考。

1）看经营项目

大多数装饰公司都以承接家居装修业务为主，如果有合适的公共空间装修（简称公装），他们也接。但是仍有一些装饰公司以公装为主，有家装业务上门来，他们往往认为业务量小不太热心。所以，选择装饰公司时要辨明公司的主要经营方向。家装与公装的区别很大，如设计师的创意习惯、构造特征、材料选用都不一样。例如，酒店、宾馆的室内吊顶，每个层级高150～200mm，而在家装中，客厅吊顶每个层级只需80～100mm即可，即使设计师能将图纸画到位，做惯公装的施工员也不一定能马上适应。因此，选择装饰公司首先要识别经营项目。

2）看资质等级

资质等级是衡量装饰公司档次的硬件标准。业主可以先上网了解一下该公司的基本情况。正规企业会将自己的营业执照和资质证书登载在网页上供客户查阅。资质等级是装饰装修行政主管部门对企业设计能力和施工能力的一种认定标准。它主要从注册资本金额、技术人员结构、工程业绩、施工能力、社会贡献等方面对装饰公司进行审核。在设计资质等级上分为甲、乙、丙、丁4个级别，在施工资质上分为一、二、三、四4个级别。目前，在省会城市比较有影响力的装饰公司，一般都为设计乙级和施工二级资质。在二、三线城市，一般都以设计丙级与施工三级为主。只要取得资质的企业，设计能力和施工力量基本有保证，从事家庭装修一般不会有问题。但是我国部分地区仍存在很多不规范的现象，有资质等级、特别是有高资质等级的企业不愿承接小型家庭装修业务，而有营业执照的企业又没有主管部门颁发的资质，这就需要业主认真鉴别。

还有一些小装饰公司通过各种渠道，借用其他公司的资质证书，甚至伪造证书。业主最好登陆当地工商行政管理部门或装修行业协会的网站，仔细查询，确保自己的利益不受损失。

3）看施工现场

要了解装饰公司的设计和施工水平，应该直接去该公司正在施工的装修现场。具备一定规模的装饰企业会在节假日组织业主前往装修现场参观。凭借真实可靠的经营水平来获取信赖。在装修现场要着重关注装修构造的细部，如木质家具的平整度、边角的锐利度和涂饰工程的光洁度等。最好要求参观正在进行水电施工的装修现场，观察施工员手中的设备是否先进，切割的线槽是否整齐（见图1-9），是否绘制隐蔽工程竣工图等。在参观已完工的样板房时，不要被房间里的窗帘、家具、陈设、电器所吸引，这些东西并不是装饰公司能提供的，待工程结束后仍需要业主自行选购。不少公司为获取业务，拉拢客户，通常花高价将样板房制作得很华丽，而实际为装修业主提供的则是平庸甚至低劣的服务。业主应该参观一家公司的多家装修现场后，再作决定。

4）看设计图纸

登门拜访装饰公司，一定要看看以往的设计图纸。大多数业主看不懂设计图，也就不愿多看。其实只需关注几个方面即可。首先是图纸比例，找设计师借只三角尺测量图纸上某面墙长度（如30mm），乘以图纸上标明的比例（如1：100），看是否等于图纸上实际标注的数据（30mm×100＝3000mm）。如果得到的数据与图纸上标注的数据不符，就说明这图纸是忽悠人的废纸（见图1-10）。然后是图线，看图纸上的线条有没有粗、中、细区别。绘制墙体的线条应该最粗，家具轮廓其次，地面装饰和尺寸标注线应该最细。如果图上所有线条都一样粗细，基本可以认定这设计师是半路出家的新手。接着翻阅全套图纸，看是否包含了水路图和电路图，这类图纸最能反映设计水平，图上的数据、符号、表格应该非常丰富才对。最后数一下图纸数量，一套装修设计图纸应不少于30张才行。如果装饰公司给业主看的样板图不符合上述要求，那么可以认定这家公司的设计水平很低。也有一些公司从网上下载几套标准图纸，打上公司名称，专给业主看。这就要多一个心眼，让设计师在电脑上打开最近绘制的图纸，这些图

图1-9　水电施工

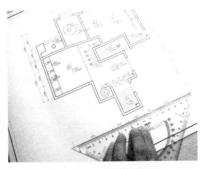

图1-10　测量图纸比例

纸上应该标有本地住宅小区的名称，这样可以鉴别真实的设计水平。

5）看预算报价

在大中型城市，正规、知名的装饰公司会定期参加装修博览会，借机宣传自己，其中大多数装饰公司都会公开自己的价格。业主可以通过媒体查证会展时间前去参观。很多装饰公司会将自己的预算报价印刷成册，送给潜在的客户，报价表比较清晰，每个工程项目和取费标准十分明确。有的公司只能拿出每平方米的综合参考价格，虽然容易计算，且计算出来的总价也不高，但是具体消费价位很模糊，这就容易在施工中产生纠纷。装修业主将考察得来的材料价格与施工价格记录下来，比较装饰公司的额定价格，并与其施工工艺相比较，看性价比是否合算。

6）看员工素质

装饰公司的员工素质是公司的外部形象，业务员、设计师与项目经理的态度、谈吐、举止都是装修业主的评价标准。对于直营公司，员工的形象比较一致，令人满意，而加盟公司为了竞争需要，可能会更热情些，但是要注意识别，不要被花言巧语所蒙骗。其中与业主接触最多的就是设计师，设计师的素质代表着装饰公司的形象。

业主第一次走进装饰公司时，就能感受到设计师的素质。办公桌摆放井然有序，桌面收拾整洁，衣着朴素大方，这就说明设计师对自己的要求很自信，很严格，不容许丝毫偏差。业主将自己的设计要求说完后，不妨打听一下设计师的个人情况，如毕业院校、专业背景、学历学位等。从回答的语气上就能判定真实性，多数年轻人是不会说谎的。在与业主交谈时，有经验的设计师会少说话，尽量听清业主的要求，甚至会拿出手机录音。主要问题谈论完毕后，还会主动拿出最近的设计作品给业主看，向业主展示自己的真实水平。他们不会随意承诺超低的价格与优质的工程质量，因为这些设计师说了都不算数。优秀的设计师语言表达能力很强，谈吐比较大方，不会对某一个细节反复询问或计较。无论设计师的年龄大小，他们对设计工作应该很有热情。

当然，也有一些公司为了降低成本，聘请一些在校的大学生，工资很低或者根本没有工资。由于设计经验有限，他们对具体设计思路没有把握，回答问题支支吾吾，经常推翻自己的方案，拿出更多不成熟的创意，这些都能从交谈中识别，面对这类公司尽量敬而远之。

3．与装饰公司沟通有技巧

选定装饰公司后，就要进一步与装饰公司沟通，同时要注意言语表达，时刻要保持主动状态。

1）与业务员沟通

主要咨询公司的名称、地址和规模，是否与自己了解的情况是否一致，然后就向业务员要一张名片。至于自家的地址、电话、计划装修金额等具体情况暂时不要告诉业务员，否则他们会紧盯不放，一天打10个电话都有可能。即便业主希望将装修承包给这家公司，也不要通过业务员来联系，直接上门拜访。一口咬定无人联系，是正好路过才前来咨询的。否则业务员会从中拿提成，这就提高了预算报价，增加了装修成本。

2）项目经理沟通

一般只谈施工事宜，并且要坚持自己的意见，占据主动，遇到施工细节问题，一切要以设计图纸为标准。实在不清楚的地方，就通过设计师来解决。项目经理一般按月领取固定工资，通常同时兼顾几家施工现场，遇到问题一般也会推给设计师。在施工过程中，业主对项目经理可以采取刚柔相济的态度，既要坚持原则，保证施工质量，还可以私下送一些香烟、酒或茶叶等常见礼品，他们的工作态度会有很大变化。还有一些小型装饰公司，项目经理就是公司总经理或设计师，这就比较简单了，如果工程进展顺利，请他们吃顿饭也无妨。■

第5课　设计师的工作内幕

设计师通常是装修业主接触最多的人了，但是他们的工作往往给人带来神秘，下面就揭开这层"神秘"的面纱，让业主全面认识装修设计工作。

1. 门店接待

当业主看到广告，上门咨询时，前来迎接的是前台接待员，接待员简单登记后，就带业主见设计师。在大多数公司，设计师都是按底薪＋提成的方式领取工资，能否与客户签约直接影响他这个月的收入。他们自然会全力以赴，极力满足业主的各种要求，设计师更多带有业务员的性质。他们做的不再是设计，而是销售。

规模稍大的装饰公司，会有设计团队为业主服务。有主导创意的，有绘制图纸的，还有配饰软装的，出场阵容很强大。一会儿谈方案，一会儿看视频，业主还没正式进入角色，就被忽悠签了合同。因此，无论设计师说什么，业主一定要将自己的要求表述清楚，可以提示设计师用笔做好记录。另外一定要坚持等看了图纸和预算才能决定是否签合同。

2. 上门测量

装饰公司随时能派出设计师上门测量，只是要先收取预付款，一般为300～500元不等。如果签约成功，这笔钱就从合同款中减掉，这就是广告中常说的"免费设计"。天下没有免费的午餐，免费设计的图纸粗糙简单，绘图成本还是会折合到合同款中的。如果业主对设计有品质要求，最好还是额外再付300～500元，或者将这笔钱单独给设计师，他们都会欣然接受的，图纸质量自然会更胜一筹。

上门测量是项体力活，一个人是很难完成的。如果是女设计师，一定要求装饰公司再派个男同事来。否则，一套住宅测量下来，要么把业主累晕，要么就量得不准，直接影响后期施工。每个房间的墙面长度都要测量，包括每个立柱的转角长度、门窗宽度、墙体厚度等。即使两间并列的卧室，也要将长度核实清楚。有的设计师在这个环节上偷懒，导致图纸与实际不符，影响预算报价，最后要业主增加工程款，引起不必要的矛盾。

一套100m²左右的住宅，全部构造测量下来，至少得花上20分钟，少于这个时间，肯定有地方没有量到。关于这一点，业主一定要叮嘱设计师认真对待。上门测量时，不要将地产商提供的户型图给设计师，他们拿到图就不愿做深入测量了。对着户型图编造尺寸多轻松啊，这样的设计图纸基本无实际意义。

3. 设计预算

尺寸测量完毕后，设计师就回公司画图了。初步设计一般只画平面布置图和顶面布置图，再根据这两张图制作出预算报价，3天左右就能通知业主来看方案。这是签约的关键，设计师会全力以赴拿下业主，他们的态度也很明确，首先，图纸是可以随意修改的，甚至会让业主们稍坐片刻，10分钟之内立马拿出变更方案。其次，报价是可以打折的，95折不够，就92折、88折，甚至临时编造出各种优惠活动，来个折上折。目的当然只有一个，就是现场签约。装饰公司的这些举措都是预先定下的营销手法。从量房到制图再到报价，怎么也过了3天。虽然当初收了300～500元预付款，但是折合到装饰公司3天的运营成本中，怎么算也都差不多了。签不下合同，即使经济上不吃亏，也浪费了时间，时间也是金钱呀。如果业主认为这家公司还行，就可以定下来签合同。毕竟不签合同，当初预付款是不会退还的。

签了合同，设计师就开始画后续图纸。当然，效果图是要额外收费的，一般500元／张。效果图的意义不大，图上色彩、家具最后都会发生变化，还不如省下钱给厨房添个小家电。设计师完善图纸还需

2天左右，在这期间，装饰公司的项目经理会安排一些基础材料进场，等图纸一到，就正式开工。

现在的装饰公司都非常精通营销，从接待员到设计师，再到项目经理，他们会齐心协力让业主签下合同。对于只是想看看图纸，或是徘徊不定的客户，他们有很多对策。如简化绘制图纸、不标尺寸、图纸不能带走、不断打电话骚扰等，这些都能有效维护装饰公司利益。

大多数业主关心的是预算价格，要想让价格降得更低些，自己就必须了解装修，才能得知合理价格。如果自己既不会计算，也不懂市场行情，只是无端要求降价，获得心理平衡，装饰公司也会满足业主的，周旋几个回合，就答应打95折，至于更低的可能性就不大了。

总之，装饰公司的运营很灵活，业主的所说所想，设计师都能从容应对，修改图纸、质量承诺、折扣报价都能表现得完美无缺。因此，业主既要维护自身利益，要求装饰公司提高服务品质，又要让装饰公司有钱赚，毕竟白干或赔本的买卖谁都不愿做。

4. 沟通技巧

在初次见面中，尽可能只谈设计要求，不说计划投资金额。如果你准备的钱比较多，设计师会随意增加不必要的装饰构造，提升了报价也就等于提高了他的提成。如果你准备的钱比较少，设计师会心不在焉地去画图，满脑海里都在计算他的提成降低了多少，一旦承接了更大的项目，他们不会再将业主奉为上帝。

关于设计风格，业主知道多少就说多少，不要似是而非地提出某种风格的特征，这些都由设计师去表述。最好拿出一些图片供设计师参考，这样可以大幅度提高设计效率，避免反复修改图纸浪费时间。

当谈到房间功能分配、使用某种材料、特殊施工项目时，最好要设计师记录下来。因为这些内容的细节很多，直接影响预算报价。最后，可以根据所谈到的具体内容，问一下大概的价格，有经验的设计师会脱口而出，并且与最终报价相差无几。当设计师提出自己的创意时，应该充分考虑其合理性，不宜一味否定，毕竟优秀的设计师经验丰富，必定会为客户考虑周全，满足主要装饰功能。

待初步设计方案和预算报价出来后，就是业主与设计师的决战时刻了。如果觉得价格高很多，就要对照图纸，逐一核实预算报价中的数据，看看这钱到底用到哪些地方了，是否存在虚报的数据，及时让设计师修改，也可以根据自己的经济状况减掉一些装修项目。设计师一般都会把价格定得高些，给业主留些砍价的余地。如果觉得价格合适或高得不太多，就可以要求打折，95折是最常见的折扣，但是太低也不现实。

也有一些情况，就是设计师算的价格过低，这其中就有问题。要么是等到施工中再无止境地追加，要么是漏掉了某些施工项目。千万不要暗自庆幸，装饰公司是不会做亏本买卖的。最后还是由业主埋单。因此，业主也要认真核实，要求设计师着实修改。■

第6课　快速读懂设计图纸

设计师画的图常常令人眼花缭乱，没有专业的制图知识是很难读懂的，补习这类知识也不难，下面就对常见的图纸作全面介绍。

住宅装修设计图相对于建筑设计图而言比较简单，需要业主认真看懂的主要是原始平面图、平面布置图、顶面布置图、主要立面设计图。至于水路图、电路图和节点构造详图等技术含量较高，在具体施工中可以向设计师讲明要求，能让施工员或项目经理明白就行。

读懂图纸重点在于了解图纸中的尺寸关系、门窗位置、阳台、烟道、楼梯等内容。

1. 原始平面图

原始平面图是指住宅现有的布局状态图，包括现有的长宽尺寸，墙体分隔，门窗、烟道、楼梯、给水排水管道位置等信息，并且要在原始平面图上标明能够拆除或改动的部位，为后期设计打好基础。有的业主想得知各个房间的面积数据，以便后期计算装饰材料的用量，还可以在上面标注面积数据与注意事项等信息。原始平面图也可以是原房产证上的结构图或地产商提供的原始装修设计图（见图1-11）。

2. 平面布置图

平面布置图在反映住宅基本结构的同时，主要说明在装修空间的划分与布局，以及家具、设备的情况和相应的尺寸关系。平面布置图是后期立面装饰装修、地面装饰做法和空间分隔装设等施工的统领性依据，代表业主与装饰公司已取得确认肯定的基本装修方案，也是其他分项图纸的重要依据。平面布置图一般包括下述几方面的内容（见图1-12）。

1）表明住宅空间的平面形状与尺寸。

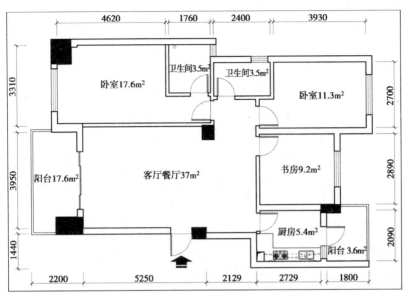

图1-11 原始平面图

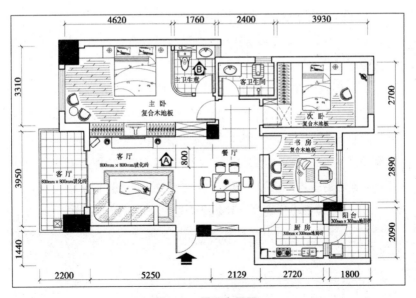

图1-12 平面布置图

2）表明住宅地面装饰材料、拼花图案、装修做法、工艺要求。

3）表明各种装修设置与固定式家具的安装位置，表明它们与建筑结构的相互关系尺寸，并说明其数量、材质、制作（或成品）要求。

4）表明与该平面图密切相关各立面图的位置及编号。

5）表明各种房间或装饰分隔空间的平面形式、位置与使用功能。

6）表明门、窗的位置尺寸与开启方向。

7）对于面积较大且较复杂的户型也可以将上述要点分开绘制，如改造平面图、地面铺装图、家具布置图、索引图等独立图纸。

3．顶面布置图

顶面布置图又称为天花平面图，按规范的定义应是以镜像投影法绘制的顶棚装饰装修平面图，用来表现住宅顶棚的装饰平面布置及装修构造要求，顶面布置图的基本形式和内容如下（见图1-13）。

1）表明顶面装饰装修平面及其造型的布置形式与各部位尺寸。

2）表明顶棚装饰装修所用的材料种类与规格。

3）表明灯具的种类、布置形式与安装位置。

4）对于面积较大且较复杂的户型也可以将上述要点分开绘制，如顶面布置图、灯具尺寸图等独立图纸。

4．主要立面设计图

装修主要立面设计图是指由平面布置图中有关各个投影符号所引出的向立面图，即装饰造型体的正立投影视图，用以表明住宅空间各重要立面的装饰方式、相关尺寸、相应位置和基本的构造做法，装饰装修立面图的基本形式和内容如下（见图1-14、图1-15）。

1）表明装饰吊顶高度及其叠级造型的构造与尺寸关系。

2）表明墙面装饰造型的构造方式、饰面方法并标明所需装修材料与施工工艺要求。

3）表明墙、柱等各立面的所需设备及其位置尺寸与规格尺寸。

4）表明门、窗、轻质隔墙或装饰隔断等设施的高度尺寸与安装尺寸，以及有关的艺术造型高低错落位置尺寸。

　　5）主要立面图应与剖面图或节点图相配合，表明建筑结构与装修结构的连接方法与其相应的尺寸关系。■

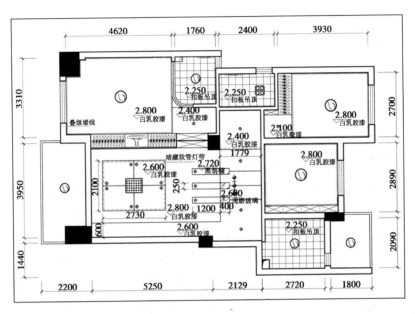

图1-13　顶面布置图

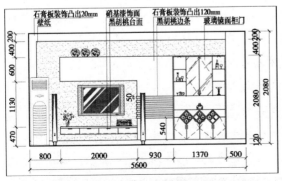

图1-14　客厅电视背景墙A立面图

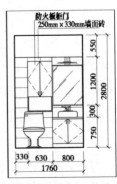

图1-15　卫生间B立面图

第7课 施工队的来龙去脉

很多装修业主都担心施工质量问题，在装修前往往四处打听优秀的施工队，施工队为了赢得业主的信任，经常组织业主参观正在装修的施工现场，并现场讲解，希望获取信任。这其中要注意以下几点。

1. 高价施工现场

要了解施工队的设计水平与工艺水平，可以直接去该施工队正在施工的装修现场。具备一定规模的施工队会组织潜在客户前往正在施工的装修现场参观，凭借真实可靠的经营水平来获取业主的信赖。但是，这往往集中在装修费用高的现场，那里的材料、人员和管理都很到位，一套100m²的住宅装修费用如果达到10万元，效果自然不言而喻，但是普通业主计划支出5万元，参观这样的施工现场就没有多大意义了。此外，正规施工队的工价一般是"游击队"的2倍以上，施工队从中获取的利润也大，他们的管理水平也就相应较高，普通业主很难获得这样的优质服务。

2. 冒牌施工现场

很多施工队由于业务量不多，每当潜在客户提出参观施工现场时，都会令他们不知所措。于是，施工队负责人就联系具有合作关系的"游击队"，带装修业主前往不相识的施工现场参观。他们经常采用这种"借鸡下蛋"的游戏忽悠业主，当签订合同开始施工时，业主们才发现该公司的施工能力实在有限。

3. 施工影视纪录片

施工队负责人经常组织潜在客户参观施工现场会耽误装饰公司不少时间，况且最后还不一定能签约。为了提高工作效率，具有一定规模与实力的施工队会组建装饰公司，聘请专职设计师将以往的施工现场拍摄下来，再进行后期处理，制作成系列片供潜在客户观看。这些纪录片的情节、内容、声效都经过剪辑，展示各施工现场的优秀场面，回避装修瑕疵，具有很高观赏的价值，给人更加直观、清晰的感受。大型装饰公司每周都会组织潜在客户到公司会议室观看影片，更具夸张的是，项目经理还会让公司的其他员工"客串"装修业主现身说法，使现场氛围热火朝天。

4. 仔细观察施工现场

在装修现场要着重关注装饰细部的平整度（见图1-16）、边角的锐利度、涂饰工程的光洁度（见图1-17）等局部细节，业主最好要求参观正在进行水电施工的装修现场，观察施工员手中的设备是否先进，切割的线槽是否整齐，是否绘制隐蔽工程竣工图等。在参观已完工的样板房时，不要被房间里烘托装饰效果的窗帘、家具、陈设、电器所吸引，这些东西并不是施工队所能提供的，待工程结束后仍需要业主自行选购。考察施工现场不要被别人牵着鼻子走，整个装修期间，最具有考察价值的时间是木质工程结束，且涂刷工程尚未开始。在这个阶段，装修业主可以轻松看到瓷砖铺贴、木质构造等主要项目的施工质量，如果涂刷了油漆或乳胶漆，瑕疵就会被掩盖，考察意义就不大了。此外，不要被各种宣传图册、纪录片所迷惑，一定要到现场去体验一下，眼见为实最好，最好参观多个装修现场后再作决定。

图1-16　板材切割

图1-17　家具打磨

自己单干能便宜

这是一个老生常谈的话题，只要时间、精力充裕，业主尽可能单干。

首先，要明确一点，自己单干肯定便宜。装饰公司要赚钱，而且还不在少数。然后，我们再分析一下装饰公司的真实利润，以一套100m²住宅，业主以5万元的价格承包给装饰公司，装饰公司的毛利润一般在30%（1.5万元）左右。去除办公、管理开销，纯利润约为20%（1万元）左右。大型连锁公司会更高一些，达到25%（1.25万元），中小型平价公司最低也得15%（0.75万元）以上。个别公司迫于市场竞争的压力，会将利润降至10%（0.5万元），但是他们会速战速决，质量就难以保障了。最后，根据目前实际装修消费状况来看，业主单干的总开销并没有减少，反而会有所增加。因为业主在购买大宗材料时，往往会被经销商牵着鼻子走，买的都是高档品牌，质量是好，但也有不必要的，存在一定的浪费。此外，业主自己聘用的施工队无专业的项目经理或监理管制，时常偷工减料，导致返工，也造成了一定的浪费。这些都会增加装修成本。

因此，自己单干既要省钱，又要保证施工质量，前提只有1个，就是：得懂行。而且是比较专业的那种，或者说要有装饰公司项目经理一半的水平。这一半的水平可以边做边学，但总得交点"学费"。上当了，返工了，就要心安理得地接受，只要控制好度，也能顺利完成装修。从这一点也可以看出，装饰公司之所以存在，自然有他的道理。

总之，业主自己单干是肯定会便宜些的，装修前要有充分的心理准备，补习全套装修知识，本书就是必备教程。如果业主没有太多时间和精力，那么算了，找一家合适的装饰公司，让他们赚走应得的部分，利用本书控制好质量，不至于上当受骗。

5．关系复杂的工程转包

很多业主一心想将装修做好，不惜重金找全国知名的大型装饰公司，认为这样会很有保障。可是施工完毕后，却发现存在许多质量问题，找来懂行的朋友认定说整个装修顶多值6万元，而业主却付了10万元，施工队却反复强调没有赚到钱。出现这类现象的主要原因是该工程经过了复杂的转包，又称为"剥皮工程"

　　很多独立的"游击队"通常挂靠好几家装饰公司，连锁的大公司一般会剥掉28%～35%后再转到施工队手中。换而言之，10万元的合同，经装饰公司剥皮后，到施工队手中便只剩6万多元了，再扣除施工队负责人的0.6～0.8万元利润，看似10万元的装修，真正落到实处的最多也就5万多元。装修质量就不言而喻了。要防止工程被"剥皮"，装修业主只需先咨询，并向装饰公司或施工队明确表示要拟定《装饰工程委托设计协议》签约。如果遭到推托或拒绝，那么装修业主就可见其端倪，并及时规避陷阱。千万别被"全国知名"、"龙头企业"、"××强"等噱头迷惑。■

第8课 家装工程承包方式

家装合同中最为重要的内容是装饰工程的承包方式及装修双方的责任义务。装饰工程的承包方式一般有以下三种。

1. 全包

全包是指装饰公司根据客户所提出的装饰装修要求，承担全部工程的设计、材料采购、施工、售后服务等一条龙工程。这种承包方式一般适用于对装饰市场及装饰材料不熟悉的装修业主，且他们又没有时间、精力去了解这些情况。采取这种方式的前提条件是装饰公司必须深得客户信任，在装饰工程进行中，不会产生双方因责权不分而出现的各种矛盾，同时也为装修业主节约了宝贵的时间。

选择这种方式的业主，不应怜惜资金，应选择知名度较高的装饰公司和设计师，委托其全程督办。签订合同时，应该注明所需各种材料的品牌、规格及售后责权等，工程期间也应抽取时间亲临现场进行检查验收。

2. 包清工

包清工是指装饰公司及施工队提供设计方案、施工人员和相应设备，而装修业主自备各种装饰材料的承包方式。这种方式适合于对装饰市场及材料比较了解的业主，通过自己的渠道购买到的装饰材料质量信赖可靠，经济实惠。不会因装饰公司在预算单上漫天要价，将材料以次充好而蒙受损失。在工程质量出现问题时，双方责权不分，部分施工员在施工过程中不多加考虑，随意取材下料，造成材料大肆浪费，这些都需要装修业主在时间、精力上有更多的投入。

目前，大型装饰公司业务量广泛，一般不愿意承接没有材料采购利润的工程，而小公司在业务繁忙时也随意聘用"游击队"，装饰工

工期与付款方式

100m²的中档装修，工期在35天左右，装饰公司为了保险，一般会将工期约定到45～50天。付款方式在大多数装修合同中约定为首付50%，木工验收合格后交纳40%，完工后缴纳10%。很多业主认为，如果按照这样付款，在工期过半后，业主就已经向装饰公司交了90%的费用，如果装修的后期出了什么问题的话，担心在资金上就很难制约装饰公司了。

其实，这种担心没有必要，装饰公司的纯利就是最后的20%。为了打消业主的疑虑，很多装饰公司也承诺先装修、后付款，但是会预先收取2000元的设计费，用这2000元去做水电施工，水电工程的前期费用也就2000元左右，至于灯具、洁具安装要到验收时才展开。这2000元花得差不多了，装饰公司就会让业主验收，并交全部水电工程的费用。装饰公司再用这全部水电工程的费用去做墙地砖铺贴，依此类推，所以仍旧是先付款、后施工。而且采取这种方式还会延长工期，原本可以同步施工的项目，现在只能一项一项地做，没有不同工种地配合，还会造成材料浪费。如水电施工中要用到水泥封闭墙地面的线槽，如果同步施工，可以将剩余的水泥用于墙体改造或瓷砖铺贴中去。

要监控好装修质量，付款只是一个方面，关键在于前期要充分考察，合同中明确双方职责，相互信任才是工程质量的保证。

程质量最终得不到保证。这种方式一般适用于亲友同事等熟人介绍的施工队，但是一定要考察前期案例，装修业主才有可比性。

3. 包工包辅料

包工包辅料又称为"大半包"，这是目前市面上采取最多的一种承包方式，由装饰公司负责提供设计方案、全部工程的辅助材料采购（基础木材、水泥砂石、油漆涂料的基层材料等）、装饰施工人员管理及操作设备等，而装修业主负责提供装修主材，一般是指装饰面材或成品型材，如木地板、墙地砖、涂料、壁纸、石材、成品橱柜、集成吊顶、洁具、灯具、五金配件等。这种方式适用于我国大多数家庭的住宅装修，装修业主在选购主材时需要消耗相当的时间、精力，但

是主材形态单一，识别方便，此外色彩、纹理都需要根据个人喜好来选择，因此，绝大多数装修业主都乐于选择这种方式。

包工包辅料的方式在实施过程中，应该注意保留所购材料的产品合格证、发票、收据等文件，以备在发生问题时与材料经销商交涉，合同的附则上应写明甲、乙双方各自提供的材料清单。在我国不少大中城市，尤其是省会城市的室内装饰协会及工商管理部门联合下发了在当地具有法律效应的家庭居室装饰施工合同书，严格要求各装饰公司遵照执行。■

第9课 家装预算不可或缺

一提起家装预算，很多业主都是一头雾水，被密密麻麻的数字给弄晕了。本以为越详细的表格就应该越清晰，谁知这复杂的表格会令人不知所措。下面就帮助业主破解其中的奥秘。

家装预算主要分为预算、报价两类，这其实是两种完全不同的概念。从字面上就可以分析得到，预算是指预先计算，装修工程还没有正式开始所做的价格计算。这种计算方法和所得数据主要根据以往的装修经验来估测。有的装饰公司经验丰富，预算价格与最终实际开销差不多；而有的公司担心算得不准，最后怕亏本，于是将价格抬得很高，加入了一定的风险金，而这种风险又不一定会发生，所以，风险金就演变成了利润，预算就演变成了报价。报给业主的价格往往要高于原始预算。现在，绝大多数装饰公司给业主提供的都是报价，这其中要隐含利润，如果将利润全盘托出，又怕业主接受不了，另找其他公司。所以，现在的价格计算只是习惯上称为预算而已，实际上就是报价。

1. 家装预算的组成

1）直接费

直接费是指在装修工程中直接消耗在施工上的费用，主要包括人工费、材料费、机械费以及其他费用，一般根据设计图纸将全部工程量（m²、m、项）乘以该工程的各项单位价格，从而得出费用数据。

（1）人工费。是指工人的基本工资，需要满足施工员的日常生活和劳务支出。

（2）材料费。是指购买各种装饰材料成品、半成品及配套用品的费用。

（3）机械费。是指机械器具的使用、折旧、运输、维修等费用。

（4）其他费。根据具体情况而设定，例如，高层建筑的电梯使用费，增加的劳务费等。这些费用将实实在在地运用到装饰工程中。

以铺贴卫生间墙面瓷砖为例，先根据设计图纸计算出卫生间墙面需要铺贴18.6m²墙面砖，铺贴价格为50元／m²，这其中就包括人工费20元／m²，材料费（水泥砂浆与胶粘剂）18元／m²，机械费及其他费12元／m²。但是瓷砖由业主购买，不在此列。这样的计算方法为50元×18.6m²＝930元，即铺贴卫生间瓷砖的费用为930元。

有的装饰公司会将这50元分解得很细，如将材料费分为主材费、辅材费，在其他费中加入利润、损耗等，使每个项目的价格很低，甚至＜1元，即使业主想还价也不好意思开口了。这就是一种营销手段，所以业主只需看50元这个单位价格，不必浪费时间去逐个研究细分的数据。

除了看价格，还要看施工的工程量，也就是上述的18.6m²，这个数据最好挑几个工程量大的项目重新核实一遍。装饰公司都知道业主会将注意力放在讨价还价上，如果不在价格上给点甜头，业主是不会答应的。那么装饰公司的利润就要在工程量上做文章了。实际卫生间墙面铺贴面积只有15m²，但是报价表上却写18.6m²，看似很精确，其实无端地多了3.6m²，折合价格就是180元。930元的总价，业主怎么也想不到其中180元是欺诈。

一旦发现某些数据有问题，一定要当面指出。当然，装饰公司也有很多版本的说法，如卫生间不规则或太小，加入了损耗20％与施工难度费等。损耗是指瓷砖的损耗，瓷砖由业主自己购买，损耗就与装饰公司无关了，至于施工难度更是无稽之谈，全国的商品房卫生间结构都是差不多的，难道都存在施工难度？

直接费的价格后面是材料工艺与说明，这里面一般会详细写到该施工项目的施工工艺、制作规格、材料名称及品牌等信息，文字表述

预算报价中的单位定制

预算报价单中单位有的是平方米，有的是米，还有的是项。平方米是指家具或装饰构件的垂直立面投影面积，或者称为正立面面积，这种面积易于识别，例如，大衣柜的投影面积是指衣柜的底边宽乘以侧边高，折合成平方米计价更加方便直观。米是指某些精致小巧的家具，结构比较复杂，但是在宽度和深度上却形成了固定尺度，如橱柜、电视台柜、装饰墙角柜等，以正立面的面积来计价无法正确体现其价值量，在保证单价数据一致的前提条件下，需要使用米来计价。对于少数综合装修项目，在施工中所产生的费用会与其他工程相交叉，就可以以项来计算，如复杂的电视机背景墙、搬运除渣等。

应该越详细越好。如果太简单就肯定有问题，或是不标明材料品牌，或是用"精品"、"高级"等词汇来掩盖。因此，业主应该要求在此处明确标明的材料品牌或厂家名称。

2）间接费

间接费是装饰工程为组织设计施工而间接消耗的费用，主要包括管理费、计划利润、税金等，这部分费用是装饰公司为组织人员和材料而付出的综合费用，不可替代。

（1）管理费。是指用于组织与管理施工行为所需要的费用，包括装饰公司的日常开销、经营成本、项目负责人员工资、行政人员工资、设计人员工资、辅助人员工资等，目前管理费取费标准按不同装饰公司的资质等级来设定，一般为直接费的10%～15%。

（2）计划利润。是装饰公司作为商业营利单位的一个必然取费项目，为装饰公司以后的经营发展积累资金，尤其是私营企业，获取计划利润是私营业主开设公司的最终目的，一般为直接费10%～15%。

（3）税金。是直接费、管理费、计划利润总和的3%～5%，具体额度根据当地税务机关政策为准，凡是正规装饰公司都应有向国家缴纳税款的责任与义务。

严格来说，间接费应该独立核算，且直接费中是不能包含间接费的。但是管理费和计划利润加在一起达到了20%左右，这就有很多业主在心理上不能接受，因为路边游击队给出的价格是不存在这个概念的。于是，很多中小型平价装饰公司收取的管理费都≤5%，至于计划利润与税金干脆不收。其实是他们是将管理费和计划利润融入了直接费中，直接费中隐含了管理费与计划利润，这样预算就演变成报价了，这也是预算与报价的根本区别。至于不收税金就不开发票，有工程质量问题，业主也很难维权，如果业主待竣工时要求开发票，则装饰公司会增收5%以上，这也高于国家法定税金标准。

3）计算方法

（1）计算出直接费。依次计算出所需的人工费、材料费、机械费、其他费之和。

（2）计算出管理费。管理费＝直接费×（10%～15%）。

（3）计算出计划利润。计划利润＝直接费×（10%～15%）。

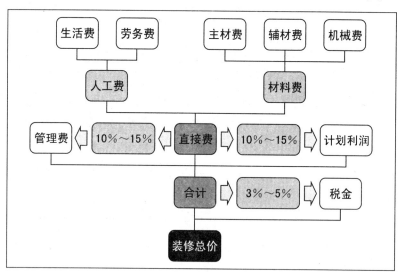

图1-18　家装预算结构示意图

预算报价中的损耗

　　损耗在装修中是必然的，根据运输状况、工艺质量等多种因素来决定，最普及的损耗计量方法是根据材料不同而设定的。例如：低损耗材料（乳胶漆等）为5%；中损耗材料（瓷砖、吊顶扣板、壁纸等）为8%～10%；高损耗档材料（地板、玻璃等）为12%～20%。装饰公司所提出的高比率损耗的原因是想获取高额利润或者对施工员不熟悉，因此，装修业主须慎重考虑。

　　（4）计算出合计。合计＝直接费＋管理费＋计划利润。

　　（5）计算出税金。税金＝合计×（3%～5%）。

　　（6）计算出总价。总价＝合计＋税金（见图1-18）。

　　这才是最完整的装修预算计价方法。然而上文也谈到，装饰公司往往不会额外计算管理费与计划利润，而是将其包含到直接费中。很多业主就看不明白了，于是要求装饰公司将隐含的利润提炼出来，重新计算。装饰公司是不会做重复劳动的，他们也担心一旦价格透明化，不仅自己没有了利润，而且教会业主做预算，业主回家自己单干，装饰公司就得不偿失了。

2．家装预算的方法

　　家居装修所涉及的门类丰富、工种繁多，在预算报价时基本上是沿用土木建筑工程的计算方式，随着市场的完善，各种方法也层出不穷。这里就揭开预算的神秘面纱，介绍4种实用方法。

1）估算法

　　估算法即是对当地的装饰材料市场与施工劳务市场作基本调查，求出材料价格与人工价格之和，并对实际工程量进行估算，算出装修的基本价后再以此为基础，计入一定的损耗和装饰公司应得利润。这种方式中综合损耗一般设定在5%～7%，装饰公司的纯利润可设在10%左右。例如：根据对某省会城市装饰材料市场和施工劳务市场调查后，了解到在当地装修三室两厅两卫约120m²的新房，按中等装修标准，所需材料费约为5万元左右，人工费约为1.5万元左右，那么，综合损耗约为4000元左右，装饰公司的利润约为4000元左右，税金2000元左右。以上数据相加，约为7.5万元左右，这即是估算出来的价格。

这种方法比较普遍，对于装修业主而言测算简单，容易上手。首先考察市场，或向有装修经验的亲友咨询，就不难得出相关价格。然而根据不同装修方式，不同材料品牌，不同程度的装饰细节，而会产生有不同差异，不能一概而论。

2）类比法

类比法是对同等档次已完成的住宅装修费用进行调查，所获取到的总价除以建筑面积（m²），所得出的综合造价再乘以新房建筑面积（m²）即可。例如：现代中高档居室装修的每平方米综合造价为800元，那么可推知三室两厅两卫约120m²的住宅房屋的装修总费用约在9.6万元左右。

这种方法可比性很强，不少装饰公司在宣传单上表明了多种装修档次价格，都是以这种方法来计量的。例如：经济型400元／m²，舒适型600元／m²，小康型800元／m²，豪华型1200元／m²等。装修业主在选择时应注意装饰工程中是否包含配套设施，如五金配件、厨卫洁具、电器设备等，以免上当受骗。

3）成本核算法

成本核算法要对所需装饰材料的价格做充分了解，分项计算工程量，从而求出总的材料购置费，然后再计入材料的损耗、用量误差和装饰公司的毛利等，最后所得即为总的装修费用。这种方法又称为预制成品核算，一般为装饰公司内部的计算方法。成本核算法的应用并不普及，需要装修业主对主材、辅材、人工等多项价格详细掌握，需要多年的实践经验，可以聘请专业人士协助计算，也可以使用这种方

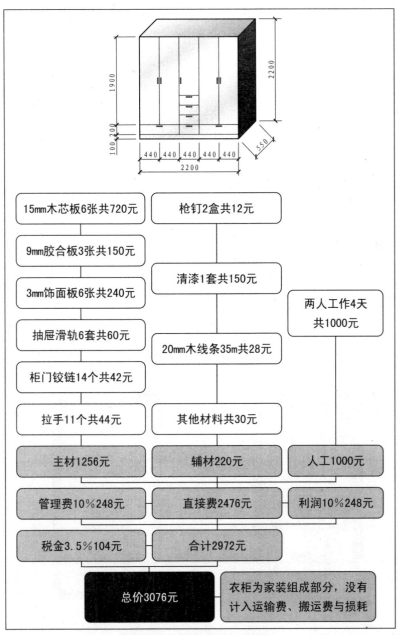

图1-19　成本核算法示意图

法对装饰公司的报价进行验证，其超出部分即为装饰公司的额外利润（见图1-19）。

4）工程量法

工程量法要通过比较细致的调查，对装修中各分项工程的综合造价有所了解，计算其工程量，将工程量乘以综合造价，最后计算出工程直接费、管理费、税金，所得出的最终价格即为装饰公司提供给客户的报价。工程量法是市面上大多数装饰公司的首选报价方法，名类齐全，详细丰富，可比性强，同时也成为各公司之间相互竞争的有力法宝。工程量法的应用非常普及，装饰公司所提出的各项数据均非常考究，由于利润已经包含在各工程项目之中，则计划利润一般不列举，装修业主需要对各项数据多番比较，认真商讨。工程量法的计算比较精确，可以上网搜索一些自动装修预算软件，能快速计算出装修价格（见图1-20~图1-22）。

估算法与类比法在运用时虽然比较简单，但是不能作为唯一的参

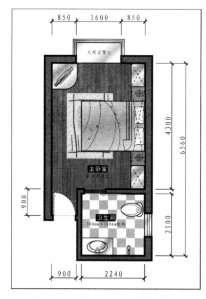

图1-20　卧室与卫生间平面图

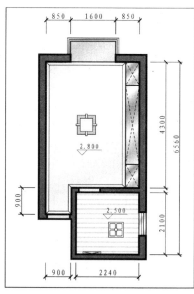

图1-21　卧室与卫生间顶面图

墙顶面基层批灰65m²	12元	780元
顶面喷涂乳胶漆14m²	12元	168元
墙面滚涂乳胶漆48m²	15元	720元
叠级墙角线17m	20元	340元
组合衣柜9.5m²	600元	5700元
电视角柜0.8m	450元	360元
包窗套7m	45元	315元
窗台铺设大理石1.6m	380元	608元
双面包门套5m	70元	350元
房间门1扇	500元	500元
条形扣板吊顶5.6m²	120元	672元
墙面贴瓷砖25m²	70元	1750元
地面铺瓷砖5.6m²	80元	448元
单面包门套5m	45元	225元
卫生间门1扇	300元	300元
防水处理8m²	60元	480元

主卧室装修工程9841元

卫生间装修工程3875元

直接费13716元

管理费10%1372元

利润10%1372元

合计16460元

税金3.5%576元

总价17036元

该装饰工程为家装的组成部分，没有计入运输费、搬运费、水电费、损耗费、复合木地板、成品洁具等

图1-22　工程量法示意图

照依据，可以将装饰公司所提供的报价使用估算法和类比法检查核算，如果差异不大，则可以放心施工。但是要注意，报价项目中是否都包含到所有门类，如果有差异，则需要增减。

3．决定预算高低的因素

决定预算报价高低的因素为：材料的规格档次、装修设计使用功能、施工队伍的水平、施工条件好坏和远近、施工工艺的难易程度等。看装饰公司的预算报价只要注意4个方面的细节即可。

1）单项施工价格

如果预算单的单价普遍较高，且分类较少较模糊，就说明该装饰公司的利润较高，或是施工质量的确不错。

2）工程量

看有没有虚高或不准的数据，挑选几个工程量大的项目，如墙面乳胶漆、瓷砖铺贴、衣柜制作等，要求设计师当面重新计算1遍。

3）施工项目

注意检查有没有漏掉或重复计算的项目，装饰公司是不会干赔本买卖的，那些漏掉的项目肯定要在施工中追加，而且是天价。

4）材料工艺说明

仔细阅读材料工艺与说明，确定材料名称、品牌及规范的施工工艺，通常比较含糊的表述价格相对较低。■

第10课　预算报价中有陷阱

预算报价是装修盈利的真实反映，业主在阅读预算报价时要特别仔细，不要被大量文字、数据冲昏了头脑，常见的预算报价陷阱有以下几种。

1．混淆预算报价概念

装饰公司的图纸绘制出来后就可以做预算了，预算是指在装修前计算的装修消费额度，预算是否准确主要看装饰公司实践经验是否丰富，经验丰富的装饰公司会将最近的市场行情，包括材料价格、人工价格和必要损耗作一系列评估，再做成模式化的预算表格，随时供设计师或预算员调用。预算的最后还会附加工程管理费与计划利润，也就是装饰公司的应得盈利。

然而，事实却没有这么简单，装饰公司为了保险起见，在制作或修改预算模板时，都会在现有价格基础上上浮20%～40%，有些项目甚至会达到60%，一方面要将装修工程中不可预见的因素计算进来，如材料损耗、工期延误、人员变更、长途运输等；另一方面还要增加一部分隐性利润供业主还价。此外，随着市场上部分主材价格逐渐明朗，竞争激烈，装饰公司要在透明化的项目上降低价格，当然也会从其他项目上获取"平衡"，例如，乳胶漆施工价格一般为20元／m^2左右，全部采用市场上的品牌材料，这个价格就比较透明了，装饰公司的利润不高，而水电隐蔽工程的价格就比较模糊了，尤其是管线入墙后，业主们看不见摸不着，利润就比较高了。总之，整体价格中要包含40%左右的盈利才行，里面涵盖了利润和服务，这是装饰公司的常规做法。

很多装修业主担心上当受骗，想得到详细的装修成本，方便自己随时监督装修进程，甚至随时从预算中将材料剔除，换作自行采购，无论是装饰公司还是"游击队"都是不愿意的，因为他们希望从装修中赚到自己的理想利润，这个理想利润就目前市场行情而言，至少要达到30%，如果将成本告诉装修业主，最后再附上30%管理费或利润，这种触目惊心的数据是任何业主都不愿接受的。要得到真正的预算几乎是不可能的，因为到目前为止，我国还没有任何一家装饰公司系统地制作这种成本价目表。这种成本价目表也无法做出来，因为我国现在已经正式步入市场经济，材料和劳动力价格瞬息万变，如果这类表格不及时更新，成本价目表的作用就等于零，即使及时更新也不完全准确，还会消耗大量人力、物力，装饰公司得不偿失。市场少数公司打出"成本装修"、"透明装修"的广告，那也是变相的报价。

装修业主要想知道确切的装修成本，可以登录到各大装修论坛，浏览他人的装修日记，参考同城网友的装修价格，这样真实性比较可靠。

2. 报价表格扑朔迷离

装饰公司制作的报价表非常复杂，门类繁琐，很多业主都看不明白。在装饰公司的报价中，每个项目都包含了利润，为了让装修业主不还价或少还价，这种表格都会列举出很多名目，将单一大项目分解为多个小项目，再将小项目分解为多个价格，这样一来，业主看到表格中的具体数字就很少了，一般不超过50元。这样看来好像很精确，并且每项价格都很低，给装修业主还价带来困难。

装饰公司制作的预算表一般将各施工项目分解，针对每个项目从左至右分别列出工程量（以面积或延米为单位）、单位价格、总价（工程量×单位价格）、施工说明等。工程量是指该项目在装修中实施的数量，一般以面积或延米为单位，如卧室涂刷乳胶漆工程量为63m²，就是指卧室的墙面面积和顶面面积之和为63m²。如果顶面是白色乳胶漆，墙面是彩色乳胶漆，那么就会将这个工程量分开，列举为两个项目，分别是卧室顶面涂刷白乳胶漆18m^{2}和卧室墙面涂刷彩色乳胶漆45m^2，这样就将其后的总价分解了。单位价格是指该工程量的施工价格，如乳胶漆涂刷价格为20元／m^2，那么63m^2×20元／m^{2}就得出了卧室涂刷乳胶漆的总价为1260元。有的装饰公司还进一步分解，将单位价格分为主材料费、辅材料费、人工费、机械使用费、损耗、甚至计划利润等，这些价格加在一起一共才20元，可想而知，每项的价格会有多低，往往给业主带来无从还价的余地。最后，施工说明中会指出该工程的具体施工方法，如先清理墙面，再刮2遍腻子，逐次打磨后涂刷某品牌乳胶漆2遍等。

针对上述报价，装修业主不必去计较每个项目的细分类别，只要注意每个项目的总价或每个房间的总价即可，如果超出自己的设想可以直接提出打折要求。此外，在省会城市和大中型城市，正规装饰企业会定期在大型会展中心举办装修博览会，主动拿出自己的报价供业主比较，准备装修的业主可以通过媒体查证会展时间前去参观。正规、知名企业会拿出自己的报价体系，将其印刷成册送给潜在的客户，报价表比较清晰，装修业主可以将这些材料价格和施工价格熟记在心，比较装饰公司的额定价格，并与其施工工艺相比较，看性价比是否合算，再作决定。

3. 材料品牌与型号蒙混过关

现在很多装修业主为了维护自己的权益，都会在装修预算中指明使用某种品牌的装饰材料，一般而言，知名品牌质量的确不错，在市场上的口碑较好，但是广告传播效应广，价格较高，且都是统一价。装饰公司为了提高盈利，利用装修业主对装饰辅助材料不了解的弱点，钻品牌名称的空子，通常采取以下几种手法。

1）以高档词汇蒙混过关

很多装饰公司对于非客户指定品牌的材料，在预算表只是写明"优质"、"合资"、"特级"、"精品"等高档词汇，但是并没有指

自行选购材料不在预算报价中

装饰公司的预算单中一般不包含灯具、洁具、开关面板及大型五金饰件，这些成品件在市场上的单件价格浮动较大，根据品牌、生产地域、运输和供求关系不同而造成较大差异。如果装饰公司提供上述成品件，装修业主非常容易就能识别真伪，无利润可图，因此多由业主自行选购。

明具体品牌、规格及生产厂商（见图1-23），低品质的装饰材料自然会对装修业主的利益造成侵害，如不遂愿，装饰公司就要加价。

2）选用品牌名称雷同的材料

对于知名品牌装饰材料，装饰公司的进货价和装修业主的零售价相差不大，装饰公司的利润并不高。装饰公司为了避开竞争，纷纷指定厂商生产一些中低档产品，冠以与名牌雷同的名称，如市场上知名的某某牌木芯板口碑不错，就重新推出一种名为极品某某牌木芯板，加了前缀"极品"二字，当它出现在预算表上，就会给装修业主一种"物超所值"的感受。

3）不标明具体型号或级别

知名品牌的装饰材料为了占领市场，通常会针对同一个品牌开发

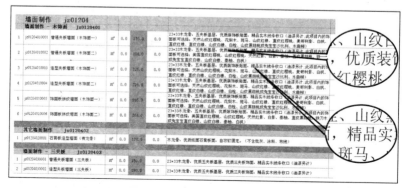

图1-23　预算单上的高档词汇

出多种产品，一般以高、中、低档同步上市，在统一的品牌下就出现了多种型号或级别的产品，彼此之间价格差异很大。装饰公司就抓住这一点大做文章，只在预算表中标明品牌，并且列出高价，然而在实际施工中却使用低档产品。

关于这一点，装修业主一定要看清预算／报价中的材料品牌和型号，如果没有标明就要要求装饰公司增补，适当地提高价格，品质会有保证。

4．难辨的真假数据

预算表中最关键的当属工程量了，工程量是计算装修施工劳动量多少的数据，一般要根据设计图纸来计算，例如，某客厅需要铺设复合木地板，就应该计算客厅的长×宽，所得乘积再×1.2作为损耗，最后即得出铺设复合木地板的工程量。这个数据往往会莫名其妙的继续上浮10%左右，当业主发现并指出后，设计师会以客厅不规则、边角花纹难对齐等理由来辩解。当然，地面和顶面的工程量上浮还不算大，上浮达到20%的主要是乳胶漆和墙面砖，这些多出来的数据就是实实在在的盈利了。又如，墙面乳胶漆涂饰，实测面积为12m²，在预算报价单中却标明18m²，大多数装修业主不会为个别数字仔细复查，而平均25元／m²的施工价格就给装饰公司带来了150元的额外利润。

装饰公司为了在这上面做到掩人耳目，往往会在没有太多利润的工程项目上稍微"降低"工程量，如木质家具油漆涂饰，例如：一件鞋柜原本计算出的涂刷面积为2.8m²，但是在预算表上只标明2.2m²。对此，装修业主一般会窃喜且不吱声，并且忽视了对其他工程量的复核，即使在其他项目上产生疑问，也会听信设计师的"巧妙"搪塞，不会深究。其实，家具的木器漆涂饰可多可少，刷2遍与刷5遍的外观效果差异不大，但是可以大大减少材料费与人工费，其间的差价就远远不止0.6m²的工程量了。

为了进一步蛊惑装修业主，装饰公司还会拿出"亏本"、"赠

送"等招数，在预算表上故意遗漏一些装修项目，如果在签约前业主没有看出来，公司就会在施工中要求追加工程款，否则就不做。如果在签约前就被业主看出来了，公司一般会说，这是为答谢客户赠送的项目。例如，厨房、卫生间的门界石，它是区分厨房、卫生间地面与外部空间的装饰边条石，长度与门宽相当，宽度与墙厚相当，一般是块面积很小的深色地砖。如果业主在签约前指出这个项目遗漏了，公司会提出这是"赠送"的项目，在施工中会用很廉价的深色地砖铺装，全部成本不超过10元／m。如果业主在签约后指出这个项目遗漏了，公司会说这个部位一般铺设与厨房、卫生间地面相同的地砖，如果觉得效果不好，就铺设门界石，那么要追加工程款，门界石必须用深色天然大理石，否则这个部位容易被"磨损"，甚至会造成"渗水"，价格就达到了200元／m。之所以要遗漏项目，就是想麻痹装修业主，不去追究预算中那些虚虚实实的数据，既然接受了"馈赠"，就应该听从"安排"。■

第11课　装饰公司与经销商

　　家装是一套系统、复杂的工程，其中的设计、施工等多个环节都离不开装饰公司与经销商，业主通过货币购买的是装饰公司的服务与经销商的物资。但是装修行业竞争激烈，现在很多装饰公司也代理材料采购，而经销商也承接部分施工，甚至设计。两者之间既合作又竞争，使家装工程进一步复杂化，给业主带来不少烦恼。

1.材料采购中的回扣

　　购买、销售装饰材料时吃回扣、拿返点，这已经成了公开的秘密。但是回扣是怎样发生的，利润究竟有多少，却鲜为人知。

1）材料代购

　　由于很多装修业主没有时间与精力去深入考察市场，将很多基础材料委托装饰公司或项目经理选购。因为，多数业主认为基础构造的质量不过关，最终会影响饰面效果，能明确材料与施工责任。装饰公司或项目经理为了提高价格往往建议购买高价产品，反复强调选用中低档产品就无法保证施工质量，业主自然同意，而最终买回来的仍是廉价产品，这些材料用到施工中一般不会当即出现问题，但是时间久了就会露出"庐山真面目"。这类材料一般为制作吊顶基层的木龙骨，墙面基层腻子粉，瓷砖铺贴使用的水泥、砂等。它们用量大，质地厚重，为了方便运输，都在当地企业生产，没有在媒体上出现过广告，业主难以弄清质量差异和品牌特征。其实，这类产品的价格和质量差距并不大，没有明显的高、中、低档之分，价格只在采购数量和搬运管理上有差异，装饰公司或项目经理以老客户的身份去购买，不仅价格便宜而且还能省去运输费。这种代购回扣一般为采购费用的20%～30%。

2）陪同选购

很多装修业主总结周边亲友的装修经验，担心上当受骗，往往要求设计师一同前往材料市场选购，选购对象一般以木质饰面板、墙地砖、地板、油漆涂料、壁纸、灯具洁具等成品材料，这类产品价格差距很大，可以就花色品种和材料质量来征求设计师的意见。有经验的设计师熟悉当地的材料市场，经销商也经常到装饰公司给设计师发放宣传资料，并承诺给予回扣。陪同选购时，设计师会带装修业主前往能索要回扣的销售商那里进行挑选，并反复宣扬这里的材料如何时尚，如何有保障，如果一连光顾几家店铺后装修业主都不满意，设计师就会批驳装修业主中意的低价材料，批驳言语一般以辐射、污染等危言耸听的词汇为主，迫使装修业主就范。当交易达成后，设计师就会独自返回经销商处索要回扣。这种陪同选购的回扣一般为采购费用的10%~20%。

3）回收材料包装

很多竞争激烈的中高档材料都以回收产品包装来发放回扣，一般以油漆涂料产品为主，为了提高产品的市场占有率，材料商会告诉项目经理或施工员，要求装修业主购买指定产品才能保证质量，而这类产品在当地只有1~2家指定经销商，买来用完后，项目经理或施工员会拿着空包装桶找经销商换回扣。甚至很多油漆工为了多拿回扣，要求装修业主购买小桶产品，这样可以多用几桶，本来只需要刷3~4遍的家具，油漆工会刷7~8遍，甚至会趁机将油漆倒掉，这种回扣一般为采购费用的10%~20%。

现在，回扣之风愈演愈烈，装饰人员索要回扣现在基本可以不用出面，只要求装修业主购买"指定"产品即可，甚至只要告诉经销商小区的位置、单元、房号，就可以直接领取回扣。要杜绝这种现象，保护自身利益，装修业主要有自己的选购主见，多花时间考察市场，将装修回扣返还到装修工程中就并不难了（见图1-24）。

2．不要被折扣价格蒙蔽

鉴于装修业主大多热衷于品牌材料，很多装饰公司就与经销商联系，指定到其店面购买能获得很大的折扣，这要比装修业主独自去购买会便宜很多。其实，品牌装饰材料的定价有很大水分，经销商为了发挥品牌效应将价位定得很高，装修业主以试探性的态度去询问价格，销售人员一眼就能识破，往往会凭借品牌效应给出"天价"，他们并不怕丧失有购买力的装修业主。当装修业主标明身份，是某装饰公司指定来购买材料的，经销商就会拿出"折扣"价格，并指出绝不能再低了，业主们面对这一场景往往感到很惊喜便立即购买。事后，经销商不仅仍有利可图，还能给装饰公司回扣，最终用到装修中的仍是高价材料。

此外，很多品牌材料的原始价格只是出现在广告上，在经销店里全部标上折扣价，业主都会觉得很划算，即使想还价，经销商也有"据"可依，这就是一种纯粹的虚假宣传，目的在于保证产品价格永远"坚挺"。面对这种情况，业主尽可能不要受指定材料和品牌的影响，综合考虑材料的性价比，自主决定购买方向（见图1-25）。

3．经销商上门讨债

验收合格后，不少装饰公司将人员、工具、设备迅速撤离现场，尤其是晚上撤场。动作干净利落实在令人怀疑，这就可能有问题了。

图1-24　回收乳胶漆包装

图1-25　材料促销广告

装饰公司会将现场施工的所有责任都交给项目经理，很多只能现用现买的材料都由项目经理负责采购，如水泥、砂、钉子、木龙骨、工具耗材等。这些材料用量大，一般分多次进场，由于项目经理在一个小区长期施工，材料经销商多以先记账后结算的方式来交易。当装修竣工时，有的装饰公司指使项目经理恶意逃债，不声不响撤离小区。而材料经销商只认得送货的门牌号，这样一来，责任就全堆在业主头上了，即使装修业主找公司理论，装饰公司的主管领导又会以各种理由规避，如该项目经理已经"辞职"，公司全然"不知"此事等。对于这一点，材料经销商早已心知肚明，他们是不会去找装饰公司要钱的，并且他们知道业主装修了房子迟早要入住，也跑不掉，这样就瞄准对象讨债上门，甚至闹得鸡犬不宁。

　　针对这种情况，装修业主最好在竣工验收时，要求项目经理在验收单上注明：关于材料款都已与各经销商结算完毕，如有疑问全由项目经理或装饰公司出面解释。此外，还要留存项目经理的身份证复印件与联系电话，以便解决不必要的纠纷。■

第12课 完全解析装修合同

合同是维系装修双方的法律依据，认真签订装修合同是顺利装修的必要保障，下面就详细介绍装修合同的主要内容，并指出如何避免合同纠纷。

1. 家装合同的主要内容

装修合同是业主维护自身合法权益的重要依据，因此，业主在和装饰公司签订合同时，千万不能马虎对待，要对合同中的每项条款认真检查，发现不合理的地方，就要及时提出，要求装饰公司改正。否则，等到装修合同签好之后，业主提出的条款就很难得到装饰公司的认可。

近几年的装修合同都比较规范，很多省会城市都制定了标准装修合同，并且带有工商部门的批号，合同上的条理很公正，不会偏袒任何一方。但是，也有些装饰公司仍在使用自己起草的装修合同，在条款上明显有利于自己。业主可以下载一份北京、上海等地的标准合同与之对照，发现对自己不利的就要及时指出，让装饰公司修改。

家装合同的主要内容一般应该包括：合同各方的名称、工程概况、家庭业主（即装修户）的职责、施工单位的职责、工期、质量及验收、工程价款及结算、材料供应、安全生产和防火、资历和违约责任、争议或纠纷处理、其他约定合同附件说明等。这些材料对构成合同的完整性都是不可缺少的因素。

1）甲乙双方要辨清

一般合同有发包方和承包方两方，通过中介机构的需要增加第三方，一般称为委托方。发包方就是家庭，一般以业主姓名作为发包方，又称为甲方。承包方是进行工程施工的单位，如装饰公司，又称为乙方。无论是合同哪一方，都必须真实可靠，作为乙方与委托单位，还必须要有国家工商行政管理机构核发的营业执照。

2）工程概况要写明

工程概况是合同中最重要的部分，它包括工程名称、地点、承包范围、承包方式、工期、质量和合同造价。家装工程可以有多种方式，如承包设计和施工、承揽施工和材料供应、承揽施工及部分材料的选购、甲方供料乙方只管施工、只承接部分工程的施工等，方式不同，各方的工作内容就不同。这里应当注意，概况中的工期、质量和造价只是原则性的概括，其中工期只注明等级及执行标准，合同价款注明总额。具体说明在合同后面部分有专项说明。

3）双方职责要明确

（1）甲方。业主作为房屋的主人与装修后的使用者，在工程中主要承担腾空房屋并拆除影响施工的障碍物，提供施工所需的水、电、气及电信等设备；办理施工所涉及的各种申请、批件等手续；负责保护好各种设备、管线；做好现场保卫、消防、垃圾清理等工作，并承担相应费用；确定驻工地代表，负责合同履行、质量监督，办理验收、变更、登记手续和其他事宜，确定委托单位等。

（2）乙方。乙方的工作就是要按甲方要求进行施工，具体包括拟定施工方案和进度计划交甲方审定，严格按施工规范、安全操作规程、防火安全规定、环境保护规定、图纸或做法说明进行施工；做好质量检查记录，参加竣工验收，编制工程结算；遵守政府有关部门对施工现场管理的规定，做好保卫、垃圾处理、消防等工作，处理好与邻居的关系；负责现场的成品保护，指派驻工地代表，负责合同履行，按要求保质、保量、如期完成施工任务。

4）材料供应要确定

合同中应注明：由甲方负责提供的材料应是符合设计要求的合格产品，并应按时运到现场，如发生质量问题，甲方提供的材料由甲方承担责任。经乙方验收后，由乙方负责保管，如乙方保管不当造成损失，由乙方负责。由乙方提供的材料，不符合质量要求或规格有差异，应禁止使用，若已使用，对工程造成的损失由乙方负责。

5）验收条款不可少

关于工程质量验收，合同中应作出以下明确规定。

（1）验收手续。双方应及时办理隐蔽工程与中期工程的验收手续，如隔断墙、封包管线等。甲方不按时参加验收，乙方可自行验收，甲方应予承认。若甲方要求复验，乙方应按要求复验。若复验合格，甲方应承担复验费用。由此造成的停工，可顺延工期。若复验不合格，费用由乙方承担，工期也应顺延。

（2）验收顺延。由于甲方提供的材料、设备质量不合格而影响的工程质量由甲方承担返工费，工期相应顺延；由乙方原因造成的质量事故返工费由乙方承担，工期不顺延。

（3）验收时间。工程竣工后，甲方在接到乙方通知3天内组织验收，办理移交手续。未能在规定时间组织验收，应及时通知乙方，并应承认接到乙方通知3天后的日期为竣工日期，承担乙方的看管费用与相关费用。

2．避免合同中的纠纷

在签订家装合同时，由于条款既多且杂，其中不仅有很多有关装修的专业内容，而且还包含了不少法律方面的内容，稍不注意就会引起纠纷，所以要特别注意以下几方面，这些都是容易出现纠纷的问题。

1）合同主体不明晰

合同中应首先填写甲方、乙方的名称和联系方法。很多公司只盖一个公司名称的章，这就必须要求装饰公司将内容填满，并进行核对，还应注意签订合同的装饰公司名称，是否与同最后盖章的公司名称一致。如果不符，必须问明二者之间的关系，并在合同上注明。如

此做的理由是一旦发生纠纷,一定要有装饰公司比较完整的法人登记情况,以备将来投诉或起诉,省去查询的麻烦,而且能够找到确切的责任承担。

2)合同附件材料不全

经双方认可的预算报价、施工工艺、工程进度表、材料采购单、工程项目、设计图纸等都是装修合同的重要附件材料(见图1-26),有些装饰公司在与装修户签订装修合同时,这些附件材料不齐全,会给以后进行装修带来隐患。业主应该对照标准合同中的指定附件材料,仔细核对。

其中,施工工艺是一个约束施工方严格执行约定工艺做法、防止偷工减料的法宝。在合同当中要有一个施工计划,主要是因为目前家庭装修拖延工期的现象比较严重,而业主又很难在施工方开始拖延工期的时候就发现问题。因此,一份比较严谨的施工计划就是业主保护自己的必要武器。

现在很多的家装合同对于合同甲乙双方的材料采购单都不太重视,尽管合同里作了一些规定,但是大多比较粗浅,主要反映在对于

图1-26　家装合同附件材料

材料品牌、采购时间、验收办法、验收人员没有作出明确的规定。因此，在合同附件中不要遗漏。此外，业主对一些施工项目的造型理解存在疑问，由于没有特别详细的图纸，设计师和业主在理解上会有一些差距，有的项目由于图纸不明确，在具体尺寸上也会存在差距。这些要在签订合同前沟通好，在图纸上强化标注，严格按照签字认可的图纸施工，如果细节尺寸上与设计图纸上不符，业主可以要求返工。

3）工程变更条款

目前在装饰工程的实际履行中，增加施工项目的现象很多。一些装饰公司开始有意把报价做得很低，然后在开工后逐步增加，让装修户无法再找另外的装饰公司，只好同意他们的要求，最后的装修总价远远超出初始报价。所以装修户在合同签订时，最好经过多方了解，弄清自己所支出的费用与住宅面积及施工项目所需的费用是否相当。如果业主对工程项目不了解，就要认真核对，避免装饰公司在工程后期，趁机漫天要价。因此，如果需对原合同进行变更的，业主必须与装饰公司协商一致，并签订书面的变更协议，与此相关的工期、工程预算及图纸都要作出变更，并经双方签字确认。

4）材料验收与使用

目前大部分装饰公司都建议业主选择包工包辅料的形式。那么在材料供应上，双方都应负一定的责任。业主要按约提供材料，并请装饰公司对自己提供的材料及时检验，并办理交接手续。装饰公司无权擅自更换业主提供的材料，如果发现问题应及时协调，采取更换、替代等补救措施，避免以后因工程质量出现争议时，装饰公司以业主提供的材料不合格为借口，拒绝修理或赔偿。而对装饰公司提供的材料，业主也应进行检验，一旦装饰公司有隐瞒材料，或者使用不符合约定标准的材料施工，业主有权要求重做或赔偿损失等。

5）施工管理

在预算报价中，装饰公司都会收取管理费，收了钱就应该负起责

来。装修施工现场一般由项目经理负责协调，装饰公司还应该指派巡检员定期到场视察，同时也起到监理的作用。一般家装不会聘用第三方监理。因此，业主要在合同指出巡检员、设计师到场巡视的时间，这对工程的质量尤为重要。巡检员应该每隔2~3天应该到场1次。设计也应该3~5天到场1次，看看现场施工结果与图纸设计是否相符合，同时起到监督施工员的作用。

6）质量验收标准

目前，各省市都制定了一些关于家装工程管理规定，如北京市的《家庭居室装饰工程质量验收标准》DBJ-T01-43-2003，在装修验收时，要以当地制定的工程质量验收标准为准，并在家居装饰合同中约定。如果当地没有相关标准，就应该参考其他城市已定的标准。如果合同中不作规定，一旦出了问题很难处理。■

第13课　家装监理职责所在

一般的装修业主如果投入不多，且自己的时间充裕，可以在现场亲自过问各种装修事宜。如果时间紧张，工作繁忙，并且投入的资金较多，可以聘请第三方监理公司或职业监理师对自己的装饰工程进行监理，这是一种比较好的方式。除了聘用监理公司提供监理服务外，也可以找有装修经验的同事或熟人。此外，如果聘用独立的职业设计师或设计单位，他们一般也对装修监理负责，将图纸与预算中的细节落实到装修工程中，起到了实实在在的监理作用，为提高工程质量奠定了基础。

1. 监理公司的性质

装修监理公司是由工商管理部门及行业主管部门登记注册，持有合法有效工商营业执照与其他必备营业执照的商业营利性装饰装修工程指导管理机构。

装修业主可以委托监理公司对自己的新房装修工程全程监管，监理公司是为装修业主服务的。监理公司按照独立自主的原则开展监理工作，行业部门相关规定，监理公司不得与参与施工的装饰公司有任何经济合作关系，装饰公司不得指定监理单位。在监理公司里，从事监理工作的主要项目负责人有监理工程师与监理员两种，两者都应具有国家相关管理部门颁发的执业资格认证，并且不得在任何装饰公司中任职。总而言之，监理公司不能存在与装饰公司的隶属关系或利益关系，从而保证其监理的客观性与公正性。

不少装饰公司为了获取工程项目，往往提出免费聘请第三方监理公司实施监理，实际上装饰公司与所谓的第三方监理公司之间存在相关的利益联系。他们做表面文章只是给客户看的，在装饰施工过程

采购材料验收单

在装修过程中，比较常见的材料采购方式是装修业主自己采购大部分主材，施工单位采购小部分主材与全部辅材。但是，材料采购是一个比较复杂的过程，需要消耗大量的时间、精力，很多装修业主就将此全部转给工程承包方采购。例如，在装修合同中本来约定使用某品牌的木芯板，但是在施工时却发现，装饰公司或承包者采购了其他品牌的产品。此外，工地本来计划明天使用墙砖，但是业主还没有决定到哪里去买，这些都会影响工程的进度和质量。

因此，在这里需要特别注意，在合同附件中应该注明采购材料的种类、品牌、规格、数量、参考价格、供应时间与签收人。

中，装饰公司出现的价格问题、施工质量问题及售后服务问题都与监理公司保持一致，联合蒙骗装修业主的权益。如果需要监理服务，可以自主寻求监理公司，不必听从装饰公司的宣传。

2. 监理公司的职责

装修监理公司的职责内容非常复杂，根据不同公司的业务范围与取费方式，职责的规范也不尽相同，但是一般都会遵照履行以下职责。

1）审核设计

对装饰公司的设计方案与预算报价核实审定，严格把关。完全站在装修业主的角度严格检查整个装修合同的细节、预算数据、图纸等，在施工现场会将施工图纸与实际环境进行对比，严格控制工程量与材料用量等，为业主提出更妥善的修改方式与意见。

2）材料设备监控

严格保证装饰材料与器械设备的质量及环保要求。例如，组织材料验收时清查所有装饰型材的品牌标签，登记备案，电话回访查询鉴定真伪等，使优质材料能真正运用到装修中。

3）监督施工

对每个细部环节进行验收。如材料进场、隐蔽工程完工、细木工制品完工、油漆完工、收尾完工等主要步骤。监督工人按图纸施工，按标准工艺施工，针对有矛盾的施工方式，代理客户出面与装饰公司协商解决，直至无争议为止。

4）协助施工

协助装修业主选择施工队，对施工班组的质量、人员素质、施工工艺进行评估。必要时组织多家装饰公司或施工队竞标，为装修业主提供优质的施工保障。

5）指导验收

验收合格后，一般保修期为两年，在此期间监理公司要配合装修业主进行质量监督，明确装饰工程售后责任。如果出现问题，还要处理好装修业主与装饰公司之间的责权关系。

3．签订监理合同

选择监理公司也需要与他们签订具有法律效应的监理合同，监理合同的格式可以参照常规装饰装修施工合同的格式签订，不足的内容可以由双方在签订时协商，进行增删。

监理合同中应当明确指出监理公司的主要职责以及职责的完成方式，例如，监理公司的监理员是否每天在施工现场执行监理任务，监理公司是否提供除单一监理工作以外的其他工作等。此外，还应指该出监理公司的收费方式、收费金额与付款方式。

一般专营家居装修工程监理公司的收费方式是按照工程监理范围内的总造价乘以相应的比率。针对我国大中型城市的装修业主，监理公司所提供的一般技术性咨询服务为免费。造价在30000元以下（含30000元）直接收监理费1000元；30000～150000元（含150000元）按4%取费；150000～300000元（含300000元）按3.5%取费；300000元以上按3%取费。业主要求监理公司提供其他服务，例如，设计方案、全程材料陪同选购等，则根据不同地域和不同监理公司的经营方式而取费不同。

4．选择合适的监理公司

1）查看监理公司的资质证书

正规的监理公司具备齐全的手续，并且能够提供完整的监理合同书与维修手册，装饰工程结算时会提供正规发票。出现监理问题能够寻求正确的法律渠道来解决。监理公司的员工人数较少，装修业主应慎重调查，不少监理公司的员工同时在其他装饰公司任职，在洽谈咨询中，会有意引导装修业主向其所在公司靠拢，从中获取回扣利益。

2）了解业务经营范围

进入市场经济发展阶段，装修监理公司是一个新兴事物，不少公司为了立足市场获取利润，同时展开多种业务项目，例如，不少装饰公司和监理公司联营，下属设计公司、材料销售、广告宣传及物流等。装修业主在选择监理公司时应明确注重该公司是否将监理服务放在重心，其业务项目不会影响到工作重心，也有的监理公司长期从事公共空间装修项目，其工作方式也会因项目不同而改变，并不适合家居装修。

3）专业技术人员素质

正规的监理公司内部工作人员都具备国家认证的执业资格证书，并且每年参加职业技能考核，也有不少公司在组建之初门类混杂，人员素质参差不齐，工作能力低下，尤其是挂靠在其他装饰公司门下的监理公司，服务质量就更得不到保证。■

第14课　家装贷款办理手续

近年来，住房贷款热推动了装修贷款的发展，在装修中所需的几万元钱对于大多数中国消费者而言不算少，加上在购房中已付出的大部分存款，剩余并不多，装修贷款就成为部分家庭选择的主要方向。当然，装修贷款需要偿还利息，如果已购商品房是以按揭形式，那每月所需偿还的金额就不少了，一定要量力而行。以下就参考中国建设银行的装修贷款要求来介绍（见图1-27）。

1．装修贷款的概念

个人住房装修贷款是指中国建设银行向个人客户发放的用于装修自用住房的人民币担保贷款，可以用于支付家庭装潢和维修工程的施工款、相关的装潢材料款、厨卫设备款等。个人住房装修贷款的对象为具有完全民事行为能力的自然人。借款人的具体条件与贷款要求包括以下内容。

1）18周岁至60周岁，有当地常住户口或有外地户口但有本地有效居住证件，有固定居所。

2）具有稳定的职业和经济收入或易于变现的资产。

3）有与装修企业签订的《家庭装修工程合同》，或《购买家庭装修材料合同》、《购买厨卫设备合同》，以及家庭装修预算书。

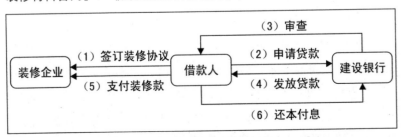

图1-27　装修贷款流程示意

4）在中国建设银行开有活期储蓄存款账户

5）提供建设银行认可的担保。

6）借款人借款金额一般应不小于5000元，最高贷款额不超过15万元。贷款期限最短为半年，最长不超过5年。贷款利率按中国人民银行规定的同期贷款利率执行。

2．装修贷款流程

1）借款人应提供的资料

借款人填写《中国建设银行个人住房装修贷款申请书》，并提供如下资料。

（1）居民身份证件（身份证、户口簿、军人证或其他有效身份证件）等资料的原件与复印件。

（2）个人收入证明（单位出具的收入证明、工资单、纳税单、可用于还款的本行储蓄存单等）。

（3）与装修企业签订的《家庭装修工程合同》、《购买家庭装修材料合同》、《购买厨卫设备合同》，以及装修预算。

（4）装修企业的营业执照与资格证书复印件。

（5）抵押物、质押物及权利凭证清单的权属证明和有处分权人同意抵押、质押的证明；抵押物必须提交所有权或使用权证书、估价、保险文件；权利质物还须提供权利凭证、保证人同意保证的文件。

（6）贷款银行要求的其他材料。

2）担保的方式与具体要求

借款人向中国建设银行申请个人住房装修贷款必须提供有效担保，担保可以采取抵押、质押、保证的方式。借款人以自有财产或第三人自有财产进行抵押的，中国建设银行要与借款人或第三人签订《抵押合同》；抵押物必须评估，并办理抵押登记手续。借款人以自己或者第三人的符合规定条件的权利凭证进行质押的，中国建设银行要与借款人签订《质押合同》，可以质押的权利凭证包括以下几种。

（1）有价证券，包括政府债券、金融债券、AAA企业债券。

（2）建设银行出具的储蓄存单。

（3）建设银行认可的其他资产。

贷款期限不长于质押权利的到期期限。借款人以保证方式提供担保的，保证是连带责任的保证，中国建设银行要与保证人签订《保证合同》。保证人必须是法人、其他经济组织或公民。未经贷款银行同意，抵押期间借款人（抵押人）不得将抵押物转让、出租、出售、馈赠或再抵押。在抵押期间，借款人有维护、保养、保证抵押品完好无损的责任，并随时接受贷款人的监督检查。

3）装修贷款流程示意图及说明

（1）借款人选定装修企业，并与装修企业签订《家庭装修工程合同》、《购买家庭装修材料合同》、《购买厨卫设备合同》以及装修预算。

（2）借款人向中国建设银行申请个人住房装修贷款。

（3）中国建设银行对借款人提供的资料进行审查。

（4）同意借款人贷款的，办理有关手续，将贷款资金划转借款人个人账户。

（5）借款人支付装修款。

（6）借款人按期偿还贷款。

3．装修贷款偿还方式

1）款偿还的规定

$$
每月还款额 = \frac{月利率 \times (1 + 月利率)^{还款期数}}{(1 + 月利率)^{还款期数} - 1} \times 借款金额
$$

图1-28　按月等额偿还贷款本息计算公式

贷款期限在1年以内（含1年）的，实行到期一次还本付息，利随本清。贷款期限在1年以上的，借款人从贷款支用的次月起采取按月等额偿还贷款本息的方式（见图1-28），借款人提前归全部还贷款本息，应当提前15天通知贷款银行，已计收的利息不随期限、利率变化而调整。

2）贷款偿还的方式

借款人偿还银行贷款本息的方式有两种，每个借款人只能选用其中一种方式还款。其一是根据借款人与中国建设银行签订的《借款合同》约定的还款计划、还款日期，中国建设银行从借款人活期储蓄账户中扣收当期应偿还贷款本息。借款人必须在扣款账户存有足额的存款，如扣款账户被冻结、挂失，借款人还应及时提供新的扣款账户。其二是借款人到建设银行营业网点偿还，借款人归还逾期贷款则只能采取这种方式。近年来，各种贷款的利率时常变更，应随时了解市场行情，在利率上浮时可考虑提前还贷等其他措施。■

第二篇　空间布置

关键词：空间、功能、布置、细节

第15课 家居空间布局原则

家居空间设计是对建筑所提供的内部空间进行处理，在现有的基础上进一步调整空间尺度与比例，解决空间与空间之间的衔接、对比、统一等问题，从而创造一个令人舒适的活动环境。这些概念与方法除了能从设计师提供的图纸上显示外，作为装修业主也应当有所了解，具有自己的主见才不会被人牵着鼻子走。因此，建立良好的空间层次与序列，保持空间层次的多样化，与经济实惠的装饰手法并不矛盾，合理改造空间的形态，在一定程度上还是省钱、高效的法宝。

1. 家居行为与空间布局

1）家居行为特征

常见的家居行为主要表现为休息、起居、饮食、家务、卫生、学习、工作等方面，而各种行为在家庭生活中所占用的时间、消耗的体力各不相同。例如，在一天的家居行为中，休息占约50%，起居占约30%，家务等活动占约20%。然而根据不同的家庭情况，家庭成员在各项活动中所花费的时间也有较大不同。例如，一般人每天花1~2小时做家务，而家庭主妇则可能要花上6小时。

家居室内空间特征可以根据静与动、私与公、洁与污分为三类，尤其是可将静、私空间与动、公空间进行分类。例如，使卧室、书房等空间显得更为专用、私密，设置在住宅空间的内部；将使用频率较高的客厅、餐厅、走道设置在住宅空间靠大门的一侧。一天中所占时间最长的休息活动居于相对安全的内部空间，而外部可以满足家庭聚会、餐饮等行为。

家居行为可以集中在起居、休息、家务、卫生等四种空间中。其中，休息与卫生是人在居住行为中最私密的行为，应该设在最尽端，经过交通空间再进入到起居与家务两个空间，从而将整个户型融为一个整体。不少装修业主在购买商品房时，由于资金等多方面因素制约，一时无法套用上述四种空间模式化的设计样本，在这里就提供一种空间秩序参考图示，供各种房型使用（见图2-1）。

2）家居空间划分

家居空间划分要确定各个房间的作用。门厅、客厅、餐厅、厨房、卫生间、书房、客卧室、主卧室、储藏间等一般都是固定的，只要不破坏梁与承重墙，以上各要素可以自由组合、取舍、交换，一切以业主或家庭成员的心意为准。一般而言，餐厅与客厅之间需要分开，如果在空间上无明显区别，可以用吊顶来营造一个视觉中心，将客厅与餐厅分开。墙面尽量保留空白，日后想要挂个装饰品也不愁没地方，即使保持墙面的空白，也令人感觉朴素清新。

家居空间秩序设置完成后，还需要对各个房间之间的关系进行调节，房间不是孤立的，彼此之间要按照使用功能来确定其位置和相互关系的。例如，客厅与厨房之间既要有联系又要有适当的隔离，因为家庭成员经常往返于客厅与厨房之间，但是两者距离靠近，厨房的油烟又会影响到客厅的正常生活，可以在两者之间设置餐厅空间或装饰柜隔断等。卫生间从使用功能上应该靠近卧室，最好每间卧室都能直

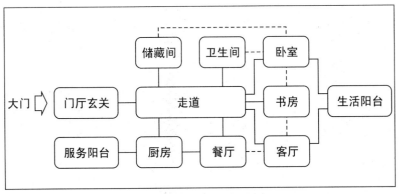

图2-1 常见家居空间次序示意

入卫生间，但卫生间易使墙面受潮，产生的异味与噪声会影响到卧室起居，两者之间适当的隔离是相当必要的，可以在开向卧室的卫生间门处设立衣柜，从而添加一扇隔门，减小影响。

3）家居空间组合

住宅内各空间的组合主要有以下3种方式。

（1）流通区域联系。这种组合关系比较简单，适用范围广，住宅内各空间独立性强，日常起居中不会相互干扰，但是室内过道面积较大，形成狭长的空间，利用率不高，尤其是房价高涨的今天，可谓是一种浪费（见图2-2）。

（2）房间相套联系。利用房间内的活动空间作为交通联系，可以节约面积，但是活动空间与过道合并，在室内穿行时一部分原有的起居空间或储藏空间即被作为流通空间，从而造成起居与储藏不便（见图2-3）。

（3）混合联系。两种方式混合使用是指主体过道联系，局部相套联系，兼得两种优势，需要细致地设计（见图2-4）。

2. 营造家居空间环境

当原有空间结构不能满足使用要求时，就需要对住宅空间进行重新营造，这种营造一般分为实体营造与虚拟营造两种方式。

1）实体营造

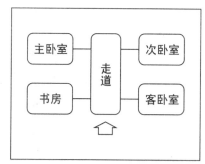

图2-2　流通区域联系示意

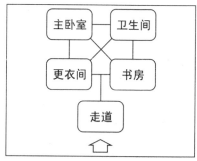

图2-3　房间相套联系示意

家居空间主要是由建筑结构、家具、设备等实体构造围合产生。建筑结构是指围合与支撑建筑的外墙、梁柱、门窗等，这些构造的材料一般坚韧有力，对家居空间能起到了安全保护作用。例如，外墙与梁柱的围合使室内形成矩形等较规整的形态，有利于合理的起居活动。家具属于室内空间的后期配置，在布设时由于体量较大，也能够起到分隔空间的作用，并依附在墙体周边。设备主要指卫生间、厨房的采暖、通风、空调等，其使用性能、使用方法都会影响到房间的分隔。例如，厨房与卫生间的设备使用水汽、油气，噪声较大，在墙体分隔时要考虑保留实体砖墙，不能轻易拆除。实体营造方法主要有以下几种。

（1）增设隔断。通过各种形式的实体构件，按家庭成员的理想将不适宜的空间分隔为适宜合理的状态，从而满足生活起居的需要。例如，较为狭长的卧室可以通过各种隔断来加以处理，在狭长墙面中添加墙体或家具，由单一空间变为多功能空间，同时在视觉上也产生了私密性与安全性的变化（见图2-5）。

（2）改变界面形态。改变墙面、地面、顶面，重新组合它们的关系，达到最佳的空间形态，或者说是对住宅空间的再塑造，只要注入空间调节的内容，使界面产生变化，就可塑造出令人舒适的空间。

（3）构件调节。利用依附在建筑实体上的固定件，对空间加以

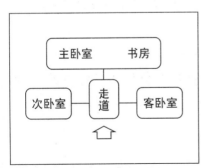

图2-4 混合联系示意

图2-5 客厅背景墙隔断

控制，从而起到扩充、缩小等调节作用。例如，原本是僵硬的方形楼梯间，将楼梯拆除，重新建造为弧线形旋转楼梯，视觉效果就发生了很大改观。

2）虚拟营造

虚拟营造是指通过附加装饰手法对家居空间进行视觉、心理上的调节，虽然并不改变实际的空间形态，但是作用不亚于实体营造。虚拟营造主要有以下几种。

（1）纹理。在墙面上有意识地运用一些直线木纹或壁纸装贴，可以使人感觉到空间有延伸或缩短的变化。水平方向的线条可以使空间感持续延伸，空间的长宽会有加大的感觉；垂直方向的线条可使居室层高较低的空间变得比较开阔；在较窄的房间内铺上规格较小的地砖或地板可以使人的视线拉大，显得较为宽敞等。

（2）色彩。利用色彩要素与基本原理对空间的距离效应进行调节，主要包括明度、纯度、色相的调节。例如，住宅空间顶面色彩较深会让人感到空间降低，而墙面上使用浅色涂料则会让人感到空间开阔。

（3）材料。不同材质的组合对不同的居住环境具有特定的作用。例如，粗糙的材质会使人感到空间靠拢缩小，光洁明亮的材质会让人从视觉上达到扩充的效果。

（4）饰品。利用装饰挂画、工艺品等物件对室内空间的层次进行调节。例如，在狭长走道尽端的短小墙面上挂饰木雕等工艺品，会缩短走道的视觉长度等。

虚拟营造对于大多数住宅空间而言，只适用于局部或单一房间的某一面墙，局部运用能起到画龙点睛的作用。反之，会造成画蛇添足的不利影响。■

第16课 门厅玄关通透整洁

门厅是进入家居室内后的第一个空间，位于大门、客厅、走道之间，面积不大，但形态完整，是更衣换鞋、存放物品的空间。玄关原指佛教的入道之门，现在专指住宅室内与室外之间的过渡、缓冲空间。在现代家居装修中，门厅与玄关的概念相同，通常将其合二为一称为门厅玄关。它是家居空间环境给人的最初印象，入户后是否有门厅玄关作为隔离或过渡，是评价装修品质的重要标准之一。

1．功能设计

1）保持私密

避免客人一进门或陌生人从门外经过时就对整个住宅一览无余，在门厅玄关处用木质或玻璃作隔断（见图2-6），相当于划出一块区域，能在视觉上起到遮挡的作用。

2）家居装饰

门厅玄关的设计是住宅整体设计思想的浓缩，它所占据的面积不大，但是在住宅装修中起到画龙点睛的作用（见图2-7）。通常在局部采用不锈钢、玻璃等高反射材料作点缀，采用具有特色的壁纸、涂料、木质板材作覆面，并配置高强度射灯弥补该空间的采光不足。

图2-6 门厅玄关

图2-7 门厅玄关

3）方便储藏

一般将鞋柜、衣帽架、大衣镜等设置在门厅玄关内，鞋柜可以做成隐蔽式，衣帽架、大衣镜的造型应美观大方，配置一定的储物空间，适用于放置雨具、维修工具等。门厅玄关应该与整个家居空间风格相协调，起到承上启下的作用。

2. 空间布置

1）无厅型（0m²）

这种门厅适合面积很小的住宅，打开大门后就能直接观望到室内，进门后沿着墙边行走。但是在这种空间里还是要满足换衣功能，在墙壁上钉置挂衣板，保证出入时方便使用。在狭窄的空间里可以将换鞋、更衣、装饰等需求融合到其他家具中（见图2-8）。

2）走廊型（2m²）

打开大门后只见到一条狭长的过道，能利用的储藏空间和装饰空间不多，可以见机利用边侧较宽的墙面，设计鞋柜或储藏柜。如果宽度实在很窄，鞋柜可以设计成抽斗门，厚度只需160mm。在对应的墙面上，可以安装玻璃镜面，衬托出更宽阔的走道空间（见图2-9）。

3）前厅型（3m²）

这种空间比较开阔，打开大门后是一个很完整的门厅，一般呈方形，长宽比例适中，在设计上是很有作为的。可以在前厅型空间内设计装饰柜、鞋柜为一体的综合型家具，甚至安装更换鞋袜的座凳，添加部分用于遮掩回避的玄关，并且设计出形式优美的装饰造型（见图2-10）。

4）异型（4m²）

针对少数不同寻常的住宅户型，这种布置要灵活运用，将断续的墙壁使用流线型鞋柜重新整合起来，让门厅空间显得有次序、有规则。原本凌乱的平面布置，现在被收拾得很干净了。但是也不要希望能存放很多的东西，因为形式与功能是很难统一的（见图2-11）。

3．细节设计

1）空间隔断

　　门厅玄关空间的划分要强调它自身的过渡性，根据整个住宅空间的面积与特点因地制宜、随形就势引导过渡，门厅玄关的面积可大可小，空间类型可以是圆弧形、直角形，也可以设计成走廊。虽然客厅不像卧室那样具有较强的私密性，但是最好能在客厅与门厅之间设计一个隔断，除了起到一定的装饰功能外，在客人来访时，使客厅中的成员有个心理准备，还能避免客厅被一览无余，增加整套住宅的层次感。但是这种遮蔽不一定是完全的遮挡，经常需要有一定的通透性。

　　隔断的方式多种多样，可以采用结合低柜的隔断，或采用玻璃通透式与格栅围屏式的屏风结合，既能分隔空间又能保持大空间的完整性，这都是为了体现门厅玄关的实用性、引导性、展示性等特点，至

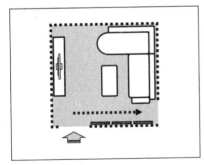

图2-8　无厅型

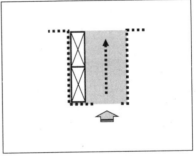

图2-9　走廊型

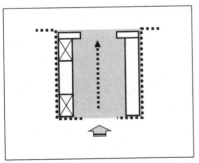

图2-10　前厅型

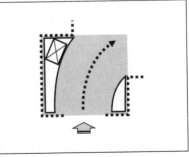

图2-11　异型

于材料、造型及色彩，完全可以不拘一格。

2）地面材料

门厅玄关的地面材料是设计的重点，因为它不仅经常承受磨损和撞击，它还是常用的空间引导区域。瓷砖便于清洗，也耐磨，通过各种铺设图案设计，能够适宜引导人的流动方向，只不过瓷砖的反光会给人带来偏冷的感觉。

3）照明采光

由于门厅玄关里带有许多角落和缝隙，缺少自然采光，那么就应该有足够的人工照明，所以让照明设计比较困难，根据不同的位置合理安排筒灯、射灯、壁灯、轨道灯、吊灯、吸顶灯，可以形成焦点聚射，营造不同的格调，如果使用壁灯或射灯可以让灯光上扬，产生丰富的层次感，营造出温馨感。■

第17课 客厅布置力求大气

客厅在住宅中当属最主要的空间了，它是家庭成员逗留时间最长、最能集中表现家庭物质生活水平与精神风貌的空间，因此，客厅应该是家居空间设计的重点。客厅是住宅中的多功能空间，在布局时，应该将自然条件和生活环境等因素综合考虑，如合理的照明方式、良好的隔声处理、适宜的温湿度、恰当的贮藏位置与雅致的家具陈设等，保证家庭成员的各种活动需要。客厅的布局应尽量安排在室外景观效果较好的方位上，保证有充足的日照，并且可以观赏周边的美景，使客厅的视觉空间效果都能得到很好的体现。

1. 功能设计

1）功能分区

客厅是家庭成员及外来客人共同的活动空间，在空间条件允许的前提下，需要合理地将会谈、阅读、娱乐等功能区划分开，诸多家具一般贴墙放置，将个人使用的陈设品转移到各自的房间里，腾出客厅空间用于公共活动。同时尽量减少不必要的家具，如整体展示柜、跑步机、钢琴等都可以放在阳台或书房里，或者选购折叠型产品，增加活动空间。

2）综合运用

客厅功能是综合性的，其中活动也是多种多样的，主要活动内容包括：家庭团聚、视听活动、会客接待。家庭团聚是客厅的核心功能，通过一组沙发或座椅巧妙的围合，形成一个适宜交流的场所，而且一般位于客厅的几何中心。西方客厅则往往以壁炉为中心展开布置。工作之余，一家人围坐在一起，形成一种亲切而热烈的氛围。客厅兼具功能内容还包括用餐、睡眠、学习等，这些功能在大型客厅不宜划分得过于零散，在小型客厅的中心显得更为突出，也要注意彼此之间的使用距离（见图2-12）。

3）围绕核心

客厅是住宅的核心，可以容纳多种性质的活动，可以形成若干区域空间。在众多区中必须有一个主要区域，形成客厅的空间核心，通常以视听、会客、聚谈区域为主体，辅以其他区域，形成主次分明的空间布局，而视听、会客、聚谈区往往以一组沙发、座椅、茶几、电视柜围合而成，再添加装饰地毯、顶棚、造型与灯具来呼应，达到强化中心感的效果，并让人感到大气（见图2-13）。

2．空间布置

1）L型（9m²）

这种布局方式适合面积较小的客厅空间，选购沙发时要记清楚户型转角的方向。转角沙发可以灵活拆装、分解，变幻成不同的转角形式，容纳更多的家庭成员。此外，电视柜的布局也有讲究，应该以沙发的中心为准，这样才能满足正常观看（见图2-14）。

2）标准型（12m²）

标准的3＋2沙发布局是常见的组合款式，既可以满足观看电视的需要，又可以方便会谈，沙发的体量有大有小。皮质沙发可以配置厚重的箱式茶几，布艺沙发可以配置晶莹透彻的玻璃茶几，木质沙发可

图2-12　客厅

图2-13　客厅

以配置框架结构的木质茶几（见图2-15）。

3）U型（12m²）

这种半包围的客厅布局方式一般用于成员较多的家庭，日常生活以娱乐为主，布局一旦固定下来就不会再改变。包围严实的布局可卧可躺，别有一番情趣。沙发与电视柜的距离要适当拉开，保证家庭成员能快速入座、快速离开（见图2-16）。

4）对角型（12m²）

对角型布置适合特异形态的客厅，在布局整体住宅空间时要考虑到客厅的特殊形态。弧形沙发背后的空间设计要得当，可以制作圆弧形隔墙或玻璃隔断，设计成圆弧形吧台，或设计成储藏空间，而对电视柜则就没有那么多要求了，最好能直对沙发（见图2-17）。

5）单边型（25m²）

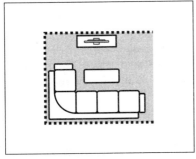

图2-14 L型

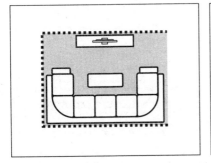

图2-16 U型

图2-15 标准型

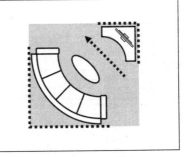

图2-17 对角型

单边型走道布局适合空间较大的住宅，侧边走道至少要保证一个人正常通行。沙发最好选用皮质的，体量也应该比较大，受到碰撞后不容易发生移动。如果选用布艺沙发与木质沙发，背后可以放置一个低矮的储物柜或装饰柜，保证沙发不会受到碰撞（见图2-18）。

6）周边型（30m²）

周边走道的客厅布局一般出现在复式住宅或别墅住宅里，三面环绕的形式能让人产生唯我独尊的感觉，"看电视"这种起居行为可以被忽略了，取而代之的是大气的背景墙。三面走道空间应该保持宽敞，能满足两人对向而行（见图2-19）。

3. 细节设计

1）避免交通斜穿

客厅是联系户内各房间的交通枢纽，如何合理地利用客厅，交通流线问题就显得很重要了。可以对原有建筑布局进行适当调整，如调整户门的位置，使其尽量集中。还可以利用家具来巧妙围合、分割空间，以保持各自小功能区域的完整性，如将沙发靠着墙角围合起来，整体空间过小可以提升茶几的高度，使茶几成为餐桌。这样一来，餐厅与客厅融为一体，避免了相互穿插。

2）相对的隐蔽性

客厅是家人休闲的重要场所，在设计中应尽量避免由于客厅直接

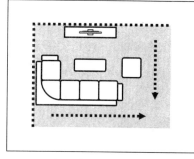

图2-18　单边型

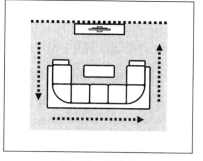

图2-19　周边型

与户门或楼梯间相连而造成生活上的不便，破坏住宅的"私密性"与客厅的"安全感"。设计时宜采取一定措施，对客厅与户门之间做必要的视线分隔。玄关隔断是很好的隐蔽道具，但是要占据客厅一定的空间，可以将玄关做成活动的结构，犹如门扇一样，可以适度开启、关闭。

3）通风防尘

通风是住宅必不可少的物理因素，良好的通风可使室内环境洁净、清新、有益健康。通风又有自然通风与机械通风之分，在设计中既要注意不要因为不合理的隔断而影响自然通风，也要注意不要因为不合理的家具布局而影响机械通风。防尘是客厅的另一物理要求，住宅中的客厅常直接联系户门，具有玄关的功能，同时又直接联系卧室起过道的作用。因此，连接客厅的门窗边缝要粘贴防尘条。此外，进入或外出要设置换鞋凳，这样才能使家庭成员保持良好的换鞋习惯。

4）界面设计

由于现代住宅的层高较低，客厅一般不宜全部吊顶，应该按区域或功能设计局部造型，造型以简洁形式为主。墙面设计是客厅乃至整套住宅的关键所在，在进行墙面设计时，要从整体风格出发，在充分了解家庭成员的性格、品位、爱好等基础上，结合客厅自身特点进行设计，同时又要抓住重要墙面进行重点装饰。背景墙是很好的创意界面，现代流行简洁的几何造型，凸出与内凹的形体能衬托出客厅的凝重感。地面在材料的选择上可以是玻化砖、木地板，使用时应根据需要，对材料、色彩、质感等因素进行合理选择，使之与室内整体风格相协调，相对而言则更要简洁些。■

第18课 餐厅位置交通便捷

餐厅是家人日常进餐并兼作欢宴亲友的活动空间。依据我国的传统习惯，将宴请进餐作为最高礼仪，所以良好的就餐环境十分重要。在面积大的住宅空间里，一般有专用的进餐空间。面积小的餐厅常与其他空间结合起来，成为既是进餐的场所，又是家庭酒吧，同时还是休闲或学习的空间。无论采取何种用餐方式，餐厅的位置应居于厨房与客厅之间最佳，这在使用上，可以节约食品的供应时间并缩短就座的交通路线，且易于清洁。对于兼用餐厅的开敞空间环境，为了减少在就餐时对其他活动的视线干扰，常用隔断、滑动墙、折叠门、帷幔、组合餐具橱柜等分隔进餐空间。

1. 功能设计

1）餐厅位置

在环境条件的限制下，可以采用各种灵活的餐厅布局方式，例如，将餐厅设在厨房、门厅或客厅里，能呈现出各自的特点。厨房与餐厅合并能提升上菜速度，能够充分利用空间，只是不能使厨房的烹饪活动受到干扰，也不能破坏进餐的气氛（见图2-20）。如果客厅或门厅兼餐厅，那么用餐区的布置要以邻接厨房为佳，它可以让家庭成

图2-20 餐厅

图2-21 餐厅

员同时就座进餐并缩短食物供应的线路，同时还能避免菜汤、食物弄脏环境（见图2-21）。通过隔断、吧台或绿化来划分餐厅与其他空间是实用性与艺术性兼具的做法，能保持空间的通透性，但是应注意餐厅与其他空间在设计风格上保持协调统一，并且不妨碍交通。

2）就餐文化

文化对就餐方式的影响集中体现在就餐家具上，中式餐厅是围绕一个中心共食，这种方式决定了我国多选择正方形或圆形餐桌。西餐的分散自选方式决定了选用长方形或椭圆形的餐桌，为了赶时髦而选用长方形大餐桌并不能满足真正的生活需要。

餐厅的家具布置还与进餐人数和进餐空间大小有关。从坐席方式和进餐尺度上来看，有单面座、折角座、对面座、三面座、四面座等；餐桌有长方形、正方形、圆形等，座位有4座、6座、8座等；餐厅家具主要由餐桌、餐椅、酒柜等组成。在兼用餐厅里，会客部分的沙发背部可以兼作餐厅的隔断，这样的组合形式，餐桌、餐椅部分应尽量简洁，才能达到与整个空间的家具和谐统一。

2．空间布置

1）倚墙型（5~8m²）

小面积的餐厅空间很难布置家具，这种类型的空间四周都开有门窗，餐桌的布置很成问题。一般选择宽度较大的墙面作为餐桌的凭靠对象，如果没有合适的墙面，可以将其他门窗封闭，另作开启。靠墙布置时要对墙面作少许装饰，选用硬质材料，以免墙面磨损（见图2-22）。

2）隔间型（9m²）

这种布局适合没有餐厅的住宅，可以在沙发背后布置低矮的装饰柜。餐桌依靠柜体，就餐时还能看电视，可谓一举两得。在客厅里，以往靠墙的沙发现在要挪动至中央，满足餐桌椅的需要，也可以将厨房与客厅之间的墙体拆除，这样能扩大餐桌椅的摆放面积（见图2-23）。

3）岛型（10m²）

这是一种很标准的餐厅布局形式，当家庭成员坐下后，周边还具备流通空间。这种形式除了要合理布置餐桌椅外，还要注意防止餐厅空间显得过于空旷，在适当的墙面上要作装饰酒柜或背景墙造型，这样可以体现出餐厅的重要性与居中性（见图2-24）。

4）独立型（16m²）

大户型的餐厅布局很饱满，可以满足不同就餐形式的需求，小型的圆形餐桌可以长期放置在餐厅中央不变，大型桌面需要另外设计储藏区域。这种餐厅在设计主背景墙的时候要注意朝向，一般以北方为宜，可以依次来判定座位的长幼之分（见图2-25）。

3. 细节设计

现在，人们对餐厅环境要求越来越高，因此，对餐厅的气氛营造

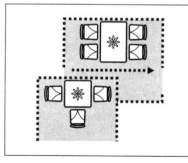

图2-22　倚墙型

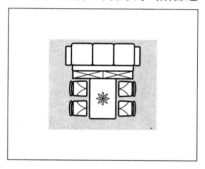

图2-23　隔间型

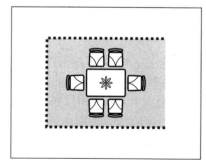

图2-24　岛型

图2-25　独立型

非常重要，它主要是通过对餐厅界面的设计细节来完成的。

（1）顶棚

餐厅是进餐的地方，其主要家具是餐桌。餐厅顶棚设计往往比较丰富而且讲求对称，其几何中心的位置是餐桌，可以借助吊灯的变化来丰富餐厅的环境。顶棚灯池造型讲究围绕一个几何中心，并结合暗设灯槽，形式丰富多样。灯具也可以多种多样，有吊灯、筒灯、射灯、暗槽灯。有时为了烘托用餐的空间气氛，还可以悬挂一些艺术品或饰物。

（2）地面

餐厅的地面既要沉稳厚重，避免华而不实的花哨，又要选择高实用性且易清理的玻化砖、复合木地板，尽量不使用易沾染油腻污物的地毯。除了错层住宅、复式住宅以外，餐厅与厨房之间、餐厅与客厅之间不能存在任何高度的台阶，防止行走时摔跤。

（3）墙面

餐厅墙面设计要注意与家具、灯饰的搭配，突出自己的风格，不可信手拈来，盲目堆砌各种形态。餐厅的墙面装饰除了满足其使用功能之外，还应运用科学技术与艺术手法，创造出功能合理、舒适美观、符合人心理及生理要求的环境。■

第19课　厨房功能齐备完善

　　厨房在住宅中属于功能性很强的使用空间，操持着一日三餐的洗切、烹饪、备餐，以及用餐后的洗涤、整理，在家庭生活中具有非常重要的作用。一天中需要用2~3小时耽搁在厨房里，厨房操作在家务劳动中较为劳累。由于生活习惯、文化背景的不同，不同民族、不同地区的人们有着不同的饮食习惯，再加上家庭成员数量、户型面积，这使得不同地区的厨房功能有着千差万别的变化。

1．功能设计

1）空间构成

　　根据住宅厨房的使用功能，可以将厨房空间分为基本空间与附加空间两大部分。

　　（1）基本空间。是指完成厨房烹调等基本工作所需的空间，主要包括操作空间、储藏空间、设备空间、通行空间。操作空间是厨房空间的主要组成部分，其本身又由烹调空间、清洗空间、准备空间等三部分组成。烹调空间是进行烹调操作活动的空间，主要集中在灶台；清洗空间是完成蔬菜、餐具洗涤的所需空间，主要集中在洗涤池；准备空间是进行烹调准备、餐前准备、餐后整理及其他活动（如生菜加工、使用微波炉等厨房设备、泡茶、切水果）的空间，主要集中于操作台或备餐台。储藏空间是与厨房有关储藏所需的空间，如冰箱、橱柜、吊柜等。设备空间是指炉灶、洗涤池、抽油烟机、上下水管线、燃气管道以及安装热水器等设备所需的空间。通行空间是指为了不影响厨房操作活动而必需的通道等。

　　（2）附加空间。包括调节空间与发展空间。其中调节空间要考虑在厨房内聚餐，烹调量的增大及操作人数的增加，使得厨房需要更大的操作空间及辅助空间，这就需要安排相应的调节空间以满足要求。发展空间是留出一定空间为新型厨房设备进入家庭创造条件，有利于厨房的多样化发展。住宅厨房的内部空间一般比较紧凑、狭小，因此需要采用更先进、更复杂的技术手段来满足上述功能。

2）厨房类型

目前，厨房的空间形式呈现多元化方向发展，封闭式厨房不再是唯一的选择，可以根据需要来选择独立式厨房、餐厅厨房、开敞式厨房等不同的空间形式。

（1）独立厨房。是指与就餐空间分开，单独布置在封闭空间内的厨房形式。在我国，独立厨房一直被人们普遍采用。由于独立厨房采用封闭空间，使厨房的工作不受外界干扰，烹调所产生的油烟、气味及有害气体，也不会污染其他空间。因设备设施比较差而无法保持整洁的厨房，可以利用独立空间，避免杂乱的噪声对其他空间的干扰。独立厨房的墙面面积大，有利于安排较多的储藏空间。但是独立厨房也有难以克服的弱点，特别是面积较小的厨房，操作者长时间在厨房内工作，会感觉单调、有压抑感、易疲劳，且无法与家人、访客进行交流，同时与就餐空间的联系也不方便。

（2）餐厅厨房。它与独立式厨房一样，均为封闭型空间，所不同的是餐厅厨房的面积比独立式厨房稍大，可以将就餐空间一并布置于厨房空间内（见图2-26）。餐室厨房具有独立式厨房的优点，可以避免厨房产生的噪声、油烟及其他有害气体对住宅空间的污染。同时因其空间较为宽敞，在一定程度上也具有开敞式厨房的优点。例如，能减少空间的压抑感和单调感，且不同功能空间可以相互借用，就像餐桌在烹调中兼作备餐台，共用通行面积等，从而达到了节省空间的目的。

（3）开敞厨房。它将小空间变大，将起居、就餐、烹饪三个空间之间的隔墙取消，各空间之间可以相互借用（见图2-27）。这种空

间设计较大程度地扩大了空间感,使视野开阔、空间流畅,对于面积较小的住宅,可以达到节省空间的目的,便于家庭成员的交流,从而消除孤独感,有利于形成和谐愉悦的家庭气氛。此外,还有助于空间的灵活性布局与多功能使用,特别是当厨房装修比较考究时,起到美化家居的作用。

由于家庭人口的变化、生活条件的改善、厨房设备的增加,以及来客频率的变化等,使家庭成员在不同时期有不同的要求。例如,人口较多的家庭,来客频繁,希望有较大的厨房与正式的餐厅;年纪较大的业主一般儿女分住,大餐厅的使用频率降低,可以改作他用,而就餐可在厨房中解决。因此要考虑厨房及就餐空间的各种组合方式,根据住房不同阶段的使用性质,使住宅达到最合理的使用效果。

2. 空间布置

1)一型(5m²)

一型布置是在厨房一侧布置橱柜设备,边侧的走道一般可以通向另一个空间。一型厨房结构紧凑,能有效地使用烹调所需的空间,以洗涤池为中心,在左右两边作业。但是作业线的总长一定要求控制在4m以内,才能产生精巧、便捷的使用效果(见图2-28)。

2)二型(6m²)

沿两边墙并列布置成走廊状,一边布置水槽、冰箱、烹调台,另

图2-26　餐厅厨房

图2-27　开敞厨房

一边放配炉灶、餐台。这样能减少来回动作次数，可以重复利用厨房的走道空间，提高空间效率。缺点是炊事流程操作不很顺当，需要作转身的动作，管线的布置也不连贯（见图2-29）。

3）窗台型（6m²）

窗台型厨房是在二型厨房布置的基础上改进而成的，有效地利用了厨房的外挑窗台，在窗台上放置炉灶，两边的橱柜都能够发挥其最大的储藏功能。窗台上放置炉灶能比较方便地进行烹饪操作。如果采光充裕，也可以安装抽油烟机，但是燃气与水电管线不太方便布置（见图2-30）。

4）L型（7m²）

将柜台、器具和设备贴在两面相邻的两面墙上连续布置，工作时移动较小，既能方便使用，又能节省空间。L型厨房不仅适用于开门

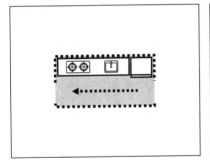

图2-28 一型

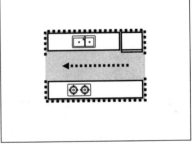

图2-29 二型

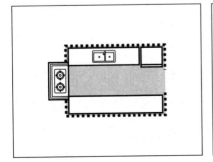

图2-30 窗台型

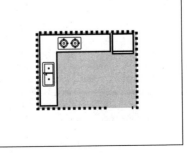

图2-31 L型

较多的厨房，同时也适用于厨房兼餐厅的综合空间。但是，当墙面过长时，就略感不够紧凑了（见图2-31）。

5）U型（7m²）

U型布置即厨房的三边均布置橱柜，功能分区明显，因为它操作面长，设备布置也比较灵活，随意性很大，行动十分方便。一般适合于面积较大、接近方形的厨房。厨房的开门一般适合梭拉门，但是对有服务阳台的厨房来说就有所限制了（见图2-32）。

6）T型（8m²）

T型厨房与U型厨房相类似，但有一侧不贴墙，从中引出台面，形成一个临时餐桌，方便少数成员临时就餐。餐桌可以与橱柜连为一体，也可以独立于中央。普通橱柜的高度为800mm，如果连入餐桌，高度应该适当降低，满足就餐的需求（见图2-33）。

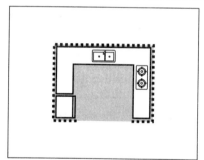

图2-32　U型

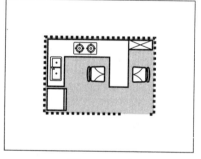

图2-33　T型

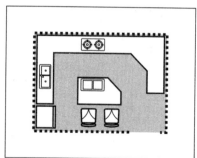

图2-34　方岛型

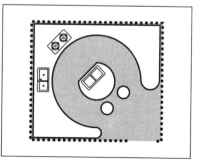

图2-35　圆岛型

厨房的三角关系

　　厨房内一般有炉灶、电冰箱、洗涤槽三个主要设备，分别用于布置烹饪、储藏食品与用具、各种加工等常见厨房操作，使用者在三个区域之间的活动路线就形成一个三角形，即厨房三角形，三角形的三边之和应<6m，并以3～5m为宜。在日常生活中，洗涤槽与炉灶之间的流动最频繁，因此，一般将这两者的距离缩到最短。

　　洗涤槽与冰箱之间一般为调制食品中心，各种调味品与辅料应该存放在那里，而料理机、烤盘等器具应该放在储藏柜里。炉灶旁边应设计柜台，用于放置碟、碗等用具，诸如锅、铲、盘也应放置在炉灶附近。靠近洗涤池的空间一般放置蔬菜篮、各种刀具、刷子等。

　　7）方岛型（12m²）

　　中间的岛柜充当了厨房里几个不同部分的分隔物。通常设置1个炉灶或1个水槽，或者是两者兼有，在岛柜上还可以布置一些其他的设施，如调配中心、便餐柜台等。这种岛式厨房适合于大空间、大家庭的厨房。中间环绕的走道宽度要保持800mm左右（见图2-34）。

　　8）圆岛型（16m²）

　　圆岛型厨房的布局更加华丽，周边橱柜的储藏空间更大，能有效满足烹饪、储藏、劳作等行为的发挥。橱柜的开门外观是弧形的，施工上有一定的难度，一般需要专项设计定做。炉灶与水槽的布局不要因为空间大而显得零散，最终还是要满足正常使用（见图2-35）。

3. 细节设计

　　1）水电气设备

　　厨房空间内集中了各种管线，使厨房成为设施、工艺程度最复杂的区域。所有管线设备一般分为水、电、气等三大类。

　　（1）水设施。通过主阀门供水至水池，一般使用PP-R管连接，布设时应该安装在容易检查更换的明处，尤其是阀门与接口在安装后

完美家装必修的68堂课

一定要加水试压，以防泄露。水池使用后的污水经PVC管排入到住宅建筑中预留的下水管道。两种管材应明确区分，不应混合使用。

（2）电设施。厨房内所用的电器设备一般包括照明灯具、微波炉、消毒柜、抽油烟机、冰箱、热水器等，设施门类复杂。在布设电线时应考虑到使用频率的高低，分别设置数量不等、形制不同的插座。如水池龙头要供应热水就需要单独连接PP-R热水管至热水器，甚至会与卫生间的管道线路相关联。

（3）气设施。厨房内一般使用液化石油气、天然气或人工燃气三种。供气单位所提供的控制表应远离明火，所连接的输气软管应设置妥当，避免燃气泄漏发生危险。

2）采光、通风与照明

厨房的自然采光应该充分利用，一般将水池、操作台等劳动强度大的空间靠近窗户，便于精细操作。在夜间除了吸顶灯的主光源外，还需在操作台上的吊柜下方设置筒灯，配合主光源进行局部照明。

现代厨房由于建筑外观等因素限制，不宜采用外挑式无烟灶台，灶台一般设在贴墙处台面，上部可挂置抽油烟机，与住宅建筑所配套的烟道相连，解决油烟排放问题。抽油烟机的排烟软管一般从吊顶内侧通入烟道，不占用吊柜储藏空间。橱柜中如果存放瓜果蔬菜等食品，宜采用百叶柜门，保持空气流畅并防止食品腐烂变质。■

第20课 走道楼梯轻松易达

走道属于交通空间，是连接各房间的通道，有利于将各房间进行划分使用。楼梯是垂直空间之间的交通构造，也是住宅中垂直方向的重要联系手段。在以往的家居设计中，减少交通空间是提高住宅使用效率的主要方法。但是随着居住条件的不断改善，住宅的经济性似乎已不再是衡量住宅质量的唯一标准，富于变化与舒适性开始逐步占据人们的心理需求，于是交通空间的过渡性开始显现出来，人们开始注重走道楼梯的形式变化所带来的生动效果，开始用装饰的手段来进一步强化它的作用、丰富它的语言。于是楼梯与走道开始走出单调、沉闷、呆板的形式，出现了层次与光影的变化。

走道楼梯作为交通空间，是一个空间通向其他空间的必经之路，因而它应具备较强的引导性。引导性是由空间界面与尺度所决定的，由于家居中各房间是主角，因此走道楼梯处在比较次要的位置，但是要通过走道楼梯来暗示那些从外部公共空间看不到的房间，增强家居空间的层次感。

1. 功能设计

1）走道

走道的形式一般可以分为一型、L型、双边型与S型。不同的走道形式在空间中起着不同的作用，也产生了不同的性格特点。

一型走道如果处理不当，则会产生单调、沉闷的感觉。L型走道迂回、含蓄、富于变化，往往可以加强空间的私密性，它既可以将完全不同的空间相连，使动静区域之间的独立性得以保持，又可以联系不同的公共空间，使室内空间的组成在方向上产生突变，视觉上有柳暗花明、豁然开朗的感觉。S型走道变化多样、较为通透，处理得当的话，能有效地打破走道的沉闷、封闭感。走道的大小取决于住宅的面积，从活动上来看，来回走动较多的走道，可能通过走道运送物品的走道，以及门扇往走道方向开的走道，都要相对加宽，一般以1200～1500mm为好。

2）楼梯

楼梯的形式有多种，但使用场合的不同，不同的楼梯形式所营造的气氛也大相径庭。楼梯的材料可以是混凝土、钢材或有机玻璃，现代材料更易于表现旋转楼梯流动、轻盈的特点。在设计时，应考虑到旋转楼梯的形态多变而带来的施工难度，要根据当地市场、经济等因素，合理地选择材质与造型。住宅中的楼梯尺寸一般都不大，这也与整体家居规模相适应的。在宽度、坡度等方面，与公共建筑中的楼梯大有区别。住宅中楼梯宽度达到750mm即可，保证上下两人之中一人侧身，另一人能正常通过。

2. 空间布置

1）走道

（1）一型（3m²）。一型走道比较严肃，设计时一定要注意保留适当的宽度，走道两侧的房间门最好能够交错布置。狭长的走道采光不好，需要增加照明，墙面上可以开设大小不一的洞口做展示柜，各房间门上的装饰造型可以适当采用磨砂玻璃，使走道显得不太沉闷（见图2-36）。

（2）L型（3.5m²）。L型走道的尽头一般是卧室的开门，中间的转折可以回避内部隐私。转折处的墙角是装饰的重点，可以采用圆弧装饰造型来缓解直角给人带来的生硬感。如果想扩大卧室的使用空间，也可以将门开在L型走道的中间，将走道的一部分包含到卧室中去（见图2-37）。

（3）双边型（3.5m²）。双边走道很宽，适合开门较多的户型，双边走道一般是一型走道宽度的1.5倍。双边走道宽度较大，在走道的尽头设计背景墙，丰富走道的空间氛围。如果住宅面积太小，也可以拆除一侧墙体，扩大内部使用空间（见图2-38）。

（4）S型（4m²）。S型走道一般用于设计风格很特异的大型住宅，行走中能让人感觉到扑朔迷离的氛围。周边墙面上的房间开门也呈弧形设计，一般是梭拉门的形式，地面最好铺设拼花地砖，可以表现出蜿蜒的形态，不宜使用直边的木地板作铺装（见图2-39）。

2）楼梯

（1）一型（3m²）。一型楼梯直上直下，布置空间时要考虑周边墙体等围合屏障的设计，人在上、下楼梯时往往会感到路途遥远、行走乏力，这时就需要借助其他装饰品来打破这段空间的沉闷。可以在楼梯台阶靠近扶手的边缘放置少数盆景、绿化甚至色彩丰富的拖鞋（见图2-40）。

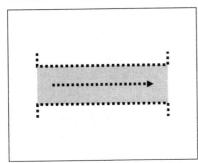

图2-36　一型

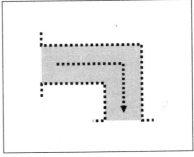

图2-37　L型

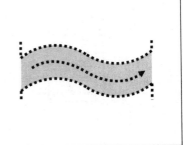

图2-38　双边型

图2-39　S型

（2）L型（4m²）。L型楼梯比较节省空间，一般顺应着住宅的墙角，延伸而上。楼梯的转角部分一般会形成较大的空白，可以在楼梯转角的下方设置储藏柜、吧台、室内景观等，但是不宜布置成餐厅和客厅，因为上、下楼所溅到的灰尘会给正常的起居生活带来影响（见图2-41）。

（3）U型（4m²）。U型布置使得楼梯成为一个独立的空间，会对周边空间造成挤压的感觉。U型布置最适合人上下楼梯，在一定程度上可以缓解人的疲劳，无须添加过多的装饰品。楼梯下的储藏间也能得到充分的利用，可以设置开门并放置更多的杂物（见图2-42）。

（4）旋转型（4m²）。旋转型楼梯最时尚，能节省住宅面积，中间的立柱支撑轴直径应不小于200mm，每级台阶的中央深度应不小于250mm。旋转型楼梯在使用时比较局促，容易引起头晕。楼梯下方一

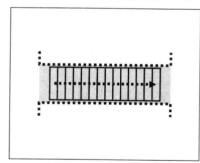

图2-40 一型

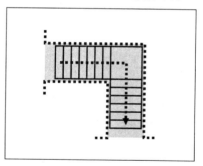

图2-41 L型

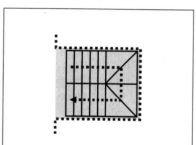

图2-42 U型

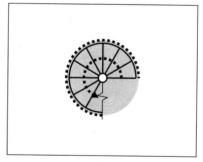

图2-43 旋转型

般悬空，长期使用会造成一定幅度的抖动，需要定期维护、保养（见图2-43）。

3．细节设计

1）界面设计

走道楼梯由顶棚、地面、墙面组成，其中很少有固定或活动的家具，因而所有的变化集中于几个界面上。

（1）顶棚。在楼梯走道中往往和储存的顶柜相结合，形成家庭的储藏空间。因而它的吊顶标高往往较其他房间低一些，在装饰处理上力求简洁，避免累赘。顶棚的照明方式常常是筒灯或槽灯，灯具排布要充分考虑到光影所富有的韵律变化，以及墙面艺术品的照明要求，有效利用灯光来消除走道的沉闷气氛，创造生动的视觉效果（见图2-44）。

（2）墙面。楼梯走道空间的主角是墙面，墙面符合人视觉观赏上的生理要求，可以做较多的装饰变化。走道的装饰往往与尺度有较大联系，走道越宽，人就有足够的视觉距离，对装饰细部也就越关注。走道墙面不管是装饰效果，还是艺术品的悬挂方式，均要设置巧妙，要符合人对视觉环境的要求。

（3）地面。在住宅的所有空间中，走道楼梯是唯一没有活动家具的空间，所以它的地面被完全暴露。在选择材料时要注意材料图案

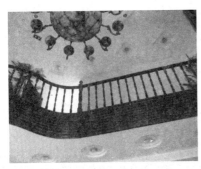

图2-44　走道顶棚

图2-45　楼梯台阶

的视觉完整性与对称性，同时要考虑材料声学上的要求，由于走道连接公共与私密空间，所以在选材时要考虑到行走带来的声响对空间私密性的影响。

2）尺寸设计

楼梯的坡度不宜太大，同时要避免碰头。普通住宅空间内所设置的楼梯一般跨越层高3m，由13～16级台阶组成，每级台阶高180～200mm，台阶踏步宽度250～280mm，楼梯整宽750～1000mm，边侧栏杆高度应不低于1000mm。

楼梯不仅要结实、安全、美观，它在使用时还不应有过大的噪声。此外，楼梯的所有部件应光滑、圆润，没有突出的、尖锐的部分，以免对使用者造成无意的伤害。楼梯扶手多采用实木或合成塑料，避免冬季感到冰凉不适（见图2-45）。楼梯栏杆垂直构件的间距应不大于120mm，以防使用时跌落摔伤。最后，选择楼梯还要选择正确的安装方式，在安装的过程中应避免产生过大噪声与粉尘。■

第21课 卫生间宜干湿分区

卫生间是住宅中与厨房并列的一个重要功能空间，但是面积一般都比较狭小，设备相对集中，同时要具备通风、采光、防水、保暖等各种条件。除了考虑卫生间本身的功能要求外，还要考虑与其他空间的关系。由于功能上的特殊性与使用时间的不确定性，使得住宅各主要空间都应该尽量与卫生间有直接联系，但是卫生间也要保持一定的独立性。因此，卫生间既要保证使用方便，又要保证具有私密性。

1. 功能设计

1）主要功能

能满足家庭日常生活需求的住宅卫生间，其基本功能组成，首先应包含以下内容。

（1）排便。包括大小便、清洗等活动。

（2）洗浴。包括洗涤、洗发、更衣等活动。

（3）盥洗。包括洗手、洗脸、刷牙、梳头、剃须等活动。

（4）家务。包括洗涤衣物、清理卫生、晾晒等内容。

（5）储藏。用于收存与卫生间内的活动内容相关的物品等。

现代卫生间除了上述基本功能以外，还要根据现代人的生活节奏与新型卫生设备的开发运用，又增添了许多新的功能，特别是在追求健康性、舒适性方面，如气泡按摩浴缸、多水流的多功能淋浴房、多功能智能型坐便器、小型桑拿浴房间、落地长镜、带测量器的小磅秤等，逐步成为高档卫生间的必备设施。此外，国外的生活方式逐步引入国内，将阳光与绿意引入卫生间，享受自然，以获得沐浴、梳洗时的舒畅、愉快。总之，现代卫生间已不仅仅是排便、洗浴等功能了，而是驱除疲劳与享受生活的场所。

2）使用要求

从卫生间的基本功能看，盥洗、排便、洗浴等活动是卫生间的基本功能内容。因此，梳妆空间、排便空间、洗浴空间等组成了卫生间的基本空间（见图2-46）。此外，住宅卫生间中还包括洗衣、清洁等功能，因此，家务空间又成为了卫生间新的组成部分。

（1）尺度要求。要有充裕的活动空间，如进行各种卫生活动的空间。洗衣空间内要有足够的操作空间，设备、设施的设计及安排应符合人体活动尺度。

（2）私密要求。排便与洗浴空间应注意私密性，需要组织过渡空间，避免向餐厅、起居室、客厅之间开门，在有条件的情况下，应该加强与卧室的联系。

（3）保洁要求。卫生洁具等设备、设施的材料及设置要便于清洁，易于打扫，有良好的通风换气条件，有充足的收存空间。

（4）安全要求。防止碰伤、滑倒。如地面材料应防滑，设备转角应圆滑，有些位置应设置扶手等，以保证老人、儿童的安全。电器设备、开关还要求防水、防潮。

（5）便利要求。对空间及设备、设施等设计安排，要符合卫生行为模式。

（6）愉悦要求。应考虑卫生空间功能的发展所带来的新功能。

图2-46　卫生间

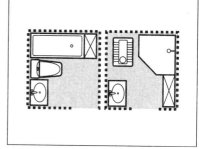

图2-47　集中型

如可眺望风景、接近自然、听音乐、看电视、按摩、美容、运动等，使身体与精神得到彻底放松。

2．空间布置

1）集中型（4m²）

将卫生间内各种功能集中在一起，一般适合面积较小的卫生间，例如，洗脸盆、浴缸、淋浴房、坐／蹲便器等分别贴墙放置，保留适当的空间用于开门、通行。这种卫生间的面积至少需要4m²，卫生间的门可以向外开启，避免内部空间过于局促（见图2-47）。

2）前室型A（6m²）

将卫生间分为干、湿两区，外部靠着卫生间门，为盥洗区，中间使用玻璃梭拉门分隔，内部为淋浴间，关闭梭拉门后，内外完全分离，相互不会干扰。这种形制非常普遍，一般用于面积较大的卫生间，主要洁具靠着同一面墙布局，保证有宽裕的流通空间（见图2-48）。

3）前室型B（6m²）

根据个人生活习惯，内部淋浴间可以布置浴缸，并在适当的位置安排储藏柜，放置卫浴用品。这种型制比较卫生，没有多余的水花溅落出来，中间的玻璃梭拉门也可以换成幕帘。前室型的干湿分区已经成为国内住宅的标准制式（见图2-49）。

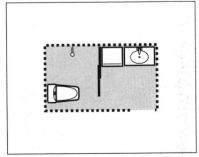

图2-48 前室型A

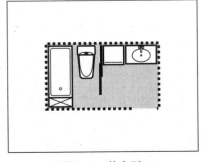

图2-49 前室型B

4）分设型A（12m²）

将卫生间中的各主体功能单独设置，分间隔开，如洗脸盆、坐／蹲便器、浴缸、储藏柜分别归类设在不同的单独空间里，减少彼此之间的干扰。分设型卫生间在使用时分工明确、效率高，但是所占据的空间较多，对房型也有特殊要求（见图2-50）。

5）分设型B（15m²）

分设型卫生间面积比较大，一般适合别墅住宅，干区是洗手间，中区是洗衣间和便溺间，湿区是领域间，分区设计要比开放设计经济，可以满足家庭多个成员同时使用。分设型卫生间门可以集中面向一个方位开设，梭拉门或折扇门都是不错的选择（见图2-51）。

3．细节设计

1）换气

卫生间的湿度特别高，而且又是封闭空间，所以需要不断补充新鲜空气。新鲜空气是通过窗户、门扇自然换气，同时也要用排气扇来换气。如果将排气扇与照明设为同一电路，洗浴时一开灯，换气扇也就开始旋转，这样会很方便。

2）照明

卫生间面积小，将灯具安装在吊顶上，会造成头顶滴水，同时，蒸汽也会挡住灯光。所以，灯具的安装位置应避开浴缸、淋浴房的顶

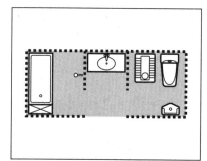

图2-50　分设型A

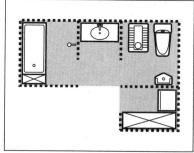

图2-51　分设型B

部。整个卫生间要经常保持明亮，还需要保持充分的光照。3m²的小型卫生间可以装上10～15W节能灯，如果业主特别喜欢明亮的感觉，或卫生间的面积较大，则可以装上30～40W的节能灯。另外，注意选购的照明灯具必须是防水、防潮产品。

3）采光

为家人的健康着想，最好经常用太阳光照射人体皮肤，因此，有窗的卫生间里最好能充分运用光照，获得自然光。如果卫生间里没有灯光，最好选用至少一只白炽灯。因为白炽灯照射皮肤的颜色最自然，为了避免白炽灯泡产生蒸汽，也可以安装暖黄色荧光灯。

4）采暖

现代卫生间中较多使用浴霸、红外暖风机等设备，在我国北方地区，还可以使用电热暖气片、地面水暖等设备。冬季洗浴容易患感冒，特别是对体弱的老人与小孩，有无良好的采暖设备至关重要。因此，针对老人与小孩，最好不只采用一种采暖设备，采暖方式应该更丰富，采暖方向应该全方位。

5）储藏

卫生间的必备品会使本来不大的空间变得杂乱不堪，要想整齐有序，各种物品所放置的位置应该合理且便于拿取，常用品与不常用品应该分开，备用品可放置在吊柜或低柜中，每天都使用的东西则应固定在专用的位置，放于容易够到的高度。各种物品采取明放与内存结合的方式，牙膏、牙刷、常用化妆品等归放在明处。一些贮备品、易潮品应放在柜内。充分利用小空间，除了脸盆水桶外，卫浴用品的体积都比较小，因此卫生间的储物柜、板架深度应不小于150mm。注意安全性、防水性与易清扫性，在卫生间内还应设置物品架、置物台等，必须选用防水材料，可以用水清洗。此外，卫生间中的家具、搁架等造型应简洁，以免结垢后不利清扫，玻璃物品应放置在儿童够不着的地方。■

第22课　储藏间须通风除湿

储藏间一般用于储藏日用品、衣物、棉被、箱子等杂物，它的面积一般比较小。因此，要利用好每一处空间，在有限的范围内使储藏间与环境一体化，通过合理的功能设计、空间布置以及细节设计来满足日常使用，贯彻人性化设计原则，满足家居环境与生活方式的需要，使储藏空间与环境更协调，使现代生活更舒适、更高效。

1．功能设计

现今，新型商品房基本都为业主预留了一个独立的小房间或半围合的墙体构造。如果紧靠着卧室，可以将它设计成衣帽间，里面定制衣柜，面向卧室开门，可以解决卧室大容量储藏衣物的问题。如果是在住宅的中心或边角，就设计成独立的储藏间，开门隐蔽，或设计成梭拉门。如果房间中本身已有凹槽，就在凹墙内装好组合隔板，柜内的墙身可直接刷上内墙涂料，也可以贴上喜欢的壁纸，加上柜门后，柜体凹墙内不占空间，那是最自然不过了。如果房间结构中没有凹墙，则可以利用墙角两边的墙身，一边再加一块侧板，将框门外部与墙壁、墙面装饰融为一体，这种储藏间是典型的隐蔽式，整齐利落（见图2-52）。其实在住宅中划出一个储藏间并不奢侈，其大小完全可以按照业主的实际情况而定。目前流行的储藏间，主要有以下几种形式。

1）独立式

一般≥120m²的住宅才会有独立的储藏间，除了存放杂物，还兼备更衣、熨衣、整形等多种功能，而且独立储藏间各部位的分工非常明确，箱子、工具、被褥、衣服等都有不同的分区，上部多为长期储藏的物品，下面则为常使用的东西，这样取存物品都很方便。此外，独立式储藏间防尘较好，储存空间完整，实用性很强（见图2-53）。

2）步入式

对于小于120m²的住宅而言，如果户型结构中存在不规则空间，可以将它改造成步入式储藏间。这种储藏间不再是一个封闭的单一空间了，除了储藏物品外，还能从中通行，或作为其他房间使用。步入式储藏间多设一些抽屉、小柜，以实用为主。尤其是这种储藏间还可以作为化妆、试衣间使用，可以补充卧室与卫生间的空间不足。

3）嵌入式

嵌入式储藏间是在住宅中找一个面积约为4m²的空间，依据这个空间的形状，选购一组衣柜门与内部隔板。嵌入式储藏间运用统一规格的格子单元随意组合，根据需要设置挂衣杆、抽屉、箱子，以便细致地收纳衬衫和内衣。这种储藏间的利用率很高，容易保持清洁。面积较大的正方形储藏间，可以设计为U型柜体，完全贴合壁面，而不担心空间的大小，并且充分利用转角空间，达到最大化收藏物品的效果。面积较小的正方形储藏间最好利用超薄型衣柜（进深最薄可达420mm），使空间的利用率更高。在不规则且面积在6m²左右的储藏间里，可以利用组合性好的贴墙柜体，使之完全依照空间来定制，与空间紧密结合，使其各成一个单元柜，因此即使放在别的房间中或是要搬迁，仍然可以重新组装布置。

图2-52　利用凹墙设置储藏间

图2-53　独立式储藏间

2．空间布置

1）一型（2～4m²）

比较小的储藏间一般定制一面储藏柜，而且不安装柜门，打开储藏间的大门就可以见到所放置的物品。如果开门不方便，可以设计成梭拉门或卷帘门，不占用宝贵的空间。如果空间很小，最好不要设计抽屉，抽屉的开启需要一定的空间，很难在储藏间里施展开（见图2-54）。

2）L型（6m²）

L型柜体要注意主次之分，可以适当地将一面柜体加深，存放大件物品，中间设计抽屉，另一面柜体变浅，只作隔板使用。这样既能将物品分类放置，又能节约空间。如果储藏间面积很大，可以在柜体上安装局部柜门，保证重要藏品不受灰尘的侵扰（见图2-55）。

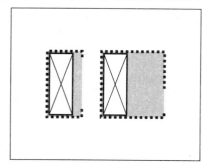

图2-54　一型

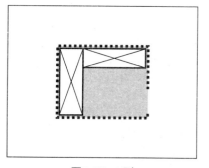

图2-55　L型

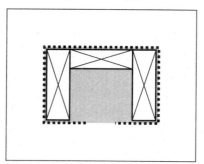

图2-56　U型

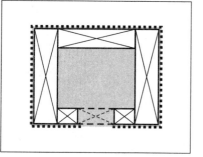

图2-57　O型

墙体储藏柜

利用墙体设置储藏柜已成为一种时尚，主要形式有以下几种。

（1）门后设书柜。利用门扇开启后靠墙的特点，在墙面上开设一个与门扇规格大致相等的隐蔽柜室，内分5～8层，外面以装饰板做门，内可放置书籍、衣物、杂物。

（2）间墙做衣柜。将门框沿线的墙壁加以改造利用，设计成比原厚度略宽的衣柜，外层以密度板加框作为饰面，内可设横杆，吊放衣物或作衣柜用。

（3）门顶置吊柜。将房门上的气窗设计成双开门吊柜既不显眼又较实用，四季换用的小件物品可收纳其中。

（4）厨房用暗柜。在贴墙处配备吊柜、暗柜之类，从而使厨房显得整洁美观，与整体相协调，柜内除碗具外，还能放置液化石油气罐、小家电等物品。

（5）阳台储藏柜。由于阳台封闭形成的独立空间，可以将内墙拆开改置大拉手门，使阳台面积增大。同时相应添置储藏柜，这样既实用又美观。

3）U型（9m²）

U型柜体的储藏容量很大，一般将短边墙上的柜体加深，而长边墙上的柜体变浅，从而合理利用内部空间。这种类型的储藏间里存放的物品很杂，要注意彼此之间是否会存在干扰，如果需要将工具、易燃品、被褥、服装等物品要同时存放，就应该考虑设置隔断了（见图2-56）。

4）O型（12m²）

O型储藏间一般专属于主卧室，只存放主卧室的服装、鞋帽、饰品等，储存容量大，柜体分隔多样。储藏间开门一般设计成隐蔽式梭拉门，门与储藏柜相结合，从外部很难发现。大型储藏间也可以设计成多功能套间的形式，成为集储藏、休闲于一体的综合型空间（见图2-57）。

3．细节设计

储藏间设计的关键就在于通风除湿，如果储藏间内没有开窗，就要考虑增大开门面积，并在面向通风的部位开设门，或在门板局部采用百叶造型。如果储藏间内有开窗，就要注意防雨，可以在窗框上张贴橡胶条，并在窗外墙体增刷硅酮玻璃胶，如果条件允许还可以在窗外增设雨阳棚。

储藏间的墙地面要保持干净，不至于弄脏贮放的物品。柜顶可以安装节能灯，以增加照明度，减少潮湿性。地面可以铺设地板或地毯，保持储藏空间的干净，不易起尘。储藏间集中储藏了家庭所有的器皿杂物，根据家庭储藏的物品情况，可以将储藏间分隔成若干个小空间，将轻巧、干燥的东西放在上层隔板上，大而重的物品放在下面，将不常用的东西放在内部，经常用的东西放在外面。储藏间的抽屉最好选用带有饰面中密度板，因为这种板材是由光滑洁净、不易吸潮、不易染色的材料制作成的。■

第23课 休闲娱乐无处不在

随着生活需求的增长，不少家庭设置了娱乐室。娱乐室的出现最能体现住宅以人为本的设计趋势，布置娱乐室要根据主要功能来设定风格并摆设家具，颜色和材料的选择要以舒适为原则，让人们尽量放松。娱乐室是现代最常用的休闲空间，怎样合理地使用有限空间极富有挑战意义。目前，根据不同的使用需求，娱乐室可以分为茶室、视听室、棋牌室、健身房等多种类型。

1．功能设计

1）茶室

茶室是人们在休闲之余，喝茶聊天、品论生活的空间，轻松自然是它不可缺少的成分。因此，茶室要根据面积的大小因地制宜，以使用功能为主。

（1）独立茶室。在条件允许的情况下，专门备一间房作为封闭式茶室自然是首选，但是封闭式茶室最好开窗，如无窗户就应该扩大开门的面积。

（2）客厅兼茶室。如果客厅面积较大，且设家庭茶室的目的主要是为了会客聊天，那么可以将客厅的一角设计为半封闭型茶室，如利用客厅的封闭阳台或外挑窗台改造为茶室。

（3）书房兼茶室。如果茶室主要是为了个人品茗爱好或求得一方宁静，不妨将书房与茶室结合，茶香书香相得益彰，更能增添几分高雅。

（4）餐厅兼茶室。如果茶室是为了营造茶余饭后家人团聚、闲谈的温馨氛围，可以将茶室设在餐厅，这样会更方便实用。

（5）阳台茶室。如果上述空间都不适合建造茶室，而家中正好又有南北两个阳台，可以将其中一个改造成茶室。改造时要注意阳台的密闭性，最好能够双层密封，防止漏风漏雨，特别注意不要随意拆除阳台与房间之间的承重墙，避免造成危险。

（6）茶室。近年来，日本传统风格的茶室非常流行，通常是开放式空间的泛指，它是一种多元化的功能设计，可以依照主人需求，兼容喝茶、视听、客房、休闲、书房等实用功能，通过地台架起空间，且有拉门、折叠门或卷帘作围和屏障，能达到空间自由开启、封闭的效果，就可以称为茶室（见图2-58）。

2）视听室

视听室是近年来出现的一个新事物，家居空间增大了，对生活中方方面面的细节都会提出新的要求。在家欣赏影视作品是现代人全新的生活方式，视听室不同于客厅的家庭影院，它要求在一个全封闭的环境内，不受任何干扰，享受影视作品带来的震撼。视听室的布置力求简洁，一切装饰都应向影视屏幕看齐，让人有明确的方向感，容易集中注意力。吊顶的装饰设计可以呈波浪状、起伏状，既能满足隔声效果，又能反射环绕声的音响效果。墙面装饰最好使用成品吸声板装饰，色彩纹理丰富。如果视听室面积充裕，可以考虑设计成地台，既能增加沙发的数量，又能提高环境空间的档次。

视听室的音响布局尤为关键，直接影响到视听效果。一般在银幕左右布置1对高音音箱与1对低音音箱，在沙发背后距离地面1.5～1.8m的高度再布置1对混合音箱。面积较大的视听室最好选择高、低音分离的音箱，以防止杂音干扰，面积小的视听室最好选择立柱音箱，声音才不会被地板吸附，最大限度保证音质效果（见图2-59）。

3）棋牌室

打麻将可是算得上是我国的"国粹"了，娱乐室的最早定义就是麻将室，只不过参与的人多了，才开始呈现出其他棋牌娱乐活动，棋牌室追求安静，防止外界打扰，要有决战到天亮的境界。顶面需要制作吊顶装饰，如果追求节俭，设计平顶也可以，吊顶的功能是降低向外传播噪声。墙面可以贴图案壁纸，壁纸的隔声效果虽然比不上吸声板，但是厚实的织物壁纸也有很强的隔声效果。棋牌室面积一般不大，地面可铺设地毯，保养、维护很方便。

棋牌室的家具布置尽量简单，只放置棋牌的专用桌椅，面积稍大的可以加入休闲沙发与储物柜。装饰品以点缀性的抽象画或抽象雕塑为主即可，能让人将注意力长时间停放在棋牌上，不会分散思维（见图2-60）。

4）健身房

家庭健身房在国内已经成为一种潮流。繁忙的工作使都市人没有很多时间投入到户外运动中去，于是家庭健身房便成为他们的主要运动场所。家庭健身房并不需要很大的空间或很昂贵的器材，只要科学

图2-58 茶室

图2-59 视听室

图2-60 棋牌室

图2-61 健身房

合理地营造，每个家庭都可以拥有私人健身房（见图2-61）。

（1）场地的大小。家庭健身房一般有8～12m²就足够了，任何小房间或阳台都可以。运动场地应该与室内其他活动场所有分隔，保证运动时不会受到其他事情干扰。

（2）通风与采光。这是健身房不容忽视的元素，房间可以安装落地窗，保证空气自然充足流通，同时房间还应该明亮。

（3）采用自然材料。家庭健身房地面一般铺设木地板，在摆放综合健身器、哑铃、杠铃等较重器材的地方要铺地毯，可以选择一张较小的地毯，练瑜伽或跳健身操时可以铺在地板上。

（4）小物件的摆放。窗前可以摆上几盆盆栽，或是种一些攀缘类的植物，使空间绿意盎然，喜爱运动的人一般也爱关注自己的身体形态，配置大尺寸玻璃镜也是很有必要的。

2. 空间布置

1）和室（8m²）

和室的风格比较独特，需要在地面上制作木质地台，地台上铺设地席，最后再摆放坐垫。这种生活方式并不是所有的人都习惯。中间的小方桌需要升起400mm左右，最好安装电动升降桌面，不用时将桌面摆平，在地席表面铺上被褥，将整个和室当做卧室来使用（见图2-62）。

2）视听室（12m²）

视听室一般出现在大型别墅里，适合追求视听效果的人群。沙发的布置打破常规，呈同向双排摆放，为了使后排观众能更清楚地看到投影屏幕，还可以将视听室后部设置高约200mm的地台。视听室的屏幕依照面积大小来设计，一般可以使用投影仪（见图2-63）。

3）棋牌室（9m²）

棋牌室中央的方桌可以倾斜摆放，加大入座者的活动面积。棋牌室内适当地布置一些储藏柜，用于放置杂物，或陈列装饰品。棋牌室也可以当做储藏间，当棋牌桌折叠收纳时，这间房又可以当做任何空间来使用，增添如饮水机、小冰箱等小家电（见图2-64）。

4）健身房（12m²）

健身房的布局形态没有标准，独立的健身房能够让人意识到健身运动是生活中不可缺少的一部分。在综合性跑步机前方安装一个不大的液晶电视，可以让健身者全身放松。此外，配置休闲沙发与储藏柜，可以满足各种零散健身用品的存放需求（见图2-65）。

3. 细节设计

1）注重娱乐效应。娱乐室自然要注重宣扬娱乐氛围，墙面的装饰画、壁挂饰品应当特别考究，但是不能过于拘谨，可以挂置幽默漫画、连环画、电影海报等，色彩配置应更加大胆、开放，甚至采用丙烯颜料在墙顶面上作涂鸦，具体图形可以不作要求，可以配置多样色

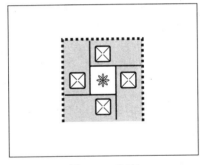

图2-62 和室

图2-64 棋牌室

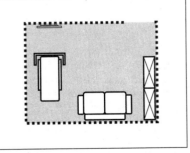

图2-63 视听室

图2-65 健身房

彩随意泼洒。

2）选材力求单一。娱乐室的装饰材料应当简单、统一，将更多的资金投到设备、器材、家具上。墙面可以满铺吸声板、壁纸，或涂刷乳胶漆，地面铺设复合木地板或实木地板即可，位于底层的娱乐室也可以铺设地砖，窗帘花纹应当简洁，多采用遮光性强的面料。

3）灯光布置多样。娱乐室的用途是多功能的，尤其是面积≥10m²的房间，通常会兼容喝茶聊天、欣赏影视、棋牌娱乐、健身运动等多种活动，灯光布置应该多样化。从弱到强一般可以分为三个级别。例如，弱光环境下适合喝茶聊天或欣赏影视，只开启吊顶中的槽灯或地灯。亮光环境下适合健身运动或阅读思考，一般需开启筒灯或吸顶灯。局部强光环境下适合棋牌娱乐，只开启中央顶部的吊灯或射灯即可。■

第24课 书房氛围宁静尔雅

　　书房设计要考虑到朝向、采光、景观、私密性等多项要求，以保证宁静雅致的良好环境。书房多设在采光充足的南向、东南向或西南向，这样书房的采光较好，可以缓解视觉疲劳。

　　书房是住宅中私密性较强的空间，是人们基本居住条件中高层次的要求，它给主人提供了一个阅读、书写、工作、密谈的空间，虽然功能较为单一，但对环境的要求却很高。首先要安静，给业主提供良好的环境，其次要有良好的采光与视觉环境，使业主能保持轻松愉快的心情。在日新月异的户型结构中，书房已经成为一种必备要素。在住宅后期的室内设计和装饰装修阶段，更要对书房的布局、材质、造型、色彩进行认真设计与反复推敲，以创造出一个使用方便、形式美感强的阅读空间。

1．功能设计

1）书房位置

　　由于人在书写阅读时需要安静的环境，因此书房应适当偏离活动区，如客厅、餐厅，以避免干扰，同时尽量远离厨房、储藏间等家务用房，以便保持清洁。书房与儿童房也应保持一定的距离，避免儿童的喧闹。书房往往与主卧室的位置较为接近，甚至可以将两者以穿套的形式相连接。

2）书房布局

　　（1）与卧室并用的书房。这种书房多用在独生子女家庭。两室一厅的住宅中有一室供子女睡觉，但子女正处在学习阶段，因此需要将这间房当做卧室兼书房。安排好这间既是卧室又是书房的空间，对子女的身心健康大有好处。子女的书房应该布置得整洁简练，既有时代气息，又富有个性。卧床不应临窗横摆，因为孩子一般很粗心，夏天如果忘记关窗，被褥会被雨淋湿，开窗睡觉又易着凉。所以床最好靠一侧墙放置，让子女的头朝外睡，床边还应有矮柜阻挡。柜上可以放置迷你音响，这样早晚听广播或学习英语会很方便。对于未成年子女，书房兼卧室的家具布置又有所不同，例如，在读小学的儿童，根据他们的生理特点，桌子不能太高，一般为650～700mm，椅子的坐面高度也相应调整到350～400mm，不能用弹簧床，家具应尽量采用圆角。正在读中学的青少年，桌子、椅子高度基本上可与成年人相似，书房内除了床、桌、橱以外应多留些空间给他们活动，并且还要尽可能为他们的书房兼卧室配置先进的设备（见图2-66）。

（2）家庭办公型书房。随着网络技术的发展，人与人、人与企业之间的信息交流越来越顺畅，而家庭作为社会活动中的一个重要场所，不可避免地成为办公场所的延伸部分，只要家中能提供工作的地方，都可以成为家庭办公室，在不远的将来，在家办公都会成为普遍现实。工作、学习容易让人产生疲劳，书房内的装饰应简洁明快，除了书柜、书桌以外，不宜大面积装饰造型，可以将小块挂画、匾额、玻璃器皿陈列于书柜间隙处，以调节视觉疲劳。窗户采光性良好，在书桌上应配置有长臂可调台灯。墙面色彩以浅蓝、浅绿、淡紫色为宜，让人集中精力阅读思考。家庭办公型书房内还要配置齐全的电器

图2-66　与卧室并用的书房　　　图2-67　家庭办公型书房

插座，如电源、网线、电话线、音响线、电视线等，方便工作、学习时查阅资料或使用辅助设备（见图2-67）。

2．空间布置

1）一型（6m²）

书桌靠着书房内任何一面墙都能够节省空间，非常适合面积很小的住宅空间，甚至可以将卧室或客厅隔出半间来做书房。书柜的储藏空间不大，但是可以利用书桌墙面上的隔板，当然了，长期不用的图书还是要避免暴露在外部，防止积聚灰尘（见图2-68）。

2）L型（6m²）

转角书桌可以大幅度增加工作空间，一般适合单人使用的专一书房。电脑显示器的背后是墙角，可以设计成隔板，放置一些装饰品，否则长期面对墙角，工作会感到窘迫。转角台面的下方可以设计倾斜抽拉的键盘抽屉，前提是不要影响到其他抽屉、柜门的开启（见图2-69）。

3）对角型（8m²）

书房的面积不大，但是又想让空间变得开阔些，可以将家具都靠边角摆放。此外，还可以将直角家具转化成圆角，柔化空间形态。对角型布置手法适合休闲书房，强调文化与娱乐为一体的生活情调。每件家具的功能并不要求齐全，随意、放松是家居装饰的主题（见图2-70）。

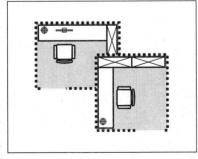

图2-68 一型

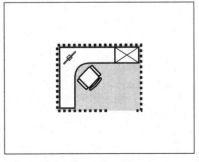

图2-69 L型

4）T型（10m²）

在贴墙布置的书柜中央突出一张书桌，将书房分隔为两部分。一边为工作区，一边为会谈区。书桌可以选用折叠产品，不用时就靠墙收起来，腾出空间增添卧具，将书房改成卧室，扩展了使用功能。书柜的下半部不宜采用玻璃柜门，防止挪动书桌时会破坏藏书（见图2-71）。

5）岛型（15m²）

以书柜为背景墙，书桌放在房间中央，四周环绕过道，最好能设计成地台，给人居高临下的感觉。书柜与书桌的装饰造型要精制、大气、庄重，使用功能全面，一张宽大的书桌能解决所有的工作（见图2-72）。

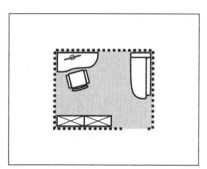

图2-70　对角型

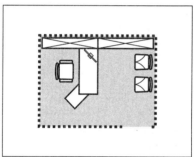

图2-71　T型

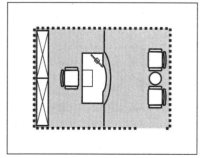

图2-72　岛型

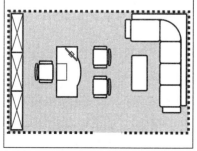

图2-73　会客型

6）会客型（25m²）

对于长期在家办公的人来说，这种布局最适宜不过了。除了岛型书房的功能、形式以外，还增加了会客用的转角沙发，能使主宾之间更好的交流。这种布局需要较大的面积，如果实在无法布置，可以将卧室或客厅与书房对调，将住宅的外部使用功能转化为办公（见图2-73）。

3．细节设计

1）职业特征

书房的布置形式与使用者的职业有关，不同的职业会造就不同的工作方式与生活习惯，应该具体问题具体分析。有的特殊职业，除阅读以外，书房还应具有工作室的特征，因而必须设置较大的操作台面。同时书房的布置形式与空间有关，这里包括空间形状、大小、门窗位置等。

2）气氛营造

书房是一个工作空间，但绝不等同于一般的办公室，它要和整个家居的气氛相和谐，同时，又要巧妙地应用色彩、材质变化以及绿化等手段，来创造出一个宁静温馨的工作环境。在家具布置上，它不必像办公室那样整齐干净，而要根据使用者的工作习惯来布置家具及设施，乃至艺术品，以体现主人的品位、个性。

3）降低噪声

书房是学习和工作的场所，相对来说要求安静，因为人在嘈杂的环境中工作效率要比安静环境中低得多。所以在装修书房时要选用那些隔声吸声效果好的装饰材料。顶面可以采用吸声石膏板吊顶，墙壁可采用PVC吸声板或软包装饰布等装饰，地面可以采用吸声效果佳的地毯，窗帘要选择较厚的面料，以阻隔窗外的噪声。■

第25课　儿童房要保障安全

儿童房是主人为小孩专设的房间。一般家庭的小孩，在婴儿期、幼儿期，往往考虑安全性与照顾方便，多是在主卧室内设置卧床。但是子女开始上小学后，随着智力与好奇心的发展，就必须与父母分开睡，专门开辟儿童房间十分重要，从心理角度上分析，儿童生活区域的划分，有益于提高他们的动手能力。

1. 功能设计

儿童房间的布置应该是丰富多彩的，针对儿童的性格特点与生理特点，设计的基调应该简洁明快、生动活泼、富于想象，为他们营造一个童话式的意境，使他们在自己的小天地里，更有效地、自由自在地安排课外学习与生活起居。

少年儿童对新奇事物有极强的好奇心，在构思上要新奇巧妙、单纯，富有童趣，设计时不要以成年人的意识来主导创意。设计儿童房时，应充分考虑儿童的性格特点，这样的房间才是儿童真正需要的。否则，为孩子精心营造的小小"乐园"，却未必对孩子有益。儿童房与其他空间最大的不同，就是使用者与设计者的不同。当父母为子女设计居室时，往往会从自己的角度出发。这种"一相情愿"的布置，

图2-74　儿童房

图2-75　儿童房

并不符合孩子的需要（见图2-74、图2-75）。

2．空间布置

1）倚墙型（8m²）

床贴着墙放置很安全，小孩子不容易滚落到地上，但是床位不要靠窗，否则睡觉时很容易着凉。转角书桌能最大化拓展学习环境。床尾可以摆放衣柜，床和梭拉门衣柜间的距离至少要保留100mm，各种家具的边角要注意处理圆滑，以免发生碰撞（见图2-76）。

2）上下型（8m²）

儿童喜欢活动，经常爬上爬下，获取成就感。床放在高处可以满足儿童的这种活动激情，床下的空间可以布置书桌和书柜。床底部的高度应不低于1300mm，才能满足正常的坐姿高度。上下楼梯最好设计4~5阶，这种布局可以腾出多余的空间布置储藏柜（见图2-77）。

3）标准型（12m²）

这种布局与普通卧室没有两样，适合年龄较大的孩子居住，满足他们对独立的渴望。房间内侧可以宽松些，做日常活动之用，床的位置可以靠外一些，起到分隔空间的作用。储藏柜的设计应该多功能化，既能藏书，又能陈列玩具，适用性很强（见图2-78）。

4）双床型（15m²）

有两个孩子的家庭现在已经不多了，两个孩子住在一起可以增进

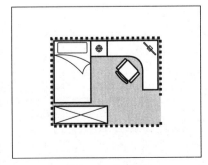

图2-76 倚墙型

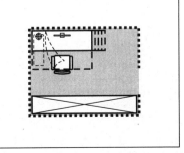

图2-77 上下型

感情。室内面积当然越大越好，床的宽度应不小于1m，书桌靠着窗户布置，宽度一般为0.5m。如果空间允许，还可以布置书架、玩具架等家具，也可以完全空白，留作活动场地（见图2-79）。

3．细节设计

1）保证安全

孩子缺乏自我保护意识，因此，在室内布置上就要避免意外伤害的发生。例如，最好不要使用大面积的玻璃或镜子；家具的边角与把手应该不留棱角及锐利的边；地面要柔软、有弹性，不要留有磕磕绊绊的杂物，以免孩子摔倒磕伤；插座应放到孩子不易触摸到的地方，还要注意选择有保护装置的插座。

2）活动空间

儿童的天性是活泼好动的，因此房间内应尽可能地提供宽敞的空间，供孩子游戏、运动。儿童房内可以设计双层家具，将床放在上层，下面是桌子、玩具柜和衣橱，从而节省出宝贵的空间供孩子日常活动。

3）家具尺寸

儿童房最好使用适合孩子的儿童家具，这样有助于培养他们的自主意识。但是，孩子身体发育很快，家具的尺寸也要随之变化，桌面最好还能调节高度。

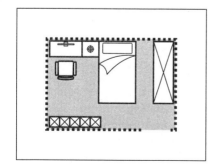

图2-78　标准型

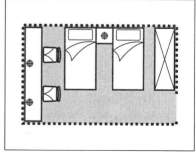

图2-79　双床型

4）装饰材料

儿童房要尽量挑选天然材料，后期加工的工序越少越好。这样就可以避免各种有害物质在室内造成污染，对成长中的儿童造成巨大的危害，地面可以采用木地板以及各种陶瓷地砖等无污染材料。有的家庭担心小孩摔伤而在新房中使用地毯，其实这种做法是不科学的，因为地毯会滋生螨虫等肉眼看不到的寄生虫，容易使儿童患上呼吸道疾病，相反，木地板和地砖清洁方便，即使弄脏了也容易清洗。墙面装修还宜采用污染较小的乳胶漆，或者是专门供儿童使用的进口壁纸。

5）色彩鲜艳

儿童房的色彩设计要丰富，对比度要大，跳跃感要强，以满足儿童的好奇心，刺激他们的求知欲，可以在木地板或瓷砖上再铺上彩色塑料拼图地毯，它的颜色很丰富，并且柔软，耐磨，还便于清洁，非常适合儿童。孩子会像大人一样对某些颜色情有独钟，可以选择颜色素淡或条纹简单的床罩，然后用色彩斑斓的长枕、垫子、玩具或毯子去搭配装饰，并在不同季节、随着孩子的成长不断地更换枕套与垫子的颜色，以保持孩子的新鲜感。

6）照明设计

儿童房适合采用混合式光源设计，主要光源最好是来自顶棚的吊灯与墙上的壁灯，而且都应该安装调节器，以帮助孩子逐渐适应黑暗，方便他们快速入睡。在幼儿的房间里，高悬的吊灯最好配以可动式的吊饰或小绒毛玩具。另外，夜光壁纸也可以在孩子的房间使用，出于安全考虑，儿童房中的电源最好选用带有插座座罩，以防止儿童的手指插进插座而造成危险。■

第26课　老人房追求稳静雅

现代家居面积越来越大，而且住宅空间的花样在不断翻新，很少有人提及老人房这个话题。通常情况下，老人房的布局很简单，往往一张床就成了老人房的全部内容。年轻人对老人房的功能设计关注不够，儿孙绕膝，安享清福，老年人辛苦操劳了大半辈子，终于可以闲暇下来，尽享天伦之乐了。舒适、安逸的日子离不开符合老年人生理、心理特点的起居环境，营造一个方便实用的房间是老年人生活舒适、安逸的前提条件。

1．功能设计

老年人对睡眠要求最多，而对房间的装饰已不再追求。他们喜欢白色的墙壁，以显得素雅，喜欢自己用过多年而品质尚好的旧家具，既满足了多年来的生活习惯，又可以帮助他们牵动对往日的追忆。房间窗帘、卧具多采用中性的暖灰色调，所用材料更追求质地品质与舒适感，可以通过休息来过滤掉多年的生活压力，回想往日的青春。

2．空间布置

1）休闲型（10m²）

在老人房内腾出一个不大的空间，放置躺椅，可以让生活变得更惬意，躺椅在使用过程中会来回摆动，容易与周边的家具发生碰撞，严重影响到老年人的起居安全。在空间布置时，可以适当处理周边家具的转角，使其不再显得尖凸、锐利，保证老年人的安全（见图2-80）。

2）储藏型（12m²）

老人房内设计充足的储藏柜，很符合老年人的起居习惯。一时舍弃使用多年的随身物品是很难的，依照墙体布置储藏柜，是最贴切、妥善的布局方式。储藏柜内分隔要合理，将储藏柜内不同年限、不同类型的物品分开放置，而且还要方便取用（见图2-81）。

3）中央型（12m²）

居中布置双人床，让人感到安全、沉稳，老人房的衣柜不必设计很多，完全以中轴对称的形式布局，符合大多数老年人的传统观念。床头穿插到衣柜里面，既节省空间，又增加了睡眠的心理安全。沙发椅等配属家具可以灵活布置，保证主要中心不变即可（见图2-82）。

4）多能型（15m²）

在面积较宽裕房间里，可以增加转角沙发，方便老年人之间的交流。避免一个人寂寞。床紧靠在沙发背后，也有助于睡眠安全，防止从床一侧跌下而发生危险。衣柜所占据的空间较大，内部可以分设书桌、电视柜等固定家具，并安置在衣柜梭拉门内（见图2-83）。

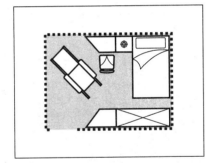

图2-80 休闲型

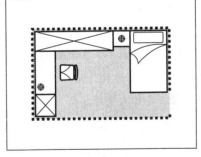

图2-81 储藏型

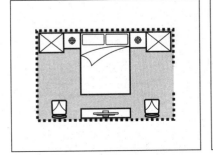

图2-82 中央型

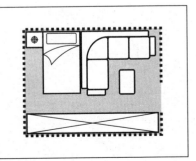

图2-83 多能型

3．细节设计

1）家具选用

床是老年人最珍爱的家具之一，一张舒适的床往往会令老年人避免许多疾病的产生，是健康生活的基本保证。由于每个人的习性不同，有的人喜欢睡软床，有的人喜欢睡硬床。过软的床躺上去虽然感觉好像很舒服、很放松，但是因为支撑力度不够，容易造成肌肉紧张、腰酸背痛。那么硬些的床在睡觉时腰部没有得到任何有效支撑，始终处于受力的紧张状态，长期使用这种床垫，当然也不利于老年人的腰椎健康。一般来说，体重较轻者适合睡较软的床，使肩部臀部稍微陷入床垫，腰部得到充分支撑；体重较重者适合睡较硬的床垫，弹簧的力度能让身体每个部位贴合在一起，特别是老年人的颈部与腰部，都能得到良好支撑很重要。此外，由于藤制家具给人以返璞归真的感觉，所以也深得老年人的喜爱，特别是一些藤制摇椅、藤制沙发、藤制休闲桌等，都可以为家中的老年人配备一两件，让他们更充分地接近自然，尽享晚年生活的愉悦（见图2-84）。

2）防滑地材

老人身体状况再好，摔倒对于他们来说还是非常危险的。而浴室是最容易发生意外的地方，水蒸气造成地面湿滑，会令老人跌倒从而造成非常严重的伤害，可以在浴室局部铺设防滑地胶。另外，老人房

图2-84　老人房家具

图2-85　卫生间防滑垫

的地板也最好选择防滑材质的，否则光滑的地砖或木地板一旦不小心洒上了水，就容易使老人滑倒。对于已铺设了一般地砖或木地板的家庭，可以再配置装饰地毯，既能美化空间，又能保证老人的安全（见图2-85）。

3）安全设施

对于老人来说，再多的安全保障都不为过。随着年事渐高，许多老人开始行动不便，起身、坐下、弯腰都成为困难的动作。除了家人适当的搀扶外，设置于墙壁的辅助扶手更成为他们的好帮手。选用防水材质的扶手装置在浴缸边、坐便器与洗面盆两侧，可令行动不便的老人生活更自如。此外，坐便器上装置自动冲洗设备，可免除老人回身擦拭的麻烦，于老人来说十分实用。

4）灯光设计

老年人的视力大多有所下降，因而室内光源应尽可能明亮一些。在走廊、卫生间和厨房的局部、楼梯、床头等处都要安排一些灯光，以防老人摔倒。另外，开关要科学合理，在一进门的地方要有开关，否则摸黑进屋去开灯容易绊倒。卧室的床头要有开关，以便老人在夜间可以随时控制光源（见图2-86）。

5）绿色氛围

大多数老年人喜欢安静整洁的家居气氛，因而一个舒适的生活环

图2-86　灯光充裕

图2-87　绿色植物

境对他们来说非常重要。家有老人的住宅内不妨多放一些绿色植物，来保持空气的清新，视觉上的放松。另外，家中养一些花草，也是一种修身养性的生活方式，对于保持精神上的轻松愉悦有着良好的作用（见图2-87）。

6）贴近自然

老年房的窗帘可以选用提花布、织锦布等，这样的窗帘质地厚重、纹理素雅，华丽的编织手法能展现出老人成熟、稳重的智者风范。此外，厚重的窗帘能带来稳定的睡眠环境，对于老人的身体大有好处。此外，窗帘最好设置为纱帘与织锦布帘两层，部分拉开后可以调节室内亮度，同时使老人免受过烈的阳光刺激。

深浅搭配的色泽十分适用于老人房。例如，深胡桃木色的家具可用于床、橱柜与茶几等单件家具上，而寝具、装饰布及墙壁等的色泽则宜为浅色调，这样整个房间看起来既和谐雅致，又透露着长者的成熟气质。

7）方便使用

对于老人来说，流畅的空间意味着他们行走和拿取物品更方便，这就要求家具尽量靠墙而立，衣柜、壁柜等家具的高度不应过高。老人多半腿脚不够灵便，爬上爬下可不是件容易的事。特别是许多家庭的老人承担了家中家务的工作，收拾东西在所难免，如果柜子过高一定会给老人的生活带来许多不便，所以为了老人的安全，家里最好不要设置众多高大的家具，不妨多做一些矮柜。而床应设置在靠近门的地方，方便老人夜晚入厕。

可折叠、带轮子等机能性强的家具，一不小心就容易对老人造成伤害。因此，宜选稳定的单件家具，固定式家具更是良好的选择。零散物品容易绊倒老人，最常见的是散乱的电线等，可以用绑束带加以固定，让空间既清爽又安全。■

第27课 客卧室中性化设计

客卧室又称为客房，主要用于亲朋好友来访时临时居住。一般家庭在主卧室布置妥当后，会将多余的房间设计成客卧室。这种类型的卧室设计风格应该大众化、中性化，满足不同人的审美需求，家具只配置基本构件，采取模块化、组合化布局，如叠折型家具、储藏型家具等，可以将一件家具在不同场合、不同时间当多件家具使用。

1. 功能设计

现代商品房，凡是130m²以上的户型都会考虑到客卧室，客卧室相对卧室而言的，它同样是休息、消除疲劳、培养活力的地方。客卧室的设计风格应与整体的家居风格保持一致原则。客卧室应该保持简洁、大方，房内具备完善的生活条件，一般配有床，衣柜及小型陈列台，但都应造型简单，色彩清爽。同时在装修中，根据功能来合理配置，巧用有限的预算，能达到完美的装饰效果。客卧室面积不宜过大，一般为8～12m²。如果卧室的窗户临街，则应设置双层玻璃，否则外面嘈杂的声音传入室内，时间长了会导致客人的睡眠质量受干扰（见图2-88、图2-89）。

客卧室的吊顶高度不能过低，否则会给人一种压抑感，但也不能

图2-88 客卧室

图2-89 客卧室

过高，否则会给人带来一种冷冰的感觉，可以用略深的色彩来装饰吊顶，才能给人一种温暖的感觉。在此，最好尽量将顶面或墙面的造型简单化，太复杂的造型往往会导致失眠。如果经济能力有限，而且希望地面容易打理，耐潮耐用，最好选用复合地板，为了营造温馨气氛，可以在地上铺放一小块地毯。出于对空间感觉和亮度的考虑，白色的墙面应该是我们的第一选择，它不仅使用最广泛，同时也是最无伤大雅的选择。

客人在别人家里，最需要的是轻松、安全、温馨。如果室内全部选用白色，难免过于耀眼，同时让人感觉太冰冷，这时可以在墙壁上选用白色，或者是柔和的纯白，其作用相当于油画创作中的画布，再搭配使用其他最中意的色彩，便可以与白色形成强烈的对比，如选用鲜艳的明色调，也可以是一种婉约的变化，如果选用柔和的浅色调或中性色调，它可以真正让人感到闲适。在色彩搭配时，还应该充分考虑自然光线的因素，可以将客卧室的窗户开得较大一些，这样有利于通风与采光。

2．空间布置

1）倚墙型（8m²）

面积小的客卧室一般都照此布局，剩余的空间可以放置其他杂物。床一般靠墙摆放，而不宜靠窗。床头柜、书桌、衣柜是最基本的家具，也可以购买组合为一体的多功能家具，但是不要太突出其中某一件家具的功能或个性，因为客卧室主要还是给客人使用的（见图2-90）。

2）隐蔽型（8m²）

客卧室可以兼做储藏间，在组合衣柜里设计一张可以展开的单人床，不用时收纳到衣柜中，不占空间。这类家具一般购买成品组合的套件，不要现场制作，现有的木工施工水平很难做得十全十美。此外，要注意金属连接件的品质，否则会影响正常使用（见图2-91）。

3）标准型（12m²）

客卧室内各种家具的布置和普通卧室一样，床、衣柜、电视柜等家具沿着周边的墙体摆放，一般选用1.2m或1.5m的床。客卧室的面积一般比主卧室小，电视柜适合摆放在对着床尾的墙角处，其他家具也不要堆积过多，给客人营造一个宽松的起居环境（见图2-92）。

4）双床型（15m²）

在一个不大的客卧室内放置两张床，会显得比较紧凑，两床之间可以共用一个床头柜，从而节约空间。每张床的宽度应不小于1m，如果空间实在很紧张，可以将其中一张床靠墙布置。电视柜正对床头柜，梳妆台、写字桌等辅助家具也可以适当省略（见图2-93）。

3. 细节设计

1）空间拓展

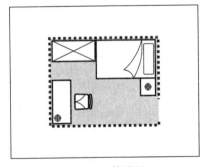

图2-90 倚墙型

图2-91 隐蔽型

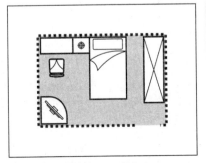

图2-92 标准型

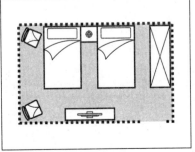

图2-93 双床型

客卧室是住宅空间里最具有拓展性的空间，一次装修完毕后，可随时变换功能，或是当做书房，或是当做儿童房，或是当做储藏间，甚至可以将客卧室与主卧室之间的隔墙拆除掉，一并合为主卧室。尤其是当书房兼做客卧室使用时，睡床最好采用翻斗床，没有客人使用时，可组合成一个装饰柜，既美观又节省空间，当客人要休息时，翻下来又能成为一张睡床。此外，带折叠床的沙发，也可解决急时之用。

2）家具选用

客卧室一般位于住宅空间的中部，夹在主卧室与客厅或餐厅之间，也有的户型空间将客卧室分离出来，安置在门厅旁或卫生间对面，最大限度保证了家庭主人的生活隐私。客卧室的房间面积不大，一般只有主卧室面积的2/3，在家具布置上，既可以按照常规来摆放家具，又可以将床贴墙紧靠，腾出更多的空间设计储藏柜。如果来访的亲友很多，也可以设计成双床型房间，布局虽然紧凑，但是能方便使用。

3）采光设计

客卧室的灯光布置一般以单一的主光源与辅光源搭配，即一盏吸顶灯和1~2盏床头灯，家用电器配置不多，以电视机、空调为主。客卧室的色彩应淡雅平和，一般选择浅绿色、米黄色等色调，让人感到寂静、安全，不会让客人觉得孤独，不宜选择深色或很鲜艳的色彩，那会给生活习惯不同的客人带来陌生感。■

第28课　主卧室的浪漫情调

　　卧室是住宅中完全属于使用者的私密空间，纯粹的卧室是睡眠与更衣的空间，由于每个人的生活习惯不同，读书、看报、看电视、上网、健身、喝茶等行为都要在此尽量完善。卧室可以划分为睡眠、梳妆、储藏、视听等4个基本区域，在条件允许的情况下可以增加单独卫生间、健身活动区等附属区域。

1．功能设计

1）睡眠区

　　主卧室是夫妻睡眠、休息的空间。在装饰设计上要体现主人的需求和个性，高度的私密性与安全感是主卧室设计的基本要求（见图2-94）。主卧室的睡眠区可分为两种形式，即共享型与独立型。共享型就是共享一个公共空间，进行睡眠休息等活动，家具可以根据主人的生活习惯来选择。独立型则以同一区域的两个独立空间来满足双方的睡眠与休息，尽量减少夫妻双方的相互干扰。

2）休闲区

　　主卧室的休闲区，是在卧室内满足主人视听、阅读、思考等休闲活动的区域。在布置时，可以根据业主夫妻双方的具体要求选择适宜

图2-94　主卧室睡眠区

图2-95　主卧室休闲区

的空间区位，配以家具与必要的设备，如小型沙发、靠椅、茶几等（见图2-95）。

3）梳妆区

主卧室的梳妆活动包括美容与更衣两部分，一般以美容为中心的都以梳妆台为主要设备，可以按照空间的情况及个人喜好，分别采用活动式、嵌入式的家具形式。更衣也是卧室活动的组成部分，在居住条件允许的情况下，可以设置独立的更衣区，并与美容区位置相结合。在空间受限制时，还应该在适宜的位置上设置简单的更衣区域。

4）储藏区

主卧室的储藏多以衣物、被褥为主，一般嵌入式的壁柜系统较为理想，这样有利于加强卧室的储藏功能，也可以根据实际需要，设置容量与功能较完善的其他储藏家具。在现代高标准住宅内，主卧室往往设有专用卫生间，专用卫生间的开发设计，不仅保证了主人卫浴活动的隐蔽，而且也为美容、更衣、储藏提供了便利。主卧室还可以配置与墙体为同一整体的衣柜，用作衣物储藏，内部布置折叠镜面，可作梳妆或穿衣用。

2. 空间布置

1）倚墙型（9m²）

将床靠着墙边摆放可以将卧室空间最大化利用起来，墙边可以贴壁纸或软木装饰。床体可以放在地台上，显得更有档次，床尾处最好留条走道，能方便上、下床。卧室里剩余的空间就可以随心所欲了，大体量衣柜、梳妆台、书桌、电视柜可以全盘皆收（见图2-96）。

2）倚窗型（9m²）

床头对着窗台，使空间显得更端庄些，很适合面积小而功能独立主卧室。阳光通过窗户直射到被褥上，还可以起到"晒棉被"的作用，能有效保障主卧室的卫生环境。床正对着衣柜，可以在衣柜中放置电视机，但是衣柜的储藏空间会受到影响（见图2-97）。

3）标准型（12m²）

大多数主卧室希望在一间房中摆放很多家具，同时又不显得拥挤。采用这种布局，卧室面积应不小于12m²，否则就不能容纳更多的辅助家具。床正对着电视柜，它们之间需要保留不小于0.5m的走道，沙发或躺椅才能随意选配（见图2-98）。

4）倚角型（12m²）

圆床比较适合放置在主卧室的墙角，减少占地面积，然而床头柜的摆放就成问题了，可以利用圆床与墙角间的空隙来制作一个顶角床头柜。同时，圆床也可以放置在地台上，注意其他家具不要打破圆床的环绕形态，地台的边角部位要注意处理柔和（见图2-99）。

5）套间型（26m²）

对于房间数量充足的住宅户型，可以将相邻两间房的隔墙拆掉，

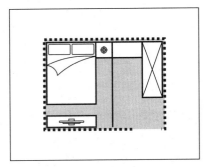

图2-96　倚墙型

图2-97　倚窗型

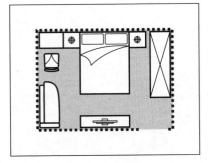

图2-98　标准型

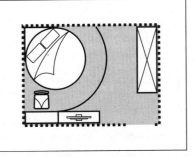

图2-99　倚角型

扩大主卧室面积，设计成套间的形式，其中一侧作为睡眠区，另一侧作为休闲区，中间相隔双面电视背景墙，旋转的液晶电视机能让主卧室活跃起来，两区之间可以设置梭拉门或遮光幕帘来区分（见图2-100）。

3．细节设计

1）色彩搭配

主卧室的用色一般使用淡雅别致的色彩，如乳白、淡黄、粉红、淡蓝等色调，可以创造出宁静柔和的气氛。局部也可以用一些较醒目的颜色，例如，在淡黄基调上用赭褐、粉紫色或黑色作点缀，乳白基调的局部可配以朱红、翠绿、橘黄等色。卧室灯光不宜过于明亮，尽可能使用调光开关或间接照明，避免躺在床上时感到有眩光，以能创造和谐、朦胧、宁静的气氛为佳。同时，灯光的色彩应注意与室内色彩的基调相协调。

2）材料选用

卧室墙面一般选用壁纸、壁毯、软包、木材等手感舒适的材料（见图2-101）。地面可铺设地毯或木地板。这些装饰材料具有吸声、防潮的特性，而且色彩、质感与卧室的使用功能较为协调。主卧室虽然可以设置镜面，但是不要正对窗户，以免产生大面积反光，影响正常睡眠。■

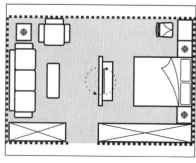

图2-100　套间型

图2-101　卧室壁纸

第29课 阳台能作百变布局

在一套住宅中，最接近大自然的空间就是阳台了。以前常将阳台等同于杂物间、晾衣间，在封阳台盛行之后，阳台又成为一个小房间。随着居住环境的改善，阳台终于恢复了"本来面目"，真正成为人们接触自然、享受生活的地方。阳台既可以观赏自然景色，呼吸新鲜空气，养花栽木，锻炼身体，还可以洗衣晾物，为家居生活创造了许多便利。

1．功能设计

阳台较常见的形式有开敞式阳台与封闭式阳台两种。

1）开敞式阳台

主要用作健身休闲、绿化景观、晾晒衣物、放置杂物的空间（见图2-102）。

2）封闭式阳台

一般与客厅、卧室或书房相连，扩展室内空间，甚至作为封闭的卫生间、厨房、书房来使用（见图2-103）。

2．空间布置

1）标准型（3m²）

图2-102 开敞式阳台

图2-103 封闭式阳台

标准的阳台一般呈悬挑结构，不宜放置重物。洗衣机的布置要接近排水口，如果距离实在太远，也可以在阳台地面边角处安装排水管道，与门槛台阶平行。如果需要储藏空间，一般考虑安装高度在900mm以下的储藏柜，储藏柜地面悬空（见图2-104）。

2）圆弧型（4m²）

圆弧的阳台一般也呈悬挑结构，外形美观，而且加大了使用面积，可以沿着外围地面铺设鹅卵石，布置小盆装的绿化植物，使阳台空间显得更加精致美观。中央圆弧造型可以铺设花色丰富的地面砖，洗衣机和储藏柜不宜过大，不要破坏圆弧阳台的完整性（见图2-105）。

3）曲线型（5m²）

曲线的阳台实际上是将一个完整的圆弧阳台一分为二，相邻两个

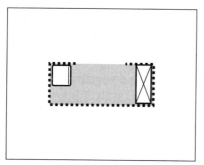

图2-104　标准型

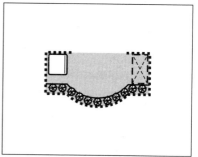

图2-105　圆弧型

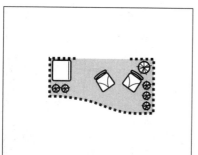

图2-106　曲线型

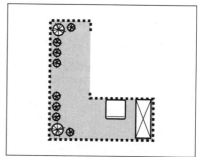

图2-107　转角型

户型各占一半，中间设有承重隔墙，属于半悬挑阳台。如果是高层住宅，可以沿着隔墙布置休闲座椅，零星点缀绿化植物，使之形成一个大气的观景空间，一家人可以在阳台上远眺、品茶（见图2-106）。

4）转角型（8m²）

转角的阳台一般位于东、西两端的住宅户型里，接受日照的时间比较长，洗衣机和储藏柜应避开阳光照射。向阳方向比较适合观花类植物的生长，可以适当点缀。同时，也可以封闭一部分阳台空间，与室内相结合，既能扩大使用面积，又能规整阳台的空间形态（见图2-107）。

3. 细节设计

1）地面铺设

阳台与房间地面铺设一致，恰当地延伸了室内空间，可以起到扩大空间的效果。集合式公寓的阳台不能随意改变，尽量保持其统一的外观。阳台可以铺设仿古砖或鹅卵石，不宜铺地板。如果阳台朝南，长期受太阳曝晒，雨借风势，渗入窗内，会使地板褪色、开裂，很不美观，但是可以在背阴处选择实木板，并且做好顶面防雨设施（见图2-108）。

2）防水处理

设计阳台要注意防水处理，尤其是水池的大小要合适，排水要顺

图2-108　阳台地面

图2-109　阳台防水

畅；门窗的密封性与稳固性要好，防水框向外；阳台地面的防水要确保地面有坡度，低的一边为排水口，阳台与客厅的高差应不小于10mm。如果阳台用作厨房、卫生间或室内造景，还要注意排水问题，因为处理不好就会出现积水、漏水等问题（见图2-109）。

3）建筑结构

阳台的设计受限制于建筑结构。阳台的装修改建不能超载使用。阳台与居室之间的墙体一般属于承重墙，在建筑的受力结构承受之内，才可拆除。外挑阳台的底板承载力为300～400kg／m²，要合理放置物品，如果重量超过了设计承载能力，就会降低阳台的安全系数。此外，装修阳台时，严禁改变横梁的受力性质，不要任意增加阳台地面的铺设材料，尤其是铺贴大理石、花岗石等厚重的石材。此外，阳台栏杆一般以金属结构和钢筋水泥结构为主，栏杆的高度在1100mm左右，要求高于成人身体重心的高度，栏栅间距应小于120mm，高层住宅的阳台可以在栏杆外围安装钢丝隐形防护网，确保安全。

4）门窗构造

在装修客厅与阳台的过程中，想扩大客厅的面积，通常将客厅通向阳台的门装修成敞开式，到晚上主要靠窗帘来隔离，但是保暖或防晒要做得十分到位，否则到了冬天坐在客厅里看电视会感到很冷，夏

图2-110　阳台封窗

图2-111　阳台绿化

非封闭阳台隔热

其实封闭阳台并不能完全解决夏季炎热的问题，反而会造成更加炎热。因为阳台封闭后，室内空间与阳台空间融为一体，而封闭阳台的往往是玻璃窗等透明度较高的材料，夏季的光照与高温透射过大面积的玻璃窗，会使室内空间温度更高。可以在通向阳台的梭门或窗户处设置大面积多层窗帘，起到隔热保温的作用，另外还可以在阳台上安装阳光板的遮阳棚，起到美化环境的作用。

天太阳直晒又太热。因此，安装开启方便、视野开阔、造型美观的门窗十分必要。

阳台的封窗材料多种多样，有铝合金、塑钢、无框玻璃，形式上有开启式和平移式两种，无论何种封窗形式都要考虑足够的透光、通风、耐晒、耐腐、牢固、安全、便利。如果阳台需要安装防雨篷，要注意不破坏原有墙体，以免造成渗漏。雨篷与墙面之间留有缝隙，挡不住瓢泼大雨的浇注，必须填注泡沫胶（见图2-110）。此外，要重视阳台的通风与采光，吊顶有葡萄架吊顶、彩绘玻璃吊顶、装饰假梁等多种做法，但不能影响阳台的通风和采光，过低的吊顶会产生空间压迫感。

5）绿化配置

花卉盆景要合理安排，既要使各种绿色植物都能充分吸收到阳光，又要便于浇水。常用的4种种植的方法有自然式、镶嵌式、垂挂式（见图2-111）、阶梯式。阳台在平面布置上，分别安排与客厅或卧室相连的生活阳台和与厨房相连的服务阳台。靠客厅或卧室的生活阳台一般朝南布置，面积较大，约4~6m²，功能以休闲为主；与厨房相连的服务阳台一般朝北布置，配备厨房家务使用，面积较小，约2~4m²。■

第30课　不可忽视户外花园

由于住房条件的改善，住宅设计水平的提高，很多购房业主住上了低密度的住宅，很可能附带一个户外花园。户外花园就成为现代住宅体系中不可多得的私人领地，它从本质上就区别于普通室内空间，在装饰设计上需要重新调整思路，后期装饰配置也应该有更广阔的处理手法。

1. 功能设计

花园的功能决定布局方式，一般按家庭成员结构来规划花园的功能与布局，如果平时无暇打理花园，可以在花园中简单地种些花草；有幼儿的家庭花园应避免深水和岩石等危险因素，设置能放玩具的草坪，种些色彩艳丽的1～2年生花草和球根花卉；如果家中有老人，就要考虑老人在户外的休闲习惯；如果喜欢室外烧烤，还可设计一个烧烤平台。此外，特别是购买独立别墅，花园的面积在50～200m²不等，差距很大，因档次、风格、规划设计而不同（见图2-112、图2-113）。

花园的面积是设计和布置的重要依据，小花园可能适合日式风格，小巧玲珑却不乏点睛之笔，在安排小品构造的时候要特别注意与

图2-112　户外花园

图2-113　户外花园

建筑的融合、过渡。如果花园面积不小于100m²，可以考虑大气方正的欧式风格。联排别墅的花园最为适用，面积不大，形状方正，方便业主设计安排，很容易做出精致的感觉。如果户外花园面积够大，可以考虑中式的园林风格或是欧式的庄园效果，种植一定量的树木，加上不同花草的点缀，完全可以打造私人空间，大气得体，又富有生气。在现代商品房的构架中，户外花园一般有以下几种形式。

1）入户花园

一般位于住宅大门入口处，属于开敞式庭院空间，打开住宅大门见到的不再是传统的客厅、餐厅了，而是由2~3面围墙围合的室外平台，它是进入室内客厅、餐厅的必经之路，但是又区别于普通阳台，整个花园的建筑结构包容在楼体的墙柱之内。很多业主在购房时就看中了这一亮点，装修时精心打扮，甚至也可以将它封闭起来，与客厅相连，扩大了室内空间。

2）中空花园

一般位于复式住宅或别墅住宅的底层中央，由3~4面围墙围合，但是可以仰望天空，给人十足的安全感，中空花园的观赏景点不在园中，而在2楼或顶层平台上，从高处向下俯视，能够感受到庭院的细腻、精致。

3）露台花园

一般位于别墅住宅或多层住宅的楼顶，很多房地产商将楼顶的平台空间赠送给顶楼业主，起到楼盘促销的目的。露台花园的视野很开阔，尤其是高层住宅，从房间上到露台花园后，立刻产生豁然开朗的轻松感。由于面积开阔，在装饰上不能只用绿化植物来陪衬，需要加入更多的景观形态。

4）庭院花园

一般位于首层住宅的户外空间，也可以认定是阳台的扩展空间，除了种养花木以外，还可以当做晒台，晾晒衣物，在路边加筑围栏后又可以当做私家车库，实用性很强，一般在商品房销售中不计入销售面积，颇受欢迎。

2．空间布置

1）入户型（16～20m²）

入户花园是近几年比较流行的房型，现代住宅都是高层建筑，不可能附带大面积的院落，将院子作为一个房间布置在大门以外，从本质上脱离了阳台。所有出入者都必须经过这个空间，将它的环境地位提升到了最高级别。入户花园的四周一般都有承重梁、柱，结构很牢靠。可以在花园布置洗衣机、储藏柜等家具。假山、水景适宜安排在边角，中间保留开阔的空间供通过行走。花园靠近外部的空间可以布置户外桌凳，桌凳一般选用石材，或者采用塑料折叠结构，便于随时收纳、更换（见图2-114、图2-115）。

2）中空型（16～30m²）

中空花园的位置一般比较闭塞，居于整个住宅的正中心，四周都是围墙，它是大型住宅内部各房间通风采光的过渡空间。中空花园一般坐落在独户住宅的最底层，内空一直延伸到顶部，平面形态一般比较方正，在布局上可以采用中心对称的形式，从高处向花园俯视，给人规则的几何美感（见图2-116、图2-117）。

3）露台型（50m²）

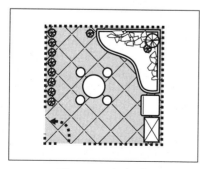

图2-114　入户型A

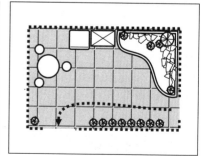

图2-115　入户型B

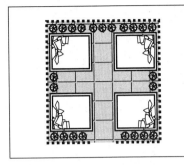

图2-116 中空型A

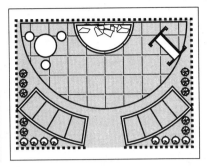

图2-117 中空型B

露台型花园一般位于住宅隔热层上，花园上还可以架设雨篷，增强隔热效果。露台花园面积很大，形态方正，也可以认定是一个扩展型阳台。在布局时，一般将重要的装饰造型安排在露台花园栏杆的内侧，无论是绿化植物还是假山叠水，都能接受充分的日照，而靠近建筑墙体的部位一般比较阴凉，可以布局户外休闲设施。如果追求多功能使用空间，也可以将露台花园局部封闭，使用阳光板和塑钢骨架搭建一个阳光暖房，在里面种养热带植物或构筑水池（见图2-118）。

4）庭院型（45m²）

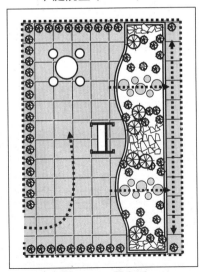

图2-118 露台型

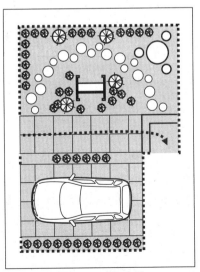

图2-119 庭院型

庭院花园是最传统的户外花园，一般仅首层住宅才能享有。它位于住宅外墙与公共道路之间的空地上，是住宅建筑之间的隔离带。庭院花园的面积一般也很充裕，需要根据实际环境，在花园外围构筑装饰围栏，防止外人随意进入。如果小区管理允许，还可以将花园一角改建成私家车库，在很大程度上合理利用了花园空间。庭院花园的大门一般与住宅阳台的开门连接，地面铺设材料一般选用平整的大块砖材或石材（见图2-119）。

3. 细节设计

1）花园的私密性

花园有敞开式布局的，与住宅小区的景观相呼应，风格易协调，围合式的花园，就是独门独院，由业主自行打理。不少业主非常注重私密性，无论是哪种花园，都会有意无意地将它围合起来，划分出属于自己的一片天地。一般花园通过绿篱植物进行分隔，植物种类丰富，根据主人的喜好有多种选择，选择的绿篱比较低矮，社区景观依然可以尽收眼底。当然，木制或铸铁制成的栅栏，也是运用广泛的分隔材料，欧式风格的花园中应用最多，欧式花园的面积大，栅栏的安装、使用与维护都很方便，很受青睐。

2）花园的朝向

人们对阳台的朝向要求很重视，对户外花园的朝向似乎容易被人们所忽略。其实花园的朝向，对于日后的功能安排、植被选择上都是非常重要的。一般而言，花园是南向的，那么可以种植的植物在选择上就比较多了，功能上也很丰富，无论是休息小憩，还是朋友聚会，或者是儿童游乐都可以，在阳光照射下，一切都显得清新，舒适。花园是朝北的，那么阳光的照射时间就比较短，娱乐聚会并不适合，做个游泳池，用来避暑倒是个不错的选择。除了南北朝向外，有的花园是面向水泊的，这样的花园在功能上就多了一个亲水平台，突显花园的赏景功能。■

第三篇 设计亮点

关键词：流行风格、照明、家具、配饰

第31课　家装设计紧跟潮流

　　家装设计最忌讳的是落伍，现在人们都爱追求时尚、前沿的生活方式，对家装设计也不例外，买家具、选材料、看图纸都时刻关注潮流。一套装修工程完成后至少要使用5年以上，很多业主都担心无法把握这段时间的流行趋势，一旦感到家装设计没有紧跟潮流，就会有莫名的失落感。下面就详细介绍家装设计如何体现潮流。

1. 时尚潮流的意义

　　时尚、潮流等词汇经常用于服装、发型、梳妆等人们每天都在接触生活领域。此外，思想文化、家居装修、工业产品等领域的发展并不是每天被大众所关注，因此，家居装修等领域的发展就相对慢些，但是并不代表其中没有时尚潮流。

　　从字面意思来理解，时尚是指当前的崇尚，是人们对某种事物的追求，其对象自然是美好的、新颖的。这些事物能给我们带来新的感受。潮流是指已经形成的流行趋势或动向，因此，可以理解为时尚在先，潮流在后，某些事物先由个体或小众发掘，然后被大众膜拜，从而在一段时间内成为社会生活的主题。发掘潮流的人各式各样，有设计师、剧作家、旅行家、国际友人等，面对装修的业主很难涉及其中，但是业主可以通过了解时尚潮流来丰富自己的家居装修。

　　能够称为时尚潮流的装修形式、构造很多，都是随着装修材料演进、装修技术革新所带来的，如墙面铺贴液体壁纸、地面铺装竹地板、不锈钢型材的护墙角、几何形吊顶等，是否能够运用这些装修潮流还要根据实际情况来定。液体壁纸不会起泡脱落，但是容易受到污染，且价格也高，一般只适用于局部墙面；竹地板虽然凉爽、平整，但是容易受潮腐蚀，不适用于我国南方地区或低层住宅；不锈钢护墙角能有效防止墙角破损，但是容易脱落且不适合古典家居风格；几何型吊顶造型源于KTV等公共娱乐空间，不太适合稳重、端庄的大面积客厅、卧室（见图3-1）。因此，运用时尚潮流的装修理念还要纵观全局，不能生搬硬套，更不能为了追随潮流而画蛇添足。

此外，很多刚被大众认知的时尚潮流还处于发展阶段，具体形式还没有演变成熟，这些装修形式也可能会被全新的内容取代，成为昙花一现的历史。还有很多时尚潮流是被商家炒作起来的，只求一时的卖点，一旦经不起市场的检验，就会很快被淘汰，这些情况不仅出现在服装、饰品、食品、日用消费品上，也存在于家居装修中。因此，对于时尚潮流的把握要客观、全面，一套家居装修中，运用80%的成熟造型，配置10%的时尚潮流材料，外加10%的软装陈设，即能满足大多数家庭成员的审美需求。

2．准确把握潮流趋势

1）时尚杂志

我国时尚的装修杂志与报刊种类很多，主要包括家居类杂志、服装类杂志、前沿消费类杂志（见图3-2）以及各种报纸上的装修板块。其中时尚杂志印刷精美、专业性强、信息量大，是现代家居装修的主要参考来源。在装修前可以有选择地购买几本参考，其中的家具品牌、风格流派、配色方式、饰品DIY等内容可以借鉴。如果不方便

图3-1　几何型吊顶

图3-2　时尚装修杂志

购买，还可以登录相关杂志的网站，可以在线浏览部分内容。

时尚杂志虽然精美，但是内容多以欣赏为主，其中登载的精致且具有个性的家具、饰品或是很难买到、或是价格昂贵。因此，在装修中无法完全照搬时尚杂志的布置方法，只能归纳其中的核心内容，凭借业主与家人独特的审美倾向到市场上挖掘。

2）生活方式

把握装修的潮流趋势还要引入时尚、健康的生活方式。现在很多时尚的家装布局、造型设计与业主的生活方式有很大联系，要追求时尚潮流必须改变原有的生活陋习。例如，在原本不大的卧室中制作大量的衣柜、储藏柜，既浪费家居空间，又浪费装饰材料，而且运用过多板材还会带来室内污染。一般而言，主卧室衣柜的正立面面积为 $8 \sim 10m^2$ 比较合适，其他卧室衣柜的正立面面积为 $6 \sim 8m^2$ 比较合适。常年不用或 $1 \sim 2$ 年才用到一次的物品应当移出卧室或彻底丢弃。又如，以往在客厅旁都会设置餐厅空间，现在都是 $2 \sim 3$ 口的小家庭，餐厅使用率很低，可以拓展厨房面积，将一部分餐厅面积融入厨房中，设计成开敞式厨房，而另一部分则留给走道或客厅，使起居活动更加宽松自如。

建立时尚、健康的生活方式是把握潮流的必备因素，通过装修养成良好的生活习惯，去除陈旧、保守的生活观念，同时还能改善业主与家人的心情。

3）国外信息

平时注意关注发达国家的各种信息，尤其是生活方式与家居装修。一般可以从电视、电影上获取信息，还可以到外文书店或旅游网站上查阅信息。如美国、法国、德国、瑞典、意大利等欧美国家的生活方式比较注重个人的喜好与消费习惯，在装修布局上显得比较随意，但是注重材料质量与环保。而日本、韩国的住宅面积较小，更加注重装修细节、家居陈设、色彩搭配，审美倾向也与我国比较接近。

此外，如果信息渠道广泛，还可以关注马来西亚、新加坡等东南亚国家或中东国家，根据个人喜好借鉴异域风土人情来装点家居环境。

反映在各种媒体上的国外信息一般都比较完美，在把握潮流趋势时不一定都要按部就班，根据自身情况有选择地运用一些装修元素即可。以韩国装修为例，家居墙面几乎全部铺贴壁纸，门厅有供换鞋的场所，甚至进入卧室后还需进一步脱鞋，家具多少带有一些古典特色，这类装修在我国花费较大，更适合经济条件较好的家庭（见图3-3）。普通家庭可以采用更鲜艳的彩色乳胶漆来涂刷墙面，购置小巧、精致的家具与饰品来点缀房间。

3．家装潮流误区

1）昂贵就是潮流

很多人认为装修多花钱就能获得比较时尚潮流的效果，这种观点虽然不绝对错误，但肯定是一个误区。多花钱的确可以买来造型新颖的家具、品种丰富的材料、出类拔萃的设计。但是装修完成之后，由业主使用，使用者的生活习惯、文化素养无法跟进，那么时间一长，家居环境仍会回到落伍，甚至粗俗的常态。因此，业主与家人才是引领家装潮流的主导（见图3-4）。

2）怪异就是潮流

也有不少业主希望标新立异，希望创造出属于自己的时尚潮流，

图3-3　墙面铺贴壁纸

图3-4　昂贵的装修

在家居装修中特意加入一些怪异的装饰造型，如倾斜的墙体、倒置的桌面、扑朔迷离的灯光等，这些形态曾出现在科幻电影或漫画上，适当引入到家居装修中来是可行的。但是也有业主认为少量的怪异仿佛是装修中出现的误差，不但起不到时尚潮流的韵味，还会遭人嘲笑，只有大面积运用才能体现特色。在突显怪异的同时就容易忽略家居装修的功能。例如，倾斜的墙体会占用较大住宅面积，并不适合中小户型，而且对施工水平较高，稍不留神就要返工。

3）简约就是潮流

简约一直以来都是我国工薪阶层装修的主流，为了标新立异，体现个性，很多业主从杂志、网络等媒体上看到装修样板间的主导风格都是简约，于是纷纷效仿。客厅电视背景墙简约得几乎平整，卧室、书房简约得四壁落白，厨房、卫生间更是简约得光洁如镜。但是投入使用后，才发现简约装修后的家居空间或是廉价简陋、或是杂乱不堪。原因在于装修样板间是仅供参观、拍摄，长期无人居住，简约能带来干净、整洁、完美的假象。一旦投入使用，会添加各种琐碎的生活物品，不同色彩、造型、用途的物品放在一个房间内，如不精心摆放，立即会给人带来杂乱不堪的感受。此外，光洁的墙地面也要时刻注意保洁，稍有疏忽就显脏乱。相反，加入一定风格与装饰元素的家居空间，可以利用丰富的色彩、饰品来抵消凌乱的视觉感受，使家居环境更显自然。■

第32课　外挑窗台设计有道

现在很多住宅都带有外挑式窗台，又称为凸窗窗台，这种窗台向室外延伸，窗台高度为500mm左右，窗户高度为1600～1800mm，窗台深度600～800mm，宽度为900～2400mm，甚至还有L型、U型等多种。相对于传统窗台而言，这种新型窗台加大了窗台板的深度，降低了窗台板的高度，增加了采光面积，特别适合高层住宅或中小户型住宅。外挑窗台看似华美，但是仅仅当做普通窗台来装修，未免会令人感到浪费。下面就介绍几种实用的设计方法，让外挑窗台成为家居装修的一处亮点（见图3-5）。

1. 景观窗台

将外挑窗台设计成景观窗台特别简单，适合书房、客厅等功能单一，且视野、采光都很好的房间。景观窗台的形式比较丰富，主要有以下几种。

1）风景欣赏

风景欣赏的设计核心在于窗外的风景，适合位于田园、山川、河流、广场旁的住宅，且视线开阔，楼层较高，窗外多为赏心悦目的自然、人文风景区。设计窗台时无须作太多变化，一般在窗台上铺设人

图3-5　外挑窗台

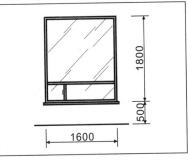

图3-6　风景欣赏窗台

造石或木地板，安装轻薄的窗帘即可，窗台边框注意强化防水构造，不宜安装金属护栏等干扰风景欣赏的构造，位于高层的住宅，可以将窗户换成人面积的固定窗，只在边角开设边长300mm左右的平开气窗即可（见图3-6）。

2）绿化欣赏

绿化欣赏窗台是指在窗台上摆放、挂置各种绿色植物供日常欣赏，适用于田园风格的家居装修，要求窗台的采光性好，窗户面积较大，室内通风流畅。窗台台面一般铺设天然石材或人造石，窗台内壁也铺贴相应石材或瓷砖，防止水汽污染乳胶漆或板材墙面。对于日照直射不充分的窗台可以摆放喜阴植物，如吊兰、白掌、散尾葵等，这类植物容易成活，无须化太多时间养护。如果窗台上日照直射充分，可以适当配置观花植物，如月季、百合、菊花等。绿色植物除了放置在窗台上，还可以挂置在窗台两侧的墙壁上，只是不宜过于密集，以免遮光。由于现代生活节奏较快，大多数业主没有太多时间来打理花草，因此多以喜阴、观叶植物为主，或布置仿真植物（见图3-7）。

3）饰品欣赏

饰品欣赏窗台与绿化欣赏窗台形式相同，只是将绿化植物换成饰品，如玩具、工艺品等，甚至可以在窗台上放置博物架用于陈列各种饰品，如玩具、手工艺品或纪念品。根据饰品类型，窗台表面可以选

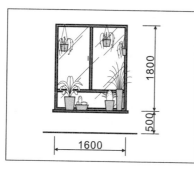

图3-7　绿化欣赏窗台

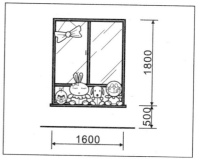

图3-8　饰品欣赏窗台

用不同的铺设材料，玩具欣赏可以铺设台布、软垫，古玩欣赏可以铺设复合木地板。饰品布置完毕后，可以在窗台的室内墙面上安装窗帘，打开窗帘后即能感受到橱窗或博物馆的氛围（见图3-8）。

2. 休闲坐卧窗台

休闲坐卧窗台是指利用窗台宽大的空间从事休闲生活，在将窗台设计成可坐可卧的多功能空间，用来弥补室内空间的不足。

1）休闲窗台

休闲区窗台是指利用窗台600～700mm的深度设计成坐席，在窗台上铺设地板或人造石后，再铺上柔软的坐垫，两侧墙面上配置靠垫，摆上抱枕、茶几等物件，供1～2人曲膝而座，是品茶、阅读、聊天的最佳场所，适用于卧室、书房等私密空间内的窗台。以两人坐席外加一个茶桌为例，休闲窗台的宽度应≥1600mm，台面高度约500mm左右，台面过高还应当在地面上摆放一个脚凳，当做台阶使用。同时，茶桌与脚凳也可以连为一个整体，作为固定家具长期摆放在此（见图3-9）。

2）睡床窗台

当室内空间狭小，且希望在室内增设一个临时睡床的家庭，可以考虑将外挑窗台设计成睡床，前提是窗台的宽度应不小于2000mm。常见的窗台深度为600～700mm，相当于火车的卧铺宽度，能满足临

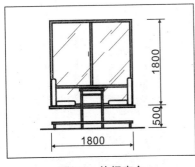

图3-9 休闲窗台

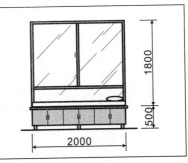

图3-10 睡床窗台

时睡卧。窗台面铺设实木地板，并覆盖床垫或棕质坐垫，表面铺设床单、被褥、枕头等卧具即可当做一个临时睡床。如果考虑长期使用，希望加宽床面，还可以在窗台旁放置一个等高台柜，台柜长度与窗台相当，宽度为400~600mm，与窗台平行放置，可以增加窗台的深度，形成正常的床面宽度。且卧具与床上用品也可以收纳其中。台柜既可以临时摆放至窗台旁，也可以长期固定摆放于此，台柜底部的柱脚应当可以调节，与窗台表面时刻保持平整。设计睡床窗台还应当考虑窗户的密封性，如果存在漏风、漏雨、墙面渗水等现象，一定要预先维修，避免干扰正常休息（见图3-10）。

3.储藏使用窗台

储藏使用窗台是指利用外挑窗台的拓展空间来存放物品，这些物品大多都使用频率较高，如电视机、音响、计算机、梳妆用品、图书等。在窗台上放置这些物品能有效节约室内空间，能有效弥补储藏家具太少、面积过小的问题。

1）电视柜

将外挑窗台当做电视柜是小面积卧室的首选，电视机倾斜放置，面向床头，能方便观看。电视机还可以放置影碟机、音响、影碟柜、计算机等设备。窗户上可以安装单薄且遮光的卷帘，观看节目时能有效避免眩光。如果希望进一步提升窗台的利用率，可以在窗台上制作

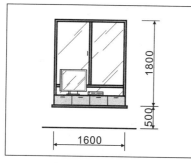

图3-11　电视柜窗台

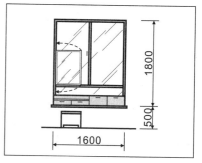

图3-12　梳妆台窗台

一个高度为150～200mm的抽屉柜，将电视机等设备放在柜体之上，既能提高观看视线的角度，又能合理利用窗台空间（见图3-11）。

2）梳妆台

梳妆台的构造与上述抽屉柜的形式类似，即在拉开的抽屉中存放各种梳妆用品。梳妆镜靠置墙面安装，呈折叠拉伸状，使用时拉伸出来，用毕折叠靠墙，这类产品可在规模较大的家居超市或网上购买，也可以购买相应的五金配件自行加工（见图3-12）。

总之，外挑窗台是室内空间额外的扩展区域，能有效提升家居生活的舒适性，除了上述设计方法外，还可以根据自身特点与需要作进一步拓展，但是要注意防风、防雨，避免设计的物件遮住采光。■

第33课 设计风格变化多样

家居设计风格体现了所属时期的装修文化与生活品位，是业主精神品位的体现，因此，设计风格要集中体现在装修要素中。但是任何一种装修设计风格都不可能经久不衰，需要不断变化、更新。这里就介绍一些时下比较流行的设计风格。

1．中式风格

1）传统中式风格

传统中式风格是根据传统建筑厚重规整、中轴线对称等理论来制订的，尤其是中国传统建筑结构内容丰富，如藻井、顶棚、罩、隔扇、梁枋装饰等，对现代装修均有深刻影响。老年人及从事教育研究工作的知识分子一般都热衷于传统中式风格。

传统中式风格的特征很明显，主要采用具有古典元素造型的家具，如博古架、玄关、装饰酒柜、梭拉门等构件。频繁运用玩器、字画、匾额及对联等装饰品丰富墙面，在摆设上讲求对称、均衡等要素。可以有选择地买一些明清古典仿制家具，能提升风格韵味。空间色彩沉着稳重，但是色调会略显沉闷，可以适当配置一些色彩活跃、质地柔顺的布艺装饰品于装修构件和家具上，会让人感觉到清新明快

图3-13　传统中式风格

图3-14　现代中式风格

（见图3-13）。

2）现代中式风格

现代中式风格又称为新中式风格，它将传统中式风格中的经典元素提炼出来，给传统家居文化注入了新的气息。家居装饰多采用简洁、硬朗的直线条，甚至可以采用板式家具与中式风格家具相搭配。直线装饰在空间中的使用，不仅反映出现代人追求简单生活的居住要求，更迎合了中式家居追求内敛、质朴的设计风格，使中式风格更加实用、更富现代感。

现代中式风格的饰品摆放比较自由，可以是绿色植物、布艺、装饰画以及不同样式的灯具等。这些饰品可以有多种风格，但空间中的主体装饰物还是中国画、宫灯、紫砂陶等传统饰物。虽然饰品的数量不多，在空间中却能起到画龙点睛的作用（见图3-14）。

2．日式风格

日本传统风格的造型元素简约、干练，色彩平和，家具陈设以茶几为中心，墙面上使用木质构件制作方格形状，并与细方格木推拉门、窗相呼应，空间气氛朴素、文雅柔和，以米黄、白等浅色为主。

日式家居空间由格子推拉门扇与榻榻米组成，最重要的特点是自然性，常以木、竹、树皮、草、泥土、石等材料作为主要装饰，既讲究材质的选用和结构的合理性，又充分地展示天然材质之美。木造部分只单纯地刨出木料的本色，再以镀金或铜的用具加以装饰，体现人与自然的融合，室内家具小巧单一，尺度低矮，隔断以平方格造型的推拉门为主。

日式风格的空间意识极强，形成"小、精、巧"的模式，利用檐、龛空间，创造特定的幽柔润泽的光影。明晰的线条，纯净的壁画都极富文化内涵，尤其是采用卷轴字画、悬挂的宫灯、纸伞作造景，使家居格调更加简朴高雅。日式风格的另一特点是屋、院通透，人与自然统一，注重利用走道吊顶制作出回廊、挑檐的装饰形态，使家居

空间更加敞亮、自由。

在我国家居装修中，局部空间使用日式传统风格设计会别有一番情趣，可以将现代工艺、技法应用到日式风格装饰造型中。在设计中也要考虑到家庭成员的生活特性，尤其是席地而坐，但是这种生活方式并不适合每一个人（见图3-15）。

3. 东南亚风格

在东南亚风格的装饰中，家居所用的材料大多直接取自自然。由于炎热、潮湿的气候带来丰富的植物资源，木材、藤、竹成为室内装饰首选。东南亚家具大多采用橡木、柚木、杉木制作家具，主要以藤、木的原色调为主，其大多为褐色等深色系，在视觉感受上有泥土的质朴。在布艺色调的选用上，东南亚风格标志性的色彩多为深色系，且在光线下会变色，在沉稳中透着高贵的气息。经过简约处理的传统家具同样能将这种品质落实到细微之处。卧室中常配置艳丽轻柔的纱幔与几个色彩丰富的泰式靠垫，此外，抱枕也是最佳选择，还可以将绣花鞋、圆扇等饰品挂置在墙面上，能立即凸现东南亚生活的闲情逸致。

东南亚风格是一种广泛的地域风格，不同国家的装饰特色不同，一般热衷于东南亚风格的业主都有过东南亚旅游、工作、生活的经历，或希望日后赴东南亚观光，可以将带回来的纪念品当做主要陈设

图3-15　日式风格

图3-16　东南亚风格

对象，围绕这些物品来设计家居环境（见图3-16）。

4.西方传统风格

1）欧式古典风格

欧式古典风格主要是指西洋古典风格，它源于古希腊、古罗马的建筑装饰造型，强调以华丽的装饰、浓烈的色彩、精美的造型达到雍容华贵的装饰效果。欧式客厅顶部常设计大型灯池，并用华丽的枝形吊灯营造气氛。门窗上半部多做成圆弧形，并用带有花纹的石膏线勾边。入厅口处多竖起两根豪华的罗马柱，客厅则有真正的壁炉或装饰壁炉造型。墙面最好采用壁纸，或选用彩色乳胶漆，以烘托豪华效果。地面材料多以石材或地板为主，欧式客厅非常需要用家具与软装饰来营造整体效果。深色的橡木或枫木家具，色彩鲜艳的布艺沙发，都是欧式客厅里的主角。浪漫的罗马帘，精美的油画，制作精良的雕塑工艺品，都是点染欧式风格不可缺少的元素（见图3-17）。

2）地中海风格

地中海风格一般选择自然的柔和色彩，在组合设计上注意空间搭配，充分利用每一寸空间，集装饰与应用于一体，在组合搭配上避免琐碎，显得大方、自然。风格特征主要表现为拱门与半拱门、马蹄状的门窗。家中的墙面（非承重墙），均可运用半穿凿或者全穿凿的方式来塑造室内的景中窗，这是营造地中海家居风格的情趣之处。地中

图3-17 欧式古典风格

图3-18 地中海风格

海风格的色彩非常丰富，以白色、蓝色、红褐、土黄相组合。由于光照足，所有颜色的饱和度也很高，体现出色彩最绚烂的一面。但是家具尽量采用低彩度、线条简单且修边浑圆的木质家具。地面则多铺赤陶或石板。马赛克镶嵌、拼贴在地中海风格中算较为华丽的装饰，主要利用小石子、瓷砖、贝类、玻璃片、玻璃珠等素材，打散、切割后再进行创意组合。同时，地中海风格家居还要注意绿化，可以配置小巧的盆栽植物作为局部环境点缀（见图3-18）。

3）田园风格

田园风格主要采用天然木、石、土、绿色植物进行穿插搭配，所表现的效果清新淡雅、舒畅悠闲。田园风格受到很多业主的宠爱，原因在于人们对高品位生活向往的同时又对复古思潮有所怀念。欧式田园风格重在对自然的表现，但不同的田园有不同的自然风情，进而也衍生出多种家具风格，各有各的特色。

欧式田园风格主要分英式与法式两种田园风格。前者的特色在于纯手工的制作的布艺，以及碎花、条纹、苏格兰格，每一种布艺都具有乡土味道。家具材质多使用松木、椿木，制作以及雕刻也全是纯手工的。后者的特色是家具的洗白处理和大胆配色。家具的洗白处理能使家具呈现出古典美，而红、黄、蓝三色的配搭，则显露着土地肥沃的景象，椅脚中被简化的卷曲弧线及精美的纹饰也是法式优雅乡村生

图3-19　田园风格

图3-20　美式乡村风格

活的体现（见图3-19）。

4）美式乡村风格

美式乡村风格是美国西部乡村的生活方式演变到今日的一种形式，它在古典中带有一点随意，摒弃了过多的繁琐与奢华，兼具古典主义的优美造型与新古典主义的功能配备，既简洁明快，又温暖舒适。布艺是美式乡村风格中非常重要的运用元素，本色的棉麻是主流，布艺的天然感与乡村风格能很好协调。各种茂盛的花卉植物，鲜活的鸟、虫、鱼图案很受欢迎。木质桌椅、碎花桌布、盆栽、水果、壁挂瓷盘、铁艺制品等都是美式乡村风格空间中常用的物品。美式乡村风格的色彩以自然色调为主，绿色、土褐色最为常见，还可以搭配局部壁纸铺设，家具颜色多仿旧漆，式样厚重（见图3-20）。

5．现代风格

1）现代简约风格

简洁与实用是现代简约风格的基本特点，在装修中着重考虑空间的组织与功能区的划分，强调用最简洁的手段来划分空间，极力反对装饰，除了居室功能所必备的墙体、门窗外，其余的装饰都是多余的，在色彩上采用清新明快的色调。简约风格的装饰要素是金属构造、玻璃灯、高纯度色彩、线条简洁的家具等。其中家具强调功能性设计，线条简约流畅，色彩对比强烈。此外，大量使用钢化玻璃、不锈钢等新型材料作为辅材，也是现代风格家具的常见装饰手法，能给人带来前卫、不受拘束的感觉。由于线条简单、装饰元素少，现代风格家具需要完美的软装配合，才能显示出美感（见图3-21）。

2）混搭风格

混搭风格是当今最普及的一种风格设计，室内装修及陈设既注重实用性，又吸收中西方结合起来的传统元素，如现代主义的新式沙发、欧式吊灯、东方传统的木雕装饰品同居一室，但搭配协调，令人赏心悦目。这种风格将早几年流行的水曲柳、榉木与现今流行的黑胡桃、白硝基漆饰面相互搭配。但在处理格调上应注意各种手法不宜过于夸张，否则会显得零乱。业主要想丰富自己的家居环境，混搭风格是很好的选择，在处理上可选择某一地域的文化艺术风格，如将中国传统的屏风造型融合到日本和式住宅推拉门中去。当然，没有十足把握则不应添加过多的风格形式，以免造成混乱（见图3-22）。

6. 装修风格的流行趋势

1）简约实用

家具及主体墙面的装饰构造以直线或曲线形态的几何形为主，不再使用繁琐的细部线条，装饰风格整体上趋向于简洁实用，注重功能性。例如，电视机背景墙的功能是缓解人在看电视之余的视觉疲劳，其造型与色彩相对于电视画面均较缓和，灯光暗淡不易产生眩光；又如包门窗套的装饰线条逐渐变窄，其功能只是保护门窗框边角不受磨损，而不再使用过去宽厚繁琐的木纹线条。

2）可持续性发展

家居空间无论在固定隔断上，还是在装饰造型上，都具有可随时更新再利用的余地。客厅、餐厅、卧室、书房等功能区的划分并不是永恒不变的，可持续性发展既为彼此之间相互重合、弹性利用留有余地。例如，地处闹市中心的一套3室2厅住宅装修后使用3~5年可能会当做商业写字间出租，电视机背景墙的造型也可以稍加调整，随之变

图3-21　现代简约风格

图3-22　混搭风格

为企业的形象牌等。

3）清新环保自然

在功能空间划分中考虑到南北通风流向，保证室内空气流通顺畅。在设计、材料和施工上凡是有利于环保、减少污染的都应被广泛采用。一些纯自然的麻、棉、毛、草、石等装饰材料适当进入户内，让人产生贴近自然的清新感受。

4）具有高科技含量

现代装修应该适合信息化时代的发展，尤其是现代人对信息、网络的依赖性增大，在装修中应考虑到各功能区网线、电话线、音响线、监视器数据线的设置安装。此外，在家具、地板、吊顶、墙面材料上应该与时尚接轨，采用正在流行或即将出现的新产品、新工艺来满足新时代的生活方式。

总之，装修的手法多种多样，设计风格也可以包罗万象，其实不管哪种风格，只要自己喜欢就是最好的。■

第34课　采光照明点亮重点

　　只有通过光线，我们才能看到万物景象，在家居设计中强调采光与照明不仅能够满足视觉功能上的需要，并且使室内环境具有相应的气氛与意境，增加了室内环境的舒适度。在日常生活中，自然光主要来源于太阳的直射与反射，白天地球所接受的太阳光是直射，夜间月亮及云彩所映射的光源为太阳光的反射。

1. 采光照明原理

　　在室内利用自然光主要是顶部受光与侧部受光两种，家居空间内的光源通过顶棚、窗户及门洞获取，一般而言，顶部天窗垂直采光的亮度是侧面普通窗采光的3倍，这种光源常见于高层住宅顶楼或别墅顶层。侧面采光一般通过靠墙开设的窗户射入室内（见图3-23）。我国处于北半球，住宅建筑的定制形式以坐北朝南居多，一般是南北方向开窗，采光时间长，光源稳定，光线适中，可以通过窗帘、帷幔等装饰物件来调节。而少数在东西方向开设窗户的房间，采光时间就不确定，光源变化多样，在设计功能空间时就应重新考虑上述空间的采光特征。实践证明，室外的光线强度相当于室内靠窗边区域光线强度的10倍，而室内靠窗边区域的光线强度又是靠内侧区域光线强度的

图3-23　自然采光

图3-24　灯具照明

厨房照明

厨房照明对亮度要求很高。因为灯光对食物的外观很重要，可以影响人的食欲。由于人们在厨房中度过的时间较长，所以灯光应惬意而有吸引力，这样能提高制作食物的热情。一般厨房照明，在操作台的上方设置嵌入式或半嵌入式散光型吸顶灯，嵌入口罩以透明玻璃或有机玻璃，这样吊顶会更简洁，减少灰尘、油污带来的麻烦。灶台上方设置抽油烟机，机罩内有隐形小白炽灯，供灶台照明。若厨房兼作餐厅，还可以在餐桌上方设置吊灯，光源宜采用暖色白炽灯，不宜用冷色荧光灯。

10倍。

在家居空间分配时应将采光性好的房间用于工作、学习、家务劳动等高负荷劳动，而采光性较弱的住宅空间可用于洗浴、储藏等私密性较强的活动。在自然光源较强的客厅、卧室等空间可以采用多层窗帘来调节自然光强度，例如，内层为白纱透光层，用于午间缓和直射的阳光，外层为毛料的遮光层用于夜间睡眠。

2. 照明方式

灯具的选用应根据业主的职业、爱好、生活习惯并兼顾家居设计风格、家具陈设、施工工艺多种因素来综合考虑。家居内各空间的灯光配置既要统一，又要营造出各自不同的氛围（见图3-24）。

客厅是家庭成员聚集的场所，一般使用庄重明亮的吊灯为主要照明灯具，而在主要墙面与边角处配置局部射灯或落地灯。餐厅灯具选用外表光洁的玻璃、塑料或金属材料的灯罩，以便随时擦拭，利于保洁，而不宜采用织物灯罩或造型复杂添加各种装饰物的灯罩。卧室一般无须采用很强的光源，但灯光的开关应设置合理，一般可用壁灯、台灯、落地灯等多种灯具联合局部照明，使室内光源增多，层次丰富而光线柔和。书房除了配置用于整体照明的吸顶灯外，台灯或落地灯是必不可少的，一般选用25～40W的可调节白炽灯。厨房、卫生间由

背光客厅亮化方法

有些客厅由于无窗，光线不是很好。遇到阴雨天，更是一片灰暗，这种情况可以利用合理的设计来突显出立体空间，就会让背光客厅显得光亮起来。

（1）补充人工光源。适当增加一些辅助光源，例如，日光灯、射灯照射在墙面上等。

（2）统一色彩基调。背光客厅不宜采用沉闷的色调。可以采用白枫木饰面的亚光漆家具、浅米色地板、光面玻化砖、浅蓝色调的墙面，这些都能突破色彩上的沉闷感，起到调节光线的作用。

（3）增大活动空间。客厅内摆放现成家具会产生一些死角，并破坏颜色的整体感，应量体裁衣制作家具，尽量留出更多的空间，在视觉上保持清爽的感觉。

于长期遭受油污、水汽侵扰，应该采用灯罩密封性较强的吸顶灯或防潮灯。

目前，室内常用的几种照明方式，根据灯具光通量的空间分布状况及灯具的安装方式，以下就介绍几种照明方式。

1）直接照明

光线通过灯具射出，其中90%～100%的光源到达照射面上，这种照明方式为直接照明（见图3-25）。直接照明具有强烈的明暗对比，并能造成有趣生动的光影效果，可以突出工作面在整个环境中的主导地位，但是由于亮度较高，应防止眩光的产生。例如，射灯、筒灯、吸顶灯、带镜面反射罩的集中照明灯具等，其优点是局部照明，只需小功率灯泡即可达到所需的照明要求。

2）半直接照明

半直接照明是将半透明材料制成的灯罩罩住光源上部，60%～90%以上的光源集中射向照射面，10%～40%被罩光源又经半透明灯罩扩散而向上漫射，其光线比较柔和（见图3-26）。半直接照明常用于净空较低的房间。由于漫射光线能照亮平顶，使房间顶部高度增加，因而能产生较高的空间感。例如，台灯灯罩、落地灯灯罩上部都有开口，向上照射的光线再通过顶棚投射下来，这种光线比较柔和，一般用于书房、卧室及客厅沙发处。

3）间接照明

间接照明是将光源遮蔽而产生的间接光的照明方式，其中90%～100%的光源通过顶棚或墙面反射作用于照射面，10%以下的光线则直接照射照射面（见图3-27）。通常有两种处理方法，一是将不透明的灯罩装在灯具的下部，光线射向平顶或其他物体上反射成间接光线；另一种是把灯具设在灯槽内，光线从平顶反射到室内成间接光线。这种照明方式单独使用时，要注意不透明灯罩下部的浓重阴影。通常和其他照明方式配合使用，才能取得特殊的艺术效果。书房、卧室、视听室等场所，一般作为环境照明使用或提高景亮度。由于间接照明的光线几乎全部反射，因此非常柔和，无投影，不刺眼，一般为安装在柱子、吊顶凹槽处的反射槽灯。

4）半间接照明

半间接照明与半直接照明相反，将半透明的灯罩装在光源下部，60%以上的光源射向平顶，形成间接光源，10%～40%部分光线经灯罩向下扩散（见图3-28）。这种方式能产生比较特殊的照明效果，使

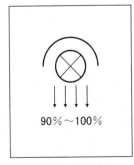

图3-25 直接照明

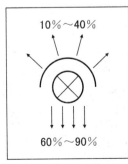

图3-26 半直接照明

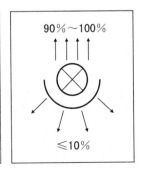

图3-27 间接照明

较低矮的房间有增高的感觉，也适用于住宅中的小空间部分，如门厅、过道等，通常在学习的环境中也采用这种照明方式，最为相宜。市场上大多数吊灯都采用这种照明方式，光源分布均匀，室内顶面无投影，显得更加透亮。

5）漫射照明

漫射照明是利用灯具的折射功能来控制眩光，40%～60%的光源直接投射在被照明物体上，其余的光源经漫射后再照射到物体上，光线向四周扩散漫散，这种光源分配均匀柔和（见图3-29）。漫射照明主要有两种形式，一种是光源从灯罩上口射出经平顶反射，两侧从半透明灯罩扩散，下部从格栅扩散。另一种是用半透明灯罩将光源全部封闭而产生漫射，这类照明光线性能柔和，视觉舒适。通常在灯具上设有漫射灯罩，灯罩材料普遍使用乳白色磨砂玻璃或有机玻璃等，一般用于门厅玄关或阳台处。

通过适当的照明方式可以使色彩倾向与色彩情感发生变化，适宜的光源能对整个家居环境色彩起到重要影响，能改善家居的空间感。例如，直接照明可以使空间比较紧凑，而间接照明则显得较为开阔；明亮的灯光使人感觉宽敞，而昏暗的灯光使人感到狭窄等。不同强度的光源还可使装饰材料的质感更为突出，如粗糙感、细腻感、反射感、光影感等，使家居空间的形态更为丰富。■

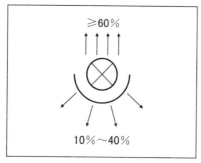

图3-28　半间接照明

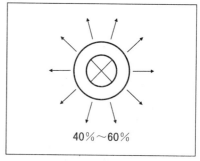

图3-29　漫射照明

第35课 合理搭配多种灯具

用于家居装修的灯具很多，装修业主在购买时应当了解不同灯具的特性，根据需要选购，合理搭配各种灯具。

1. 常用照明体的种类

日常生活中家庭装修常用的照明体有白炽灯、荧光灯、卤素灯、碘钨灯、光纤灯、LED灯等。

1）白炽灯

白炽灯是常用的照明器具，它是将灯丝通电加热到白炽状态，利用热辐射发出可见光的电光源（见图3-30）。灯丝为螺旋状钨丝（钨丝熔点达3000℃），通电后不断将热量聚集，使得钨丝的温度达2000℃以上，钨丝在处于白炽状态时而发出光来，灯丝的温度越高，发出的光就越亮。白炽灯发光时，大量的电能将转化为热能，只有极少一部分转化为有用的光能。白炽灯发出的光是全色光，但是各种色光的成分比例是由发光物质（钨）以及温度决定的，比例不平衡就导致了光的颜色发生偏色，所以在白炽灯下，物体的颜色不够真实，一般偏暖黄色。为了延长白炽灯使用寿命，现代灯泡在生产中一方面缩小灯泡体积，另一方面充入惰性气体，延缓钨丝的气化。白炽灯的灯

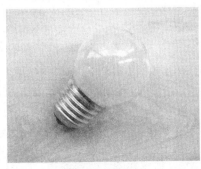

图3-30 白炽灯

图3-31 荧光灯

泡外形有圆球形、蘑菇形、辣椒形等，灯壁有透明与磨砂两种。

2）荧光灯

荧光灯又称为节能灯，是指将灯管与镇流器（安定器）组合成一个整体的照明设备。荧光灯的尺寸与白炽灯相近，与灯座的接口也和白炽灯相同，所以可以直接替换白炽灯（见图3-31）。荧光灯具有光效高（是普通白炽灯的5倍），节能效果明显，寿命长（是普通白炽灯的8倍），体积小，使用方便等优点，如5W的节能灯光照度约等于25W的白炽灯。荧光灯按灯管的外形来分类有H形、U形、D形、圆形、螺旋形、梅花形、莲花形等多种。不同的外形适应不同的装配需求，有的还在灯管外面罩上一个透明或磨砂的外罩，用于保护灯管，使光线柔和，有白、黄、粉红、浅绿、浅蓝等多种色彩。

3）卤素灯

卤素灯与白炽灯的发光原理基本相同，但是卤素灯的玻璃外壳中充有一些卤族元素气体（通常是碘或溴），当灯丝发热时，钨原子被蒸发后向玻璃管壁方向移动，当接近玻璃管壁时，钨蒸气被冷却到大约800℃并与卤素原子结合在一起，形成卤化钨（碘化钨或溴化钨）。卤化钨向玻璃管中央继续移动，又重新回到被氧化的灯丝上，这样钨又在灯丝上沉积下来，弥补被蒸发掉的部分。通过这种再生循环过程，灯丝的使用寿命几乎是白炽灯的4倍左右，而且由于灯丝可以在更高的温度下工作，从而得到了更高的亮度，更高的色温和更高的发光效率（见图3-32）。卤素灯常用于聚光性特别强的聚光灯，以及射灯。

4）光纤灯

光纤灯是由光源、反光镜、滤色片及光纤组成。当光源通过反光镜后，形成一束近似平行光，由于滤色片的作用，又将该光束变成彩色光，当光束进入光纤后，彩色光就随着光纤的路径送到预定的地方（见图3-33）。由于光在途中的损耗，所以光源一般都很强，而且为了获得近似平行光束，发光点应尽量小。反光镜是能否获得近似平行光束的重要因素，所以一般采用非球面反光镜。滤色片是改变光束颜色的零件，根据需要，通过调换不同颜色的滤光片来获得相应的彩色光源。光纤是光纤灯中的主体，光纤的作用是将光传送或发射到预定地方，光纤分为端发光与体发光两种，前者就是光束传到端点后，通过尾灯进行照明，而后者本身就是发光体，形成一根柔性光柱。对光纤材料而言，必须是在可见光范围内，对光能量应损耗最小，以确保照明质量，但实际上不可能没有损耗，所以光纤传送距离约30m左右为最佳。

5）LED灯

LED是英文Light Emitting Diode（发光二极管）的缩写，是一种能够将电能转化为可见光的半导体，它的基本结构是一块电致发光的半导体材料，置于一个有引线的架子上，四周用环氧树脂外壳密封，起到保护内部芯线的作用（见图3-34）。LED灯点亮无延迟，响应时间快，抗震性能好，无金属汞毒害，发光纯度高，光束集中，体积小，无灯丝结构因而不发热、耗电量低、寿命长，正常使用在6年以上，发光效率可达80%～90%。LED使用低压电源，供电电压在6～24V之间，耗电量低，所以使用更安全，其寿命＞100000小时。目前，LED灯的发光色彩不多，发光管的发光颜色主要有红色、橙色、

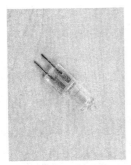

图3-32　卤素灯

图3-33　光纤灯

图3-34　LED灯

绿色（又细分黄绿、标准绿、纯绿）、蓝色、白色这几种。另外有的发光二极管中包含两种或三种颜色的芯片，可以通过改变电流强度来变换颜色，如小电流时为红色的LED，随着电流增加，可以依次变为橙色、黄色，最后为绿色，同时还可以改变环氧树脂外壳的色彩，使其更加丰富。

2. 装饰灯具的种类

1）吸顶灯

吸顶灯又称顶棚灯，它是一种直接安装在顶棚上的灯型，由基座、灯座、灯罩和电光源等部分构成，因其基座隐藏在顶棚内而得名（见图3-35）。吸顶灯常用电光源有白炽灯、圆形节能荧光灯、2D形节能荧光灯、直管形荧光灯等。灯罩有玻璃罩、玻璃棒、玻璃片、有机玻璃罩、格栅罩、格栅反射罩等，其中玻璃罩按形状不同又分圆罩、方罩、长形罩、直筒形罩和各种花色造型罩，灯罩按工艺不同又分为透明、乳白、磨砂、彩色、喷金等几种。各种灯型因其结构不同，发光情况也不同，大致可分为下向投射型、散光（漫射）型及全面照明型等几种。吸顶灯内一般有镇流器和环行灯管，镇流器有电感镇流器与电子镇流器两种，与电感镇流器相比，电子镇流器能提高灯光效，能瞬时启动，延长灯的寿命。吸顶灯温升小、无噪声、体积小、重量轻，耗电量仅为电感镇流器的25%～30%。

2）吊灯

吊灯由顶棚垂直或曲折吊下的灯具，灯头通过软线、直管等连接物件垂吊在房间的半空中，垂吊高度越低，光亮度越强，光源散发就越集中（见图3-36）。吊灯是家居装修的主体灯饰，品种繁多，外形结构多样，材质构件丰富，按形体结构可分为枝形、花形、圆形、方形、宫灯式、悬垂式，一般用于住宅内的客厅、餐厅、主卧室等。

3）壁灯

壁灯又称为托架灯，通过安装在墙面上的支架器来承托灯头，一般以整体照明和局部照明的形式照亮所在的顶面、墙面和地面，可以在吊灯、吸顶灯为主体照明的空间内作为辅助照明，弥补顶面光源的不足，与其他光源交替使用，照明效果生动活泼，同时也是一种墙面的装饰手段（见图3-37）。壁灯的灯光以柔和为好，功率应小于60W，另外要根据安装需要来选择不同类型的壁灯，如小空间就用单头壁灯，大空间就用双头壁灯，空间特别大可以选择厚重些的壁灯，反之，就选薄一些的产品。壁灯在安装时的需要确定位置，一般壁灯距离地面的高度为1500～2000mm，卧室的壁灯距离地面可以更低些，约1300～1800mm。

4）落地灯

落地灯是指通过支架或各种装饰形体将发光体支撑于地面的灯具，一般由灯罩、支架、底座三部分组成，其造型挺拔、优美（见图3-38）。落地灯的灯罩要求简洁大方、装饰性强，目前，筒式灯罩较为流行，此外圆球形、灯笼形也较多用。落地灯是小区域的主照明灯，可以通过不同照度和室内其他光源配合，引起光环境的变化，同时，落地灯造型独特，也成为家居一件精致的摆设。落地灯通常分为上照式与直照式两种。上照式落地灯的光线照到顶面后再漫射下来，均匀散布在室内，这种间接照明方式，光线比较柔和，对人眼刺激小，还能在一定程度上使人心情放松。直照式落地灯类似台灯，光线

图3-35 吸顶灯

图3-36 吊灯

图3-37 壁灯

集中。既可以在关掉主光源后作为小区域的主体光源，也可以作为夜间阅读时的照明光源。落地灯的照明不追求全面，而强调移动的便利性，对于角落气氛的营造十分有利。

5）台灯

台灯是放置在台面上的功能灯具，按使用功能可以分为书写台灯和装饰台灯。书写台灯是目前市场的主流，一般选用节能灯为发光源，灯罩角度和灯光强度可以随意调节，长时间工作不会使人疲劳，经济实惠（见图3-39）。为了方便学习工作，台灯上还附加有钟表、电话、日历等设备。装饰台灯作为局部照明的主体，一般选用玻璃灯罩，以白炽灯为发光源，造型简洁。对于做伏案工作的人来说，保证工作区良好的视觉环境，对提高学习、办公的质量，提高工作效率，保护视力健康有很大好处。

6）地脚灯

安装于装饰柜下、墙面底部及踢脚线边侧的小功率灯具，一般用于夜间活动，避免眼部受强光刺激，也可设计成特异造型，成为家居装饰手法的一部分（见图3-40）。地脚灯一般设计为红外感应开关或声控开关控制，方便日常起居生活。地脚灯的功率一般为3～15W，安装高度应不超过300mm。

图3-38　落地灯

图3-39　台灯

图3-40　地脚灯

7）筒灯

筒灯是一种嵌入到顶棚内光线下射式的照明灯具。它的最大特点就是能保持建筑装饰的整体统一与完美，不会因为灯具的设置而破坏吊顶艺术的完美统一（见图3-41）。从光源发射方向来看，筒灯是属于定向式照明灯具，只有它的对立面才能受光，光束角属于聚光，光线较集中，明暗对比强烈。更加突出被照物体，流明度较高，更衬托出安静的环境气氛。它的结构优点是把光源隐藏建筑装饰内部，而且要求顶棚具有一定的顶部空间，一般吊顶内空高度应不小于150mm才能安装，光源不外露，无眩光，人的视觉效果柔和、均匀。从照明的途径来看，它包括间接照明与直接照明，筒灯属于直接照明，光线通过反射罩直接射出，灯具效率达到85％左右。

8）镜前灯

镜前灯即梳妆镜前的灯具，一般安装在卫生间或卧室梳妆台的镜子上方，镜前灯不仅实用性强，而且起到了点缀空间的作用，使梳妆镜不再显得单调（见图3-42）。镜前灯所使用的光源一般采用荧光灯或卤素灯，其灯罩材料主要有不锈钢、铝合金、亚克力等。镜前灯的灯泡处多带有防眩光的灯罩或其他装饰构造，不仅使光源显得更加柔和，还能有效防止水蒸气进入灯体中。■

图3-41 筒灯

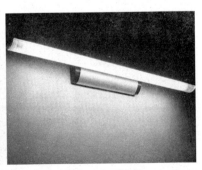

图3-42 镜前灯

第36课　选购高性价比家具

　　现代住宅装修中的家具大多以购买成品件为主，尤其是造型结构复杂、使用功能多样的家具在家庭生活中是必不可少的。现代生活方式追求时尚简洁，家具不再流传子孙，选购时应该以实际需求来定。尤其是位置可变化，可组装搭配的任意组合家具为宜。

1. 家具的种类

　　家具的种类可以按多角度来划分，在实际生活中一般分为材料类型与结构类型两大类。

　　1）按材料类型划分

　　（1）实木家具。以实体木材为主要材料制作而成，常见的木材有松木、杉木、杨木、椴木、梨木、柳木、檀木等，通过切锯成板材、方材后相互拼接构造而成，木质纹理色泽美观、亲和力较强，整体档次与价格较高（见图3-43）。

　　（2）木质家具。使用实木与各种木质复合板制作而成，这一类家具取材成型方便，制作成本低廉，一般使用机械车床加工，外贴饰面材料，色彩纹理丰富多样，可以分解组装（见图3-44）。

　　（3）金属家具。使用金属型材构成，如各种形式的钢铁管材、

图3-43　实木家具

图3-44　木质家具

图3-45　金属家具

板材。它利用金属高强度的特点作为家具的支撑结构，但是与人相接触的面域，如坐、靠背、失手等部件仍然采用木材、皮革、塑料等型材，材质对比度强，轻巧美观（见图3-45）。

（4）竹藤家具。使用竹材、藤材编织构成。这种家具充分利用竹、藤等自然资源，具有传统特色，竹、藤家具色泽美观，质地坚韧、富有弹性、加工方便，但容易被虫蛀，因此不宜清洗，应适当选用（见图3-46）。

（5）塑料家具。整体或主要构件使用塑料材料制作而成，塑料成本低、重量轻、强度高、色彩丰富，尤其是常用的合成树脂具有稳定的物理性能与化学性能，在现代生活中广泛采用（见图3-47）。

（6）玻璃家具。以玻璃为主要构件的成品家具，主要在家具的外部饰面与局部承接面上使用钢化玻璃，搭配相应的金属构件，晶莹透亮，现代感强（见图3-48）。

2）按结构类型划分

（1）固定装配式家具。家具中各零部件采用榫或其他固定形式结合，一次性装配而成，结构牢固、稳定，但是不可再次拆装，如购买的餐桌椅等（见图3-49）。

（2）拆装组合式家具。家具有生产中采取零部件标准化、流水线生产，各部件可多次拆卸安装，能便于运输且减少库存空间，提高

图3-46 竹藤家具

图3-47 塑料家具

图3-48 玻璃家具

完美家装必修的68堂课

了生产效率与管理效率，但是质量参差不齐，少数家具需要业主自己动手安装，操作复杂（见图3-50）。

（3）组合式家具。将家具制成品分解为多个单件，其中任何单件都可以单独使用，组合起来又可以作为整体使用。如组合床头柜，分离时作为单柜使用，组合时可作整体衣柜使用，装修业主可以根据房间面积有选择地购买（见图3-51）。

（4）折叠式家具。可以折叠收缩使用的家具，便于日常携带、存放、运输，适用于住宅面积小的空间使用（见图3-52）。

（5）多功能家具。在家具的某些部件上稍加调整就可以变换用途，同样适合面积小的房间使用。如沙发床，床折叠后即为沙发，沙发的下端又为储物柜，但结构复杂，容易磨损，使用时不方便（见图3-53）。

图3-49 固定装配式家具   图3-50 拆装组合式家具   图3-51 组合式家具

图3-52 折叠式家具   图3-53 多功能家具   图3-54 充气家具

（6）充气家具。使用塑料薄膜制成的袋状家具，充气后外观新颖，富有弹性，但容易磨损，一旦破裂则无法使用（见图3-54）。

2. 适当采用新型家具

在装修中运用最流行的时尚家具可以大幅度提升装修品位。

1）和式家具

目前国际流行的东方禅味，让日本风格的和式家具大行其道。这种风格在小空间里更是如鱼得水，和式家具大多偏向小型化，且呈现出低矮的样子，线条简约、质朴，从而简化了空间的线条，让家居整体看起来干净利落（见图3-55）。一般家中的家具摆设，大都向上发展，而和式家具却将家具往下发展，使视线高度大大降低，这样视觉负担就减轻了，感觉空间变开阔了。

2）机能家具

机能家具富于变化，可以根据空间的需要变动外形，小面积住宅最需要此类能随空间变化的家具。如可折叠的餐桌、带轮子的桌椅等（见图3-56）。可随意折叠的餐桌是小面积住宅的首选，这种餐桌最好选用桌边为圆弧造型的产品，平常可以当小餐桌或工作台使用，当客人较多时，又可以加长、加宽。此外，可组合成大床的多功能沙发，也是小房间的选择，让普通房间有了两种用途，既可以当客厅又可以当卧室。

图3-55　和式家具

图3-56　机能家具

3. 家具质量鉴别

市面上售卖家具的商家很多，在同一商城内所售卖的家具档次差距也很大，花最少的钱购买高质量的家具是广大装修业主的心愿。家具识别可通过以下几种方式来检验。

1）观察

看外观造型是否协调一致，边角做工是否精细，材料是否真实。尤其是木质家具纹理、色泽应明快醒目，油漆均匀自然，边角接缝严实无缝隙，五金构件钉接整齐、无松动。家具脚放置要平稳、不歪斜，金属镀层清新光亮、焊接平滑，玻璃制品无划痕、炸口、气泡、裂纹、发霉、锈斑等现象，玻璃质地均匀，光洁度高（见图3-57）。

2）抚摸

用手抚摸家具表面，看是否光滑平整，木质家具应该无毛刺、裂

图3-57　观察

图3-58　抚摸

图3-59　测量

图3-60　气味

不规则家具的选购

不规则家具有特殊的审美效果，能给家居空间带来新创意，但要注意的是，不规则家具并不适合所有的空间布局。不规则家具在提供方便的同时，却很可能束缚了人的活动范围，导致家居空间被一件家具所牵制。此外，有些不规则家具往往需留出比家具实际面积更大的空间以展现它的效果。因此，这种设计却是以消耗有限的空间为代价的，所以必须清楚家居空间是否有足够的收纳能力。

纹，木质纹理凸凹清晰、手感强烈，金属制品光滑圆润、冰凉透心，绒布等织物面料平滑、弹性均衡、无强烈伸展或收缩、手感适中（见图3-58）。

3）测量

用卷尺测量家具长、宽、高等边方向是否一致，长、宽对角线是否相等，直角结构是否为平整的90°，普通木质、金属、玻璃家具如果误差较大则不宜选购（见图3-59）。

4）气味

贴近家具或用鼻子感受家具板材、构件有无刺激气味（见图3-60）。一般油漆饰面家具气味不宜浓重，贴置饰面板家具如有气味则表明接缝不严，甲醛等有害物质外露，对人体会造成危害，沙发等布艺家具如果有霉味或湿气，则表现内部海绵质量较差，不宜选购。■

第37课　量体裁衣自制家具

现代家居生活讲究"轻装修，重装饰"，选择精致的家具不再是画龙点睛的需要了，它们已经成为装修的重要组成部分，直接影响装修效果。如果住宅空间的形态、尺寸不规整，应当根据实际情况自制家具。

1. 家具的布置原则

1）比例与尺度

比例是指将物与物相比后，表明各种相对度量的关系，在设计美学中，最经典的比例分配莫过于"黄金分割"了。尺度是指物与人之间的对比，不涉及具体尺寸，完全凭感觉上的印象来把握。比例是理性的、具体的，而尺度是感性的、抽象的，两者之间关系很微妙，如电视组合柜与小型茶几相搭配，家具的材质、风格一致，彼此间的体量关系约为1：0.618，能令人感到踏实、稳重。即使整个家居布置采用的是同一种比例，也要有所变化才好，否则就会显得过于刻板（见图3-61）。

2）稳定与轻巧

稳定与轻巧几乎是现代人内心追求的写照，理性与感性兼容才能形成完美的生活方式。用这种心态来设计家具的话，与简约现代风格颇有不谋而合之处（见图3-62）。以轻巧、自然、简洁、流畅为特点，将曲线运用发挥得淋漓尽致的巴洛克式家具，在近年来的复古风中比较时尚，重点在于力求整体稳定，局部轻巧。

3）对比与调和

对比是美的构成形式之一，在家具布置中，对比手法的运用无处不在，可以涉及空间的各个角落，如色彩的冷暖对比、材料的质地对比、传统与现代的对比等都能使家具风格产生更多层次、更多样式的变化，从而演绎出各种不同节奏的生活方式。调和则是将对比双方进行融合的一种有效手段。如黑色与白色家具在视觉上的强烈反差对比，体现出房间主人特立独行的风格，同时也增加了空间中的趣味性，也是彰显个性的最佳途径（见图3-63）。

4）节奏与韵律

节奏与韵律是密不可分的统一体，是美感的共同语言，是创作与感受的关键。它们可以通过家具体量大小的区分、结构虚实的交替、构件排列的疏密、长短的变化、曲柔刚直的穿插等变化来实现。如书柜的结构经常有连续、渐变、起伏、交错等变化（见图3-64）。

5）对称与均衡

对称是指以某一点为轴心，求得上下、左右的均衡，它在一定程

图3-61　比例与尺度

图3-62　稳定与轻巧

图3-63　对比与调和

图3-64　节奏与韵律

度上反映了处世哲学与中庸之道，因而在古典风格中常常会运用这种方式。在现代装修中人们往往在基本对称的基础上进行变化，造成局部不对称或对比，这也是一种审美原则。如围合沙发两边放着颜色相同，宽度却不同的沙发，这是一种变化中的对称，在色彩与形式上达成视觉均衡（见图3-65）。

6）主从与重点

当主角与配角关系很明确时，视觉审美也会安定下来。如果两者的关系模糊，便会令人无所适从，所以主从关系是家居布置中需要考虑的基本因素之一。在住宅装饰中，视觉中心是极其重要的，人的注意范围一定要有中心点，这样才能造成主次分明的层次美感，这个视觉中心就是布置上的重点。如餐厅的重点是餐桌椅，装饰酒柜与吊灯的形体结构就不能超越餐桌椅（见图3-66）。

2. 家具设计与尺寸

家具应该满足人们在生活中各种功能要求，实用性、功能性是家具选配的核心。根据室内空间功能区划分的不同而选配不同的家具。例如，书房中藏书不多，可选用玻璃隔板的落地展示柜；而藏书较多的知识分子家庭则可选用贴墙放置的整体书柜，甚至可按现场尺寸定购定制。但家具不宜堆满整个房间，避免杂乱不堪的拥挤效果。

多数住宅的墙体以矩形为主，家具基本上是贴墙放置，沿四周墙

图3-65　对称与均衡

图3-66　主从与重点

体布置，可以留出中部空间用于室内活动。对于较为狭窄的居住空间也可采用单边放置，家具集中在一侧而留出另一侧作为流通空间。对于较开阔的居住空间又可以将家具布置在室内中心部位，而留出周边，强调家具的中心地位与空间的使用功能。例如，餐厅的餐桌椅一般放置在餐厅的中心部位，但是要注意周边的交通活动不会干扰中心家具的使用。以下就详细介绍在装修中所需要的各种家具。

1）玄关隔断

弧型玻璃玄关隔断是很多门厅空间的首选，玻璃的色彩与纹理一定要确定好，一次安装到位便很难再次更换，它适合门厅空间不大的住宅。立柱型玄关隔断的造型很简洁，玻璃穿插在立柱之间，体块要完整，不要使用多块上下拼接，最好使用彩色聚晶玻璃，更显设计品位（见图3-67、图3-68）。

2）鞋柜

普通鞋柜一般放在储藏间边角处，上方可以挂饰全身玻璃镜，如果储藏间面积有限，可以分段定制，使用时根据具体环境适当布置。抽斗型鞋柜下部是鞋凳，抽斗型开门能储藏很多杂物，鞋凳上方要保持自然坐立姿态，就不能设计更多的储藏柜，但是可以均衡地排列挂衣板。储藏柜型家具很经济实用，可以存放很多杂物，但是要设计新

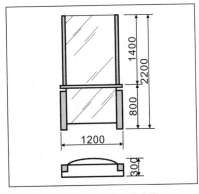

图3-67　弧型玻璃玄关

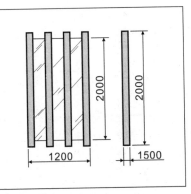

图3-68　立柱型玄关

颖，配合使用不同的装饰材料与油漆颜色，让这种大件家具显得精致。标准型装饰鞋柜，下部为抽屉和柜门，用作储藏，上部为玻璃展示柜，而中间的台板则可以随意存放一些日常杂物，适合标准户型。综合型玄关鞋柜是独立的隔断造型，下部为鞋柜，上部采用装饰玻璃拼装，凸凹起伏造型能让门厅空间显得变化多样，丰富我们的家居环境（见图3-69～图3-73）。

3）沙发

单件沙发摆放随意，可以放置在房间的任何一个角落，供单人坐、躺，单件沙发周边与其他家具至少要保留100mm，否则坐躺时肢体会感觉局促。三人沙发的体量可大可小，放在客厅的正中央，更显档次，当然，也有些三人沙发中间没有分隔带，但长度不小于2.2m的沙发均可认为是该形式。拼装转角沙发是中小型客厅的首选，可拆

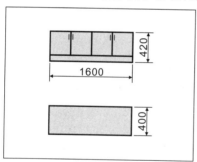

图3-69　普通鞋柜

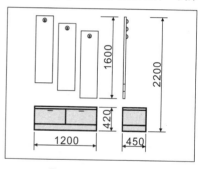

图3-70　抽斗型鞋柜

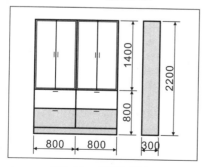

图3-71　储藏型鞋柜

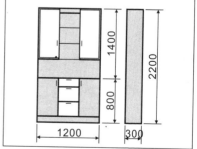

图3-72　标准型鞋柜

分、可拼装，布局随意，适合任何形态的客厅空间，这类沙发一般是布艺面料，使用舒适。圆角沙发需要订制，预先测量房型结构，在户型设计图上作详细标明，尤其是圆弧角度，确定正圆或椭圆后，所有尺寸归纳准确后再订制。此外，一般在转角沙发中才配有脚垫，与沙

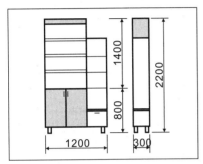

图3-73　综合型鞋柜

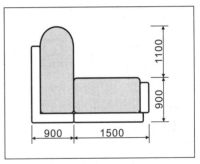

图3-74　单人沙发

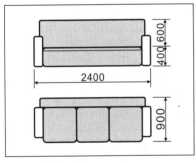

图3-75　三人沙发

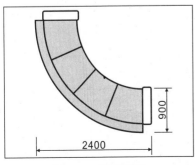

图3-76　拼装转角沙发

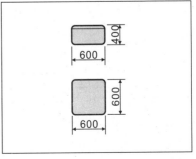

图3-77　圆角沙发

图3-78　沙发脚垫

发组合能形成躺卧的坐姿，脚垫也可以变化成带有靠背的形式，作为临时沙发使用（见图3-74、图3-78）。

4）茶几

茶几的规格一般比较中规中矩，茶几与沙发之间的距离应不小于250mm。一般而言，木质茶几配木质沙发，玻璃茶几配布艺沙发，石材茶几配皮质沙发（见图3-79）。

5）电视柜

电视柜可以购买也可现场制作，但是电视柜的长度一般不超过客厅墙面的50%。如果选用壁挂式液晶电视，最好也配置一个小电视柜，放置影碟机等。组合电视柜一般都在家具城选购，它的形式多种多样，一般包括立柜、台柜、隔板隔架三大组成部分，这些部分宽和高的尺度都差不多（见图3-80、图3-81）。

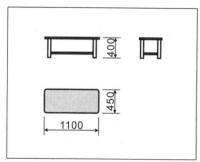

图3-79 茶几　　　　　　图3-80 电视台柜

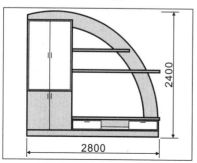

图3-81 组合电视柜　　　　　图3-82 餐厅椅子

6）椅子

餐厅椅子的靠背一般很高，方便人在就餐时习惯性的仰靠，现在比较流行不锈钢管支架的座椅，轻盈可靠，但是坐垫还是以软质人造革为宜。书房转椅的靠背要完全支撑起背部的重量，因此，转椅的总高应不低于850mm，中间的转轴虽然能自由升降，但是要注意维护、保养。安逸的躺椅占据比较大的空间，坐上去摇摇晃晃，很舒适，要选择平衡感好的躺椅，保障老年人的安全（见图3-82～图3-84）。

7）餐桌

方形餐桌适用于小餐厅，但是它的边长应不小于750mm，否则通行就会受到局限，结实的木质或钢架结构比较适合方形餐桌。矩形餐桌的长边要满足两人用餐，长边应不小于1m，一部分餐桌也可以折叠而变成正方形，从而节约空间。大型餐桌可以满足8～10人使用

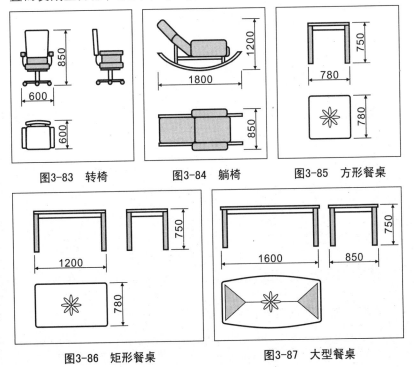

图3-83　转椅　　　　图3-84　躺椅　　　　图3-85　方形餐桌

图3-86　矩形餐桌　　　　图3-87　大型餐桌

的，餐桌的构架一般是以钢材为支撑体，外部装饰木材或石材，桌面可以拼接成多种几何花型（见图3-85～图3-87）。

8）圆桌面

大型圆桌面一般选用木质纤维板制作，可以防止变形，平时不用时可以放在卧室的大床下，但是不要受潮，否则会起翘弯曲。小型圆桌面一般长期放在餐桌上，也有一部分与方形餐桌相连接。桌面背后可以安装连接件，不用时可以将整个桌面挂在墙面上作装饰（见图3-88）。

9）装饰酒柜

组合装饰酒柜的功能很强，购买时要注意尺寸，另外可以拆除餐厅与厨房、餐厅与客厅之间的隔墙，使用酒柜分隔。单体装饰酒柜很

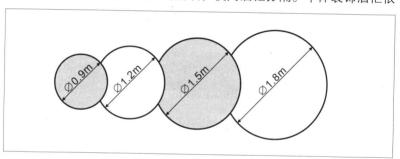

图3-88　圆桌面

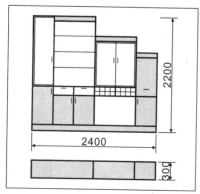

图3-89　组合装饰酒柜

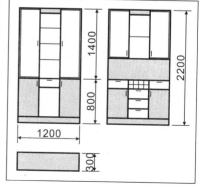

图3-90　单体装饰酒柜

容易买到，但是装饰造型要符合整个餐厅空间。装饰酒柜的深度应不超过300mm，否则会让餐厅显得狭窄（见图3-89、图3-90）。

10）橱柜

中式橱柜结构紧凑，适合面积不大的住宅，色彩鲜艳，为小厨房营造出精致的生活空间，抽屉与柜门面积较小，但对五金配件的要求很高。欧式橱柜宽厚大气，适合面积较大的厨房，抽屉的功能很多，各种储藏品都能容纳，色彩纯净，以黑、白、灰及中性色为主（见图3-91、图3-92）。

11）浴柜台盆

悬挑式洗脸台盆比较流行，下部是对开门储藏柜，距离地面150mm可以保证不受潮湿影响。镜前灯的高度应不超过2m，否则光

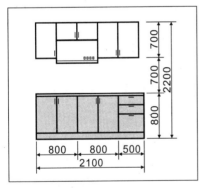

图3-91　中式橱柜

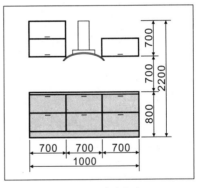

图3-92　欧式橱柜

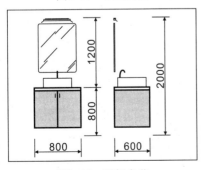

图3-93　浴柜台盆

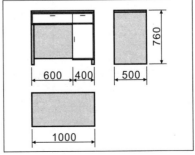

图3-94　小书桌

照度不佳（见图3-93）。

12）书桌柜

书桌的造型尽可能简洁，适合不同人的使用需求，必要时可以在书桌墙面上挂置玻璃镜，家具的色彩一般选用深色木纹，比较耐看。标准书桌的功能很齐全，能容纳电脑机箱、键盘和多个抽屉，并且有宽大的操作台面，书桌一般靠墙布置，甚至固定在墙面上。书柜的设计要对称、平稳。过于丰富的形态会干扰书房的工作气氛。书桌柜一般用于学生书房或卧室，功能齐全且不占用空间，任意拼装组合在房间的边角处都可以（见图3-94～图3-97）。

13）休闲桌

榻榻米上的小方桌应该显得结实些，自动升降的方桌坚固耐用。传统的四腿方桌应选择厚重的，防止在生活中产生碰撞而发生位置移

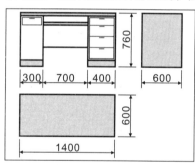

图3-95　标准型书桌

图3-96　书柜

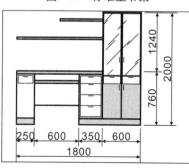

图3-97　书桌柜

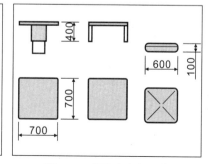

图3-98　升降方桌与坐垫

动。榻榻米上的坐垫并不是越厚越好，要看内部填充材料的密度如何。如果不习惯席地而坐，可以选购带低靠背的榻榻米坐垫。全自动麻将桌占地面积大，不适合小面积棋牌室使用，桌面的构造很厚，要配合可调节高低的座椅，此外，麻将桌周边要有接地电源插座（见图3-98~图3-99）。

14）普通床

标准单人床宽1m或1.2m，适合20岁左右的年轻人使用。标准双人床有1.5m宽，很普及，足够多数家庭使用了，靠墙放置或独立中心放置都可以，能有效节约卧室空间。加宽标准双人床，睡觉爱翻身的人可以选择1.8m宽的大床，现代年轻人基本上都会购买此类产品，一般要独立中心放置。圆床很占空间，若卧室不大，最好紧贴着墙角摆放，购买圆床的同时还要配置相应的床头柜（见图3-100~图3-102）。

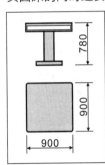

图3-99　麻将桌

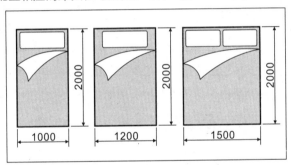

图3-100　标准型床

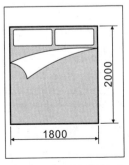

图3-101　加宽型双人床

图3-102　标准圆床

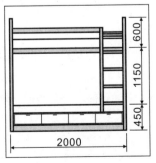

图3-103　儿童床B

家具色彩选用

如果家居空间较大，可以摆放几组高大、深色的组合柜。如果面积窄小，最好选购中性色彩或浅色类的家具。这样，家里的气氛就很好调节了。地毯和家具统一或者对比都行，如室内色调以紫色为主，床上用品、帷幔挂饰、地毯、镜框颜色与之接近，配合完整、协调。奶白色家具、床头、灯罩、花边，既有装饰效果，又在紫色调中留出一些空白，层次感强烈。在设计房间整体色调时，还要考虑小的饰物，如床头的花篮、床边的绿色植物、壁画、坐垫都应与卧室的整体气氛相呼应。

15）儿童床

上部是床，下部是沙发，侧面增加衣柜，这种以储藏为主的儿童家具收纳能力很强，在必要的时候，下面的沙发也可以展开当床来使用。高低床很实用，节约室内面积，但现在已经很少用了。木质结构容易松动，金属结构容易弯曲，可以选择木材与金属并用的床架结构。如果下部是书桌和衣柜，钻入书桌，学习时就很有安全感，能聚精会神地投入到书本中去，同时，衣柜的支撑也能为床架起到稳定作用（见图3-103～图3-105）。

16）沙发床

方正的沙发床，展开后很平稳，坐、卧都较舒适，但外观要符合现代装饰手法，需要选择老年人喜好的特定色彩。贵妃床起源于波斯，很洋气，可卧可坐，等于不占用卧室空间就增加了一张床，比较适合自由、随意、无拘无束的生活习惯（见图3-106）。

17）床头柜

买床时必须搭配床头柜，其材质、造型、尺度一定要和床相匹配，注意床头柜的高度不要超过床垫表面，否则很容易碰头（见图3-107）。

18）梳妆台

梳妆台宽度应不小于700mm，深度应不小于400mm，要保证抽

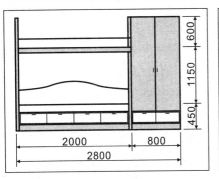

图3-104 儿童床A

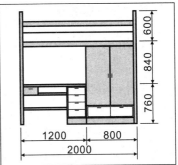

图3-105 儿童床C

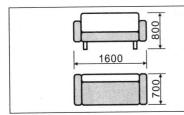

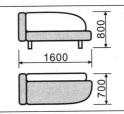

图3-106 沙发床

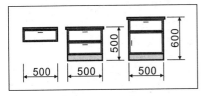

图3-107 床头柜

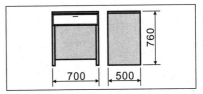

图3-108 梳妆台

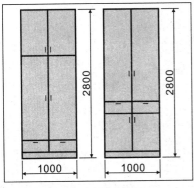

图3-109 平开门储藏柜

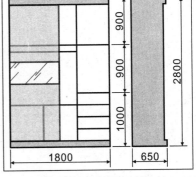

图3-110 梭拉门储藏柜

屉内能存放更多物品。也可以将梳妆台与床头柜或电视柜相连接，形成组合家具（见图3-108）。

19）储藏柜

平开门储藏柜要注意将柜门作适当分隔，千万不要一扇柜门顶天立地，每扇柜门宽度应不超过500mm，否则，柜门很容易变形。梭拉门储藏柜要设计必要的滑轨道，梭拉门安装在表面需要预留50～70mm，如果储藏间面积有限，也可以不安装柜门，柜内贴墙纸。梭拉门每扇宽度应不超过1m，一般选用铝合金边框，高度可达2.2m，梭拉门如果要做到顶就采用钛合金边框，高度可达到3.8m（见图3-109、图3-110）。■

第38课 色彩搭配玄机很深

谈起色彩搭配，很多人都颇感难办。家居色彩种类繁多，一旦确定下来就一成不变，它不像身上穿的衣服，手里拎的皮包，可以随心所欲地更换。到底该怎样搭配，下面详细介绍。

1. 简易色彩搭配

家居装修的色彩绝大多数取决于装饰材料和陈设饰品，装饰材料的颜色并不多，无非就分为深、浅、冷、暖等四种，主要表现在木质贴面板、壁纸、地板、油漆涂料这四大类材料上。

确定色彩倾向可以采取先确定深浅，再确定冷暖的方式。如果业主与家人比较喜欢浅色，并要体现出温馨、恬静的氛围，那么就选用白枫木贴面板、米色碎花壁纸、橡木地板与适量硝基漆，至于乳胶漆随便调什么颜色都可以，只是浅淡一些即可。相反，年纪较大的业主可能比较倾向于深色，可以选用沙比利或胡桃木贴面板、棕色壁纸、柚木或重蚁木地板、透明清漆，至于乳胶漆可以少许调色，也可以不调，就用白色即可，因为深色材料的品种较多，很容易营造出沉稳的氛围，就应当保留适当的白色起到透气作用。至于冷、暖倾向，作适当调节即可，冷色调主要表现出宁静、神秘的氛围，可以选用偏蓝、偏紫的材料，暖色调主要表现出热情、洋溢的氛围，可以选用偏红、偏黄的材料。

硬装修的材料色彩是整个家居色彩的基础，在装修中只需确定大致方向即可，至于色彩亮点，还是要靠陈设饰品来点缀。尤其是在客厅与卧室中，沙发、地毯、床上用品的色彩占据很大的视觉面积，它们的色彩对家居环境又起到了决定性作用。因此，在装修的前期设计中，不必太在意色彩的选定方向，尽管选用自己喜欢的即可。

2．常用色彩款式

1）白色调

白色调属于高雅的中性色，不存在任何色相，受家居环境与光源的影响，白色容易与任何色彩协调搭配，效果干净利落。在家居装修中，白色调主要通过白色乳胶漆、硝基漆等材料来表现。

2）温馨色调

粉红、浅蓝、米黄等都是营造温馨的典型色彩，它们一般用于卧室、书房及儿童房墙面，相互搭配不能过于平均，要突出其中某一种色彩。温馨色调主要通过调色乳胶漆、壁纸来表现。

3）传统典雅色调

咖啡色、棕色、褐色是其代表，它们主要表现在家具饰面上，而且家居墙、顶面以白色为主。传统典雅色调主要通过胡桃木、樱桃木、沙比利等品种的木质饰面板来表现。

4）轻快亮丽色调

红色、橙色、米黄色是轻快亮丽的代表，这类色彩纯度较高。例如，红色沙发、橙色抱枕与米黄色相搭配，色相对比度高，给人轻松、活跃的感受。轻快亮丽色调主要通过家居饰品、壁纸、地毯等材料来表现。

5）高贵华丽色调

金色、银色、铜色等金属色是高贵华丽的代表，是指在常规配色家居环境中使用特殊材料勾勒出金属饰边或拼块，使家居环境显得高贵华丽，满足业主的审美意识。高贵华丽色调主要使用柔和的米色壁纸、彩色乳胶漆，还要使用反光性较好的玻璃、金属、石材来点缀。

3．黄金定律5：3：2

无论选择哪一款色彩，最重要的是要调控好多种色彩在同一房间中的比例，这里指出的5：3：2就是一种万用黄金定律。主色彩是指视觉效应占主导位置的色彩，一般占据50%的视觉面积，位置比较集中，色彩倾向于平和，中性色较好。辅助色彩占据30％的视觉面积，表面形体可以呈不规则状，适当有些肌理、纹样或图案最佳，它是主色彩的近似色。对比色占据20％的视觉面积，一般具有光亮的色泽和质地，以不锈钢、玻璃、陶瓷材料居多，而且分散在房间的各个界面上，它起到反衬、点睛的作用。例如，在客厅里，主色彩一般是指电视背景墙的基础色彩与地面色彩，沙发、地毯的色彩为近似色，而茶几、饰品灯具、细节构造的色彩为对比色。

经过5：3：2定律搭配的房间总会令人感到轻松、和谐，适用于面积较大、家具较多的客厅、餐厅、卧室、书房，但是对于面积较小的厨房、卫生间还是以墙、地砖的色彩为主。现在很多材料超市对每套墙、地砖产品都做了小型样板间，色彩表现效果非常直观，其实用到家里基本也是这个定律，墙、地砖的综合色彩占整个卫生间面积的50％，吊顶扣板的色彩占30％，洁具、灯具、电器设备的色彩占20％。换作厨房，视觉效果可能会发生变化，橱柜色彩面积占50％，墙、地砖、吊顶扣板色彩30％，餐具、电器设备色彩20％。

4．万用色彩模式

每个房间的配色一般不超过5种，黑、白、灰、金、银一般不算作色彩，但是它们可以与任何颜色相陪衬。但是不宜将材质不同但色彩类似的装饰材料放在一起，顶面颜色必须浅于墙面或与墙面同色，例如，墙、顶面都为白色，或当墙面为深色时，顶面最好采用浅色。相互连通而没有开设门的两个房间，最好使用同一种配色方案。带有门的房间则可以认定为两个不同的空间，既可以使用不同的配色方案，又可以使用相同的配色方案。

1）墙面色

墙面色对家居气氛起到主要支配的作用。过暗的墙面会让人感觉到拥挤，过亮的墙面会让人感觉到孤立，宜选用明快的低纯度、高明度的中性色，而不是直接选配白色或纯色。

2）地面色

地面色一般应该区别于墙面色，可采用同种色相，但明度较低。在日常生活中所能购得的木地板、地面砖色调均比墙面沉稳。

3）顶面色

顶面色可以直接选用白色或接近白色的中性色。如果墙面色彩鲜艳丰富，则应该使用纯白色，但墙面与顶面不宜完全没有区分。

4）家具及配件色

家具及配件色的色彩明度、纯度一般应与墙面形成对比，但不宜过强。如墙面选用彩色乳胶漆，则家具配件可选用白色混油或硝基漆；如墙面使用大面积高亮白色，则家具配件可选用木质纹理饰面板，成熟稳重。家具及配件的色彩也可根据不同的材料来表达，可采用玻璃、不锈钢金属等材料来协调墙面与家具饰面板之间的对比关系，取得令人赏心悦目的效果。

5. 家居色彩不宜

在家居装修中，还有些色彩不适合选用，在大多数情况下，这些色彩不太适合大众审美，因此，如果业主感到不太合适，最好不用。

1）餐厅不宜用蓝色

蓝色不宜用在餐厅或厨房，放在蓝色餐桌或餐垫上的食物给人很冰冷，不如暖色环境看着有食欲，同时不要在餐厅内装荧光灯或蓝色LED的灯，蓝光会让食物看起来很冷漠。但是蓝色作为卫生间的装饰基调却能强化这些空间的神秘感与隐私感。

2）黑白不宜等比

家居等比使用黑、白两色对比度大，使人看上去眼花缭乱，给人杂乱的感觉。如果非要选用黑、白两色，那么最好以白色为主，局部还要点缀其他深色，使空间变得更加活跃。

3）儿童房、餐厅不宜用紫色

紫色会使家居空间色调变深，从而产生压抑感。因此，紫色不要用在儿童房或餐厅中，如果业主特别喜欢，可以购买一些紫色的饰品，在房间局部作为装饰点缀，如沙发靠枕、卧室窗帘、彩色墙贴等部位。

4）粉红色面积不宜太大

粉红色一直以来给人朦胧、暧昧的感觉，时间一长就会让人的精神处于一种兴奋状态，兴奋过后就会令人产生莫名其妙的心火，引起烦躁情绪。如果要运用粉红色，可以将粉红色作为点缀来使用，如调配浅粉红色乳胶漆，选用浅粉红色壁纸，这样能让房间转为温馨，视觉效果也很柔和。

5）红色不宜作为主色调

红色过多会加重人眼的负担，令人头晕目眩。即使是新婚夫妇的卧室，最好也不要随意运用大面积红色作为卧室的主色调。红色可以在软装饰上使用，如窗帘、抱枕、布艺等，而且最好搭配米黄色或白色，这样更能突出红色的喜庆气氛。

6）金色不宜运用过多

金色环境对人的视线伤害最大，令人神经高度紧张。避免大面积使用单一的金色来装饰房间，尤其是金色壁纸或金色窗帘。但是在卫生间等较小的空间里，可以使用金色的马赛克搭配白色墙砖，这种点缀效果能令人更有精神。

7）卧室不宜用橙色

橙色用在卧室就很难使人安静下来，不利于睡眠，但是将橙色用在客厅、餐厅、厨房就能营造出欢快的气氛。尤其是橙色有诱发食欲的作用，这也是装点餐厅的理想色彩。

8）黄色不宜用在书房

如果人长期在高纯度黄色的空间里工作，最初是兴奋，其后是愉悦，最后就会产生慵懒的感觉。因此，黄色在书房中作少许点缀就可以了，大面积使用会减慢思考的速度。黄色可以用在厨房，如橱柜门板、墙砖上，使短期在厨房里操作的人感到很有活力。

9）黑色面积不宜过大

由于黑色特别沉寂，如果任何家居空间大面积使用黑色，那么一定要在其中点缀适当的金色，也可以搭配红色来使用，甚至运用不同质地的黑色。例如，黑色皮革沙发呈现出高光，黑色毛绒地毯雅致柔和，这些搭配在一起可以营造出稳重，神秘的气氛，适合面积较大的客厅。

10）褐色不宜用在餐厅与儿童房

褐色比较低调，一般用于老人房、书房等封闭性较强的空间，主要通过不同的肌理质感对比来衬托。如果用到餐厅，会令人感到忧郁，影响正常进餐。褐色还不宜用在儿童房内，否则会对儿童成长造成不利影响。不过，在实际运用中，褐色可以搭配白色、灰色或米黄色，这样显得更和谐。■

第39课 软装饰品不可或缺

软装饰是指装修完毕之后，利用那些易更换、易变动位置的饰物与家具，如窗帘、沙发套、靠垫、工艺台布、装饰工艺品、装饰铁艺等，对家居作二次陈设与布置。家居饰品作为可移动的装修，更能体现主人的品位，是营造家居氛围的点睛之笔，它打破了传统的装修行业界限，将工艺品、纺织品、收藏品、灯具、花艺、植物等进行重新组合，形成全新的理念（见图3-111）。

近年来，装饰装修的普及也推动了陈设物品的发展，很多业主在考虑家具与装饰品布局时，总会感到力不从心，其实是忽略了装修与装饰之间的内在联系。在装修后期，配置家具与装饰品也并不轻松，它们是装修的点睛之笔，是彰显家居设计品位的重要组成部分。家具与装饰品的布局设计应该先于装修工程，在住宅家饰的风格确定后，再展开施工，既能保证整体格调统一，又能在一定程度上减少装修工程的开销。

当然，轻装修不是指忽略装修或草率装修，而是指装修硬件的造型尽量简化，给摆放陈设饰品腾出视觉空间，但是硬件装修的质量不仅不能降低，反而还得提高，因为得往上放置饰品，结构与用料都要保证质量。重装饰也不等于让陈设饰品一统天下，毕竟这些饰品的体量不大，质量参差不齐，只能有选择地来配置。在今天"轻装修、重装饰"的时代，自主创意，自己动手，能够为美好生活创造出无限的惊喜。从规划布局到家具选购，从色彩搭配到饰品摆放，无不可以自己动手做。将宝贵的资金用到实实在在的物质消费中去，让自己创造出与别人完全不同的生活。彰显个性，释放自我，才是现代家居环境的主题。

1. 软装饰的发展

在现代装修中，木石、水泥、瓷砖、玻璃等建筑材料与丝麻等纺织品都是相互交叉，彼此渗透，有时也是可以相互替代的。例如，对于屋顶的装饰，以往常常拘泥于木芯板、石膏板这些硬装饰材料。实际上，用丝织品在室内的上部空间做一个拉膜，拉出优美的弧线，不仅会起到异化空间的效果，还会有些许的神秘感渗出，成为整个房间的亮点。

目前"软装饰"在家居装修中的比例并不高，平均只占到8%左右，但未来的10年内它将占到20%甚至更多。现代意义上的"软装饰"已经不能与"硬装饰"割裂开来，两者都是为了丰富概念化的空间，使空间异化，以满足家居的需求，展示人的个性。目前软装市场有以下几种。

1）样板房

房地产商展示楼盘的产品，追求形式的唯美，不考虑居住的舒适。

2）全装修房

整体装修不太符合业主的风格，而需要通过软装设计来重新调整设计风格。

3）房屋的二次翻新

装修过的房子过了几年后变得陈旧了，这时候又不愿意再重新装修，软装饰就派上用场了。

4）专用房间

根据房间主人的生活习惯，设计特定的空间，如儿童房、书房、娱乐室等。

2. 装饰格调

软装饰可以根据家居空间的大小形状、主人的生活习惯、兴趣爱好、经济情况，从整体上综合策划装饰设计方案，体现主人的个性品位，而不会千家一面。如果家装太陈旧或过时就需要改变，这时也不必花很多钱重新装修或更换家具，就能呈现出不同的面貌，给人以新鲜的感觉。

家居的装修风格实际上就是配饰的风格，家居装修的风格，现在主要有现代简约、欧陆经典、新中式古典等几种比较流行，先将家居装修风格确定下来，再选择适合此风格的相应配饰。另外，在关注风格的时候，还要找出家居装修的主色调，对于主色调的确定，不能认为家居中用得最多的颜色就是主色调，例如，家居的墙全都是白色，不能认为主色调就是白色，要从家具、窗帘、墙面、门窗、地板等方面去考虑，找出令其风格最能体现的色彩，这种色彩才是家居的主色调。

3. 摆放环境

在确定了装修风格后，在具体配饰时要考虑的是饰品的摆放环境，包括摆放位置大小及高度、周围的色彩、家具的形状、摆放位置的光线、摆放空间的功用等。

1）摆放的空间

摆放的空间大小、高度是确定饰品规格大小及高度的依据。摆放空间较大、较高，那么摆放饰品的规格也相应较大、较高，一般来说，摆放空间的大小、高度与摆放饰品的大小及高度成正比（见图3-112）。

图3-111　家居饰品

图3-112　饰品摆放

2）周围的色彩

饰品摆放点周围的色彩是确定饰品色彩的依据。确定饰品的色彩常用的有两种方法，一种是配和谐色，另一种配对比色。配与摆放点较为接近的颜色（同一色系的颜色）为配和谐色，如红配粉，白配灰，黄配橙等。配与摆放点颜色对比较强烈的颜色为配对比色，如黑配白，蓝配黄，白配绿等（见图3-113）。

3）家具的形状

承载家具的形状是确定饰品形状的依据，一般以对比的方式效果最佳，如圆配方，横配竖，形状复杂配形状简洁等。

4）摆放位置的光线

摆放位置的光线是确定饰品色彩明暗度的依据。摆放位置的光线好，饰品色彩可以深一些。摆放位置的光线不好，则饰品的色彩应明亮一些（见图3-114）。

5）摆放空间的功用

摆放空间的功用是确定饰品种类的依据。在一个空间里摆什么样的饰品，必须考虑这个空间的功用，例如，可以在餐桌上摆花、摆果、摆酒具，但如果在餐桌上摆人体雕塑，则无法让人接受。

4. 性格特征

家庭装修最重要的是要体现家的特色，并且要适合居住。在装饰

图3-113　饰品色彩搭配

图3-114　饰品摆放光线

手法上要新颖，往往不需用高档材料大量堆砌，在家具的配置、装饰品上进行精选，通过软装饰可以体现一个人的性格。若是活泼开朗的人，可以选用欢快的橙色系列，花型上可选用印花质地；若是一个文静内向型的人，可以选用细花、鹅黄或浅粉色系列，花型上可选用高雅的织花，或者是工艺极好的绣花。

软装饰在质地上首先最好选择柔和的丝织、棉、化纤等材料，但要注意一点，色彩必须协调统一，花而不乱，动中有静。其次，室内软装饰四季皆宜，既能体现出四季的情调又能调节人们的情绪。不必花费许多钱财经常更换家具，也不必频繁移动家具的位置，不大的居室就能呈现出不同的面貌，给人新居的感觉。春天可用浅亮的色调，色彩可随意，窗帘应选用透明度较高的面料。夏天最好选用绿色、蓝色等冷色调，让人一进屋就感觉凉爽，不至于因热而心情烦躁。秋天与春天同样，也可选用橙色系列，一直持续用到冬季。因此，四季使用不同的色彩，或者春秋与秋冬合用一套。

5. 装饰布艺

装饰布艺是现代"软装饰"的主要发展趋势之一，从常见的涤纶、丙纶、锦纶、棉等原料到新型的复合纤维、异型纤维、闪光纤维的应用，再经过特殊的加工处理，就能够创造出不同的效果。图案与色彩是软装的灵魂所在，两者的无穷变化就能演绎出迥异的风格。例如，欧式古典主义用精美的罗马帘、华贵的床罩与纯毛地毯以及造型典雅的灯具和高贵的油画来达到雍容华贵的装饰效果，注意应避免过于奢华的装饰破坏了自然的家居气氛。中式古典主义以清新淡雅为主，碎花的窗帘、通透的帷幔、书香浓郁的卷轴字画、绿色植物等已成为中式古典主义不可或缺的软装饰。现代主义强调功能至上，以实用、舒适为原则，没有标志性的软装饰，以兼收并蓄为其特色，它的优点是搭配灵活，容易产生变化，但弄不好也容易失之杂乱，难以形成统一风格。

软装饰的布艺产品更趋于抽象、自然，富有民族特色，将原本规范化的图案重新解构，这也是国际花色设计的趋势。如果具有不规则的抽象纹理、压有暗花的窗帘，能够产生强烈的触感与立体感。现在软装饰采用的面料色彩更加淡雅、自然。轰轰烈烈的大红大紫时代已经过去了，在喧嚣的都市中，人们更加渴望回到自然、质朴的环境之中。目前世界流行的织物色彩主流分为暖色调、冷色调及中性色调等三大类，每类还可以分为深色与浅色两种。今后的色彩将更加趋向于中性化，如米黄、浅灰等让人感到稳重、踏实的颜色。

此外，流行的装饰布艺主要集中在透明度高且光亮的织物上，衬以丰富色彩及金属效果；其次是绒面丝绒、丝毛绒、毛皮织物。未来"软装饰"所采用的面料质地将以麻纺、丝织等天然性织物为主，从整体上帮助人们回归自然、回归平和。软装饰花钱少，费时少，可以自己动手设计、布置，深受快节奏生活的青年一代的喜爱，正成为一种新的生活时尚。■

第40课 绿化配置适可而止

装修完成后，不少业主会在室内摆置各种植物、花卉，绿化植物能陶冶情操、美化环境、修身养性，同时也成为一种优化生活环境的媒介。

1．绿化的作用

1）调节室内气候

普通绿叶植物通过接受光照发生光合作用，吸收二氧化碳，释放氧气，从而起到净化室内空气的作用。此外，绿色植物的茎叶通过吸热与蒸发水分能降低气温，在不同季节还可以调节相对温度。刚装修完毕的新房内含有高密度甲醛或一氧化碳等有害气体，部分植物还可吸收多种有害气体，改善空气质量。如吊兰、虎皮兰、肾蕨等能使家居环境更加清静。

2）组织引导空间

使用绿化植物分隔功能空间十分普遍。如在客厅与餐厅间的走道上或餐厅与厨房的酒柜边都可以放置绿色盆景植物，明确不同空间之间的界线。绿化植物还可以突出家居空间的重点部位（见图3-115），如布设少量盆景植物于门厅玄关处、走道尽端处、电视机背景墙两侧等装

图3-115 突出家居空间重点

图3-116 摆放在转角处

饰复杂部位，明确表达空间中的起始点、转折点（见图3-116）、中心点及终结点等。在视觉中心位置，可以布置醒目、名贵且富有装饰性的植物，起到强化重点，引导空间的作用。

3）柔化室内空间

绿化植物的自然形态千变万化，色彩丰富，生机勃勃，与方正端直的室内墙体、家具构造形成鲜明对比，使室内空间与人之间更具亲和力。例如，藤蔓类植物，枝条修长，可以从一侧墙面攀至另外一侧，甚至跨越吊顶，在视觉上缓和垂直边角对人所造成的僵硬感。

4）陶冶生活情趣

不同绿色植物的形态、颜色、气味等均有不同，适宜不同消费者的品位。选择自己喜好的绿色植物可引导人们热爱生活、热爱生命、崇尚自然的健康心态。在日常生活中，保养、修剪绿色植物也能起到锻炼身体、净化心灵、开拓思维的作用。

2．绿化植物的种类

适用于住宅的植物种类繁多、形态各异、名称复杂，为了使装修业主能清晰准确地识别各种植物，一般可以按植物的性质分为木本植物、草本植物、藤本植物、肉质植物。

1）木本植物

木本植物是指具有木质茎干的植物，其中按尺度与外观形态又可分为乔木植物与灌木植物；按观赏性则可分为观茎叶、观花、观果植物，这类植物有杜鹃、玫瑰、月季（见图3-117）、玉兰、海棠、石榴等多种，色泽艳丽多样，观赏性极佳。

2）草本植物

草本植物是指具有草质茎干的植物，如文竹、万年青（见图3-118）、兰花、水仙等，这类植物以观赏茎干形态为主，色泽较为单一，但是品位较高，适合中老年业主。

3）藤本植物

藤本植物是指有缠绕茎、攀援茎的植物，这类植物以妖娆多姿的茎干形态为主，具有很大的观赏价值，如爬山虎（见图3-119）、紫藤、金银花等。

4）肉质植物

肉质植物是指具有肉质茎干的植物，这类植物茎干肥大、夸张，常给人稳重、端庄感，如仙人掌（见图3-120）等。

3．绿色植物的选择方法

选择恰当的绿色植物应根据多方面因素来综合判定。

1）个人性格喜好

不同的人对植物的偏爱不同，这关系到人的性格、年龄、职业、文化背景及地域风俗等。一般习惯用不同的植物来比喻不同的性格，

图3-117　月季

图3-118　万年青

图3-119　爬山虎

图3-120　仙人掌

儿童房的绿化配置

　　儿童居住的房间，不可在顶棚上吊挂藤蔓植物，或用高大的花台作悬吊，以防危及儿童的安全。儿童房宜多陈列玩具，墙壁上也宜多贴壁画，宜栽培色调鲜明、清新的植物。水栽植物可用玻璃容器栽培，放置在桌上。男孩的房间可栽植仙人掌、多肉植物等。女孩的房间可随季节不同栽培一些小型观花植物。

　　例如，松柏象征坚贞不屈，文竹表达人的虚心谅解、清高雅致，梅花则赞美不畏严寒、纯洁高尚的品格，荷花表现为出淤泥而不染、廉洁朴素。

　　2）植物自身特性

　　现今大部分用于家居绿化的景观植物抗寒和耐高温能力较差，一般宜精心调养、浇水施肥，才能昌盛不衰。但由于调养时间与方法有限，不可能要求所有业主都学会施肥调养的方法，针对大多数家庭而言，可选择成活率高、适应性强的观赏植物。一般来说，观叶植物比观花植物要容易调养，例如，文竹、兰花，在春秋温湿季节，每周浇水一次即可。

　　3）住宅环境

　　在选择绿化植物前，应该考虑到如何为植物创造良好的生存环境。此外，室内空气是否流通，阳光是否充足都是植物正常生长的重要因素。例如，楼层较高的住宅，采光通风条件较好，所选择的植物种类也较多。相反则需要精心调养，通过把握好湿度与光照度等环境因素来控制。

4. 绿化布置方式

　　绿化植物的布置方式可根据业主与家庭成员的喜好来随意摆设，但按照常理还是应该考虑绿化植物的形态、特性、色彩等因素，力求创建一个完美的绿色环境。

1）中心布置

在家居活动的中心部位，如客厅茶几上方、餐厅餐桌上方等重要位置摆设较为醒目的绿色植物，例如，色彩鲜艳的盆花、姿态奇异的枝干都可达到烘托空间主体、强化居室生活核心部位作用（见图3-121）。

2）边角布置

由于绿色植物姿态不一，一般用于弥补家居空间边角的闲余空间，此类空间一般难以放置各种家具或陈设，而形态不一的绿色植物是首选。例如，客厅沙发转角处、餐厅酒柜边角处、卧室床头柜与衣柜的衔接处都是绿色植物的最佳布设点（见图3-122）。

3）垂直布置

通常采用由上至下的悬吊方式，利用装饰吊顶造型、装饰墙面、

图3-121　中心布置

图3-122　边角布置

图3-123　垂直布置

图3-124　靠门窗布置

贴墙装饰柜、楼梯扶手等的凸凹结构，由上至下吊挂绿色植物。这种布设方式能充分利用空余部位，不占用地面流通空间，并形成良好的绿色立体氛围。尤其是通过成片的垂落枝叶组成虚实相间的绿色隔断，情景优美，令人陶醉（见图3-123）。

4）靠门窗布置

绿色植物靠近门窗可接受更多的日照，完成良好的光合作用过程，并且从室外观望能形成良好的室内景观，给人以亲切感、愉悦感（见图3-124）。■

第四篇 材料选购

关键词：环保、质量、鉴别方法、应用

第41课 合理选配装饰材料

装饰材料是家居装修的根本，装修也是根据材料来实施的，有什么样的材料才能做出什么样的家居环境。甚至很多业主认为可以不要求设计，但是绝不能降低装饰材料的品质。目前，很多装饰公司或施工队采取包工包料的方式来承接业务，虽然给业主带来了很多方便，省时省力，但是，不少业主因为对材料不了解而时常被装修方蒙骗，造成经济损失，并降低了生活品质。于是很多业主希望能自己选配装饰材料，下面就介绍怎样合理选配装饰材料。

1. 装饰材料的选用

装修业主要注意住宅所在的气候条件，特别是温度、湿度、楼层高低等情况，这些对装饰选材有极大的影响。例如，南方地区气候潮湿，应当选用含水率低、复合元素多的装饰材料；1~2层光线较弱，应选用色彩亮丽、明度较高的饰面材料；而北部地区与高层住宅却好像与此相反。

不同材料有不同的质量等级，用在不同的部位应该选用不同品质的材料。例如，厨房的墙面砖应选择优质产品，能满足防火、耐高温、遇油污易清洗的基本要求，不宜选择廉价材料；而阳台、露台使用频率不高，地面可选用经济型饰面砖。特别要注重基层材料，廉价劣质的水泥砂浆及防水剂会对高档外部饰面型材造成不利影响，使用劣质木芯板制作衣柜会使高档外部饰面板起泡、开裂等。

选购材料还应该考虑材料与施工的配套性，比较主材与辅材之间的衔接。例如，特殊色泽的木地板是否能在市场上找到相配应的踢脚线；成品厨柜内的金属构件是否能在市场上找到相应的更换品等。对材料价格应慎重考虑，它关系到家庭的经济承受力。材料的价格受不同地域情况、供货能力等因素影响，在选择过程中，要做到货比三家，在市场上应多看多比较，量体裁衣，根据自己的实际情况选择材料的档次。现代装修要慎用下列材料。

1）天然石材

天然石材采用水泥砂浆铺设完毕后，荷载为80kg／m^2，再加上家具或外力作用，会对楼板产生不安全的因素。花岗石具有一定的吸水作用，油泥或色渍一旦污染难以除污，它的几何尺寸、色差问题也很难获得统一。此外，天然石材都具有放射性，对人体有不同程度的危害。当然，如果通风良好，面积较大，有些部位是可以适当选用天然石材的，如底层客厅地面（见图4-1）、厨房、卫生间的台面等，但是要慎用。

2）不锈钢

不锈钢的光亮会给人的视觉带来一定反差，大量的不锈钢会给人带来冰冷、严酷的感觉（见图4-2）。不锈钢型材价格较高，加工困难，会增加装修成本。其实，不锈钢材料也不是完全不锈，长期处于潮湿的环境下也会生锈，而且一次生锈后即使清除干净，也会再次生锈。如果需要运用不锈钢材料，最好选择成品型材，如不锈钢柜门边框、墙腰边条、五金配件等，购买后无须作二次加工即可直接安装。

3）玻璃镜面

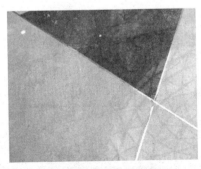
图4-1　天然石材铺地

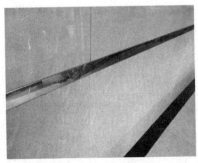
图4-2　不锈钢腰线

除了梳妆镜、衣帽镜等特殊构件以外，玻璃镜面应当尽量少用，虽然它能扩展空间并突出特殊装饰效果，但是处理不当会令人感到眩晕，会给人的视觉带来混乱或反差。如果家居面积过小，希望通过玻璃镜面来提升视觉感受，可以将玻璃镜面镶嵌在装饰酒柜内部当做背板，或小面积安装在背景墙上，但是不宜安装在触手可及的位置或吊顶上，以免破裂或脱落给家庭成员造成伤害（见图4-3）。

4）装饰铁艺

装饰铁艺多为黑色或古铜色，给人沉重感较强，自重较大，结构复杂，不易保洁，故不宜过多过繁使用（见图4-4），一般适用于带有复古风格的楼梯、栏板装饰。装饰铁艺价格较高，同样的价格可以选用更安全的夹层钢化玻璃，适用性会更强些。

2．装修材料的分类

现代装饰材料的发展速度异常迅猛，种类繁多，更新换代很快。不同的装饰材料用途不同，性能也千差万别，因此，装饰材料的分类方法很多，常见的分类有以下四种。

1）按材料的材质分类

主要分为：有机高分子材料（如木材、塑料、有机涂料等）、无机非金属材料（如玻璃、花岗石、大理石、瓷砖、水泥等）、金属材料（如铝合金、不锈钢、铜制品等）与复合材料（如人造石、彩色涂

图4-3　玻璃镜面吊顶

图4-4　装饰铁艺

层钢板、铝塑板、真石漆等）。

2）按材料的燃烧性分类

主要分为：A级材料（具有不燃性，在空气中遇到火或在高温作用下不燃烧的材料，如花岗石、大理石、玻璃、石膏板、钢、铜、瓷砖等）、B1级材料（具有很难燃烧性，在空气中受到明火燃烧或高温热作用时难起火、难微燃、难碳化，当火源移走后，已经燃烧或微燃烧立即停止的材料，如装饰防火板、阻燃墙纸、纸面石膏板、矿棉吸声板等）、B2级材料（具有可燃性，在空气中受到火烧或高温作用时立即起火或微燃，将火源移走后仍继续燃烧的材料，如木芯板、胶合板、木地板、地毯、墙纸等）、B3级材料（具有易燃性，在空气中受到火烧或高温作用时迅速燃烧，将火源移走后仍继续燃烧的材料，如油漆、纤维织物等）。

3）按材料的使用部位分类

主要分为：外墙装饰材料（如石材、玻璃制品、水泥制品、金属、外墙涂料等）、内墙装饰材料（陶瓷墙面砖、装饰板材、内墙涂料、墙纸墙布等）、地面装饰材料（如地板、地毯、玻化砖等）、顶棚装饰材料（如石膏板、金属扣板、硅钙板等）。

4）按材料的商品形式分类

主要分为：装饰水泥与混凝土、装饰石材、装饰陶瓷、装饰板材、装饰玻璃、壁纸织物、金属构件、油漆涂料、胶粘剂等。这种分类形式最直观、最普遍，已经被市场所接受。

3．装饰材料的功能

装饰装修的目的是为了美化家居，保护住宅建筑的主体结构，延长建筑及室内空间的使用年限，营造一个舒适、温馨、安逸、高雅的生活环境。目前，装饰材料的功能主要表现在以下三个方面。

1）装饰功能

装修工程最显著的效果就是满足装饰美感，家居室内外各基层面的装饰都是通过装饰材料的质感、色彩、线条样式来表现的。可以通过对这些样式的巧妙处理来改进我们的生活空间，从而弥补原有建筑设计的不足，营造出理想的空间氛围与意境，美化我们的生活。例如，天然石材不经过加工打磨就没有光滑的质感，只有经过表面处理后，才能表现其真实的纹理色泽；普通原木非常粗糙，但是经过精心刨切之后，所形成的板材或方材就具备很强的装饰性；金属材料昂贵，配置装饰玻璃后，用到精致的细节部位才能体现其自身价值。

2）保护功能

住宅建筑在长期使用过程中会受到日晒、雨淋、风吹、撞击等自然气候或人为因素的影响，会造成墙体、梁柱等结构出现腐蚀、粉化、裂缝等现象，影响了室内空间的使用寿命。这就要求装饰材料应该具备较好的强度、耐久性、透气性、调节空气湿度、改善环境等持久性能。选择适当的装饰材料对家居各界面进行装饰，能够有效地提高装修构造的耐久性，降低维修费用。例如，在卫生间墙地面铺贴瓷砖，可以减少高温潮气对水泥墙面的侵蚀，保护墙体结构；墙面涂刷乳胶漆能有效保护水泥层不被腐蚀。

3）使用功能

装饰材料除了具有装饰功能与保护功能以外，还应该根据装饰部位的具体情况，融入一定的使用要求，能改善家居环境，给人以舒适感。不同部位与场合使用的装饰材料及构造方式应该满足相应的功能需求。例如，吊顶使用纸面石膏板，地面铺设实木地板，均能起到保温、隔声、隔热的作用，保证上下楼层间杂音互不干扰，提高生活质量；厨房、卫生间铺设的地面砖应该具有防滑防水的作用。墙面贴壁纸能有效保持墙面干净、整洁，质地较厚的壁纸还具有良好的隔声效果。■

第42课　瓷砖质量重在密度

瓷砖是家居装修中不可缺少的材料，厨房、卫生间、阳台甚至客厅、走道等空间都在大面积使用这种材料，其生产与应用具有悠久的历史。现代瓷砖的品种、花色多样，在选购时要注意识别瓷砖的真实品种，仔细比较多种瓷砖的密度。下面详细介绍各种瓷砖的特点。

1. 釉面砖

釉面砖又称为陶瓷砖、瓷片或釉面陶土砖，是一种传统的厨房、卫生间墙面砖，是以黏土或高岭土为主要原料，加入一定的助溶剂，经过研磨、烘干、铸模、施釉、烧结成型的精陶制品。釉面砖用量最大，其中由陶土烧制而成的釉面砖吸水率较高，密度较低，背面呈红色或粉红色。由瓷土烧制而成的釉面砖吸水率较低，密度较低，背面呈米白色或灰白色。现在主要用于墙地面铺设的是瓷制釉面砖，质地紧密，美观耐用，易于保洁，孔隙率小，且膨胀不显著。

但是釉面砖一般不宜用于室外，因为它是多孔的精陶制品，吸水率较大，吸水后会产生湿胀现象，其釉层湿胀性很小，如果用于开敞的阳台、楼台、庭院、楼梯等地面，长期与空气接触，特别是在潮湿的环境中使用，它就会吸收水分产生湿胀，当湿胀应力大于釉层的抗张应力时，釉层就会产生裂纹，经过多次冻融后釉层还会出现脱落现象，所以釉面砖只能用于室内，才能保证装饰效果。由于釉面砖的原料开采于地壳深处，仅覆于岩石上，因此也会沾染地壳岩石的放射性物质，具有一定的放射性。不合标准的劣质瓷砖的危害性甚至要大于天然石材。

墙面砖规格一般为（长×宽×厚）250mm×330mm×6mm、300mm×450mm×6mm、300mm×600mm×8mm等，高档墙面砖

还配有相当规格的腰线砖、踢脚线砖、顶脚线砖等，均施有彩釉装饰，且价格高昂。地面砖规格一般为（长×宽×厚）300mm×300mm×6mm、330mm×330mm×6mm。陶瓷砖的花色品种繁多，质量参差不齐，需要一套系统的鉴别方法。

1）观察外观

选购时从包装箱内拿出2～4块釉面砖，放在地面上对比，看是否平坦一致，对角处是否嵌接，没有误差的质量较好（见图4-5）。此外优质产品的花色图案细腻、逼真，没有明显的缺色、断线、错位等。看背面颜色，采用瓷土制作的砖背面应呈现米白色或灰白色，而密度较低的釉面砖背面是红色或粉红色，劣质产品还会是土红色或红褐色。

2）用尺测量

图4-5 观察外观

图4-6 用尺测量

图4-7 提角敲击

图4-8 背部湿水

在铺贴时如果采取无缝铺贴工艺，那么对瓷砖的尺寸要求很高，应使用钢尺检测同一砖块与不同砖块的边长是否彼此一致（见图4-6）。如果普遍误差大于1mm会严重影响瓷砖的铺贴效果。

3）提角敲击

用手指垂直提起陶瓷砖的边角，让瓷砖轻松垂下，用另一手指轻敲瓷砖中下部，声音清亮响脆的是上品，而声音沉闷混浊的是下品（见图4-7）。

4）背部湿水

将瓷砖背部朝上，滴入少许茶水或有色饮料，如果水渍扩散面积较小则为上品，反之则为次品，因为优质陶瓷砖密度高，吸水率低，而低劣陶瓷砖密度低，吸水率高（见图4-8）。

2．抛光砖

抛光砖是一种通体陶瓷砖，即从内到外，从上到下都是一种材料，它是用黏土、石材的粉末经压机压制，然后烧制而成，正面与反面色泽一致，表面不上釉料，但是表面需经过打磨而制成的一种光亮砖体。抛光砖外观光洁，质地坚硬耐磨，通过渗花技术可以制成各种仿石、仿木效果。但是抛光砖在使用中容易污染，这是抛光砖在抛光时留下的凹凸气孔造成的，这些气孔会藏污纳垢，因此，质量好的抛光砖在出厂时都加了一层防污层。

抛光砖的整体密度要比釉面砖高，价格也较高，一般用于面积较大的客厅、餐厅、厨房。具体的商品名称很多，如铂金石、银玉石、钻影石、丽晶石、彩虹石等，规格通常为（长×宽×厚）600mm×600mm×8mm、800mm×800mm×10mm、1000mm×1000mm×10mm等。

3．玻化砖

玻化砖又称为全瓷砖，采用优质高岭土经强化后高温烧制而成，质地为多晶材料，主要由无数细小的石英晶粒构成网架结构，具有很高的强度与硬度，其表面光洁无须抛光，因此不存在抛光气孔的污染问题。不少玻化砖具有天然石材的质感，而且更具有高光度、高硬度、高耐磨、吸水率低、色差少、规格多样化等优点，其色彩、图案、光泽等都可以人为控制。

虽然玻化砖优点很多，但也有自身不能克服的缺点，特有的微孔结构容易受到污染。虽然玻化砖的抗污染性要比抛光砖强很多，但是铺设玻化砖后，还是要对砖面进行打蜡处理，以后每3个月或半年打1次蜡，否则有颜色的水，如酱油、墨水、茶水等，会渗入砖面后留在砖体内，砖面的光泽会渐渐变脏而影响美观。此外，玻化砖表面太光滑，高岭土具有辐射性，这些都是缺点。玻化砖占主导地位的是中等尺寸的产品，占有率为90%，尺度规格通常为（长×宽×厚）600mm×600mm×8mm、800mm×800mm×10mm、1000mm×1000mm×10mm、1200mm×1200mm×12mm，价格是瓷砖产品中最贵的。市场上销售的玻化砖与普通抛光砖通常混放在一起，很难从外观上分辨，可以通过以下几点来判定。

1）提角敲击

这种方法与上述瓷砖鉴别方法一致，可用手指垂直提起陶瓷砖的边角，让砖体轻松垂下，用另一手指重敲瓷砖中下部，发出浑厚且回音绵长的瓷砖为玻化砖，发出的声音浑浊、回音较小且短促则说明瓷砖的胚体原料颗粒大小不均，为普通抛光砖。

2）比较重量

对比相同规格、相同厚度的砖块，手感重的为玻化砖，手感轻的为抛光砖。

3）吸水率

查看产品包装说明，吸水率小于0.5%的陶瓷砖都称为玻化砖，如果抛光砖吸水率小于0.5%，也属玻化砖。吸水率越低，玻化程度就越好，产品性能也就越好，如果抛光砖吸水率不大于0.1%，则属于完全玻化，是瓷砖产品中的优质产品。

4．仿古砖

　　仿古砖是从彩釉砖演化而来的，实质上是上釉的瓷质砖，使用设计制造成形的模具压印在普通瓷砖或全瓷砖上，铸成凹凸的纹理，其古朴典雅的形式受到人们的喜爱。仿古砖多为一次烧成，它与普通瓷砖唯一不同的是在烧制过程中，仿古砖技术含量要求相对较高，要经过数千吨液压机压制，使其强度高，具有极强的耐磨性，经过精心研制的仿古砖兼具了防水、防滑、耐腐蚀的特性。

　　目前，普及的仿古砖以哑光的为主，全抛釉砖则在哑光釉上印花（或底釉上印花再上一层亚光釉），最后上一层透明釉或透明干粒，烧成后再抛光。仿古砖的规格通常有（长×宽×厚）：300mm×300mm×6mm、500mm×500mm×6mm、600mm×600mm×8mm、300mm×600mm×8mm、800mm×800mm×10mm等。仿古砖的密度要比普通釉面砖高，生产时会在陶土或瓷土中加入一些石粉来提升砖体的密度，因此，无论从手感还是湿水比较，仿古砖都要高于普通釉面砖，但是要比玻化砖低些。

5．锦砖

　　锦砖又称为马赛克，它最早是一种镶嵌艺术，以小石子、贝壳、瓷砖、玻璃等有色嵌片应用在墙地面上，通过组成图案来表现装饰效果。锦砖一般由几十块小砖拼贴而成，小瓷砖形态多样，有方形、矩形、六角形、斜条形等，形态小巧玲珑，具有防滑、耐磨、不吸水、耐酸碱、抗腐蚀、色彩丰富等特点。目前，锦砖主要有陶瓷锦砖、玻璃锦砖等品种。其中陶瓷锦砖是一种最传统的锦砖，贴于牛皮纸上，亦称陶瓷锦砖。陶瓷锦砖分无釉、上釉两种，以小巧玲珑著称，但较为单调，档次较低。玻璃锦砖的主要成分是硅酸盐、玻璃粉等，在高温下熔化烧结而成，它耐酸碱、耐腐蚀、不褪色，表面晶莹剔透，具有很强的装饰效果，只是价格较高。

目前，锦砖已经成为许多厨房、卫生间墙地面的辅助铺贴材料，以多姿多彩的形态穿插在普通瓷砖之间，或作一些拼图，产生渐变的装饰效果，备受前卫、时尚家庭的青睐。锦砖的常用规格为（长×宽）300mm×300mm，厚度为4~8mm之间。陶瓷锦砖的质量鉴别方法如下。

1）外观质量检验

从包装箱中拿出几片完整的锦砖，在1~3m的目测距离内，如果基本规格均匀一致，符合标准规格的尺寸与公差即可，如果线路有明显的参差不齐，便要重新处理。另外可用一铁棒敲击产品，如果声音清晰，则没有缺陷，如果声音浑浊，则是不合格产品。

2）检验砖与铺贴纸结合程度

用两手捏住一片完整的锦砖两角，使锦砖垂直，然后放平，反复三次，以不掉砖为合格。或取一片完整的锦砖卷曲，然后伸平，反复三次，以不掉砖为合格。

3）检查脱水时间

将锦砖放平在平整的地面上，将贴纸层向上，用水浸透后放置30分钟，捏住铺贴纸的一角，将纸揭下，能顺利揭下即为符合质量标准。■

第43课 木质板材品种多样

　　木质板材是家居装修中使用频率最高型材，它以统一的规格与丰富的品种被广泛用于各种构造，涵盖了整个家居装修内容。装饰板材商品化程度很高，同一种产品多家厂商均有生产，并派生出各种商品名，在选购中要注意比较、鉴别，特别注意木质板材的环保性能。

1. 木芯板

　　木芯板又称为细木工板，俗称大芯板，是由两片单板中间胶压拼接木板条而成。中间的木板条是由优质天然木材经热处理（即烘干室烘干）以后，加工成一定规格的木条，由拼板机拼接而成。拼接后的木板两面各覆盖两层优质单板，再经冷、热压机胶压后制成。它具有质轻、易加工、握钉力好、不变形等优点，是家居装修与家具制作的理想材料（见图4-9）。

　　木芯板的材种很多，如杨木、桦木、松木、泡桐等，其中以杨木、桦木为最好，质地密实，木质不软不硬，握钉力强，不易变形。泡桐的质地很轻、较软、吸收水分大，握钉力差，不易烘干，制成的板材在使用过程中，当水分蒸发后，板材易干裂变形。而其他硬木树种质地坚硬，不易压制，拼接结构不好，握钉力差，变形系数大。

　　现在木芯板的质量差异很大，在选购时要认真检查。首先看芯材质地是否密实，有无明显缝及腐朽变质木条，腐朽的木条内可能存在虫卵，日后易发生虫蛀。然后，看板材周围有无补胶、补腻子的现象，这种现象一般是为了弥补内部的裂痕或空洞。接着，可以用尖嘴器具敲击板材表面，听一下声音是否有很大差异，如果声音有变化，说明板材内部存在空洞。这些现象会使板材整体承重力减弱，长期的受力不均匀会使板材结构发生扭曲、变形，影响外观及使用效果。

木芯板的成品规格为（长×宽）2440mm×1220mm，厚度有15mm与18mm两种，E1级产品价格多在120~150元／张之间。

2．指接板

指接板又称为实木板，它替代了传统的木芯板，成为现代装饰工程中的首选材料。指接板是将原木切割成长短不一的条状后通过锯齿型拼合，再经过压制而成的成品型材（见图4-10）。由于原木条之间的接缝相互咬合，类似人的手指相互穿插，所以称为指接板，它没有传统木芯板上下两层压合薄板，因此，工业胶水用量少，大幅度降低了装修所带来的污染。指接板的各向抗弯压强度平均，板材常用松木、杉木、桦木、杨木等树种制作，其中以杨木、桦木为最好，质地密实，木质不软不硬，握钉力强，不易变形。它的成品规格为（长×宽）2440mm×1220mm，厚度有15mm与18mm两种。

指接板与木芯板都可以用于家具、构造制作，只是木芯板中的含胶量较大，甲醛含量也大，高档E0级环保产品的价格就特别高，大多都超过了150元／张。而指接板含胶量较少，价格也相对低些，E1级产品价格多在120元／张左右。所以现在的大衣柜、储藏柜多用指接板制作柜体，为了防止变形，仍使用木芯板制作平开柜门或其他细部构造。

图4-9　木芯板

图4-10　指接板

正确认识甲醛清除产品

　　建材市场上销售的许多打着防治装修污染、清除甲醛的产品实际上绝大多数是"表面封闭剂"而非"分解剂"，只能把甲醛暂时包裹在板材等释放源中，实际上是"定时炸弹"。在治理装修污染时，慎重选用相关产品。据中国室内装饰协会调查结果显示，目前，我国城镇居民家庭中80%存在甲醛超标问题，因此最好选用低甲醛的板材产品。

3．胶合板

　　胶合板又称为夹板，是将椴木、桦木、榉木、水曲柳、楠木、杨木等原木经过蒸煮软化后，沿着年轮悬切或刨切成大张单板，这些多层单板通过干燥后纵横交错排列，使相邻两单板的纤维相互垂直，再经加热胶压而成的一种人造板材。为了消除木材各向异性的缺点，增加强度，生产胶合板时单板的厚度、树种、含水率、木纹方向及制作方法都应该相同，层数一般为奇数，如3、5、7、9层板等，以使各种内应力平衡（见图4-11）。

　　胶合板主要用于装修中木质制品的背板、底板，由于厚薄尺度多样，质地柔韧、易弯曲，也可以配合木芯板用于结构细腻处，弥补了木芯厚度均一的缺陷，或用于制作隔墙、弧形顶棚、装饰门面板、墙裙等构造。胶合板的外观平整美观，幅面大，收缩性小，可以弯曲，并能任意加工成各种形态。规格为（长×宽）2440mm×1220mm，厚度有3~22mm多种。常见9mm厚胶合板价格为50~60元/张左右。

　　在选购胶合板时应列好材料清单，由于规格、厚度不同，所使用的地方也不同，要避免浪费。观察胶合板的正反两面，不应看到节巴与补片，仔细观察剖切截面，单板之间应均匀叠加，不应有交错或裂缝，不应有腐朽变质等现象。双手提起胶合板一端，能感受到板材是否平整、均匀、无弯曲、无起翘的张力等。

4．薄木贴面板

薄木贴面板是胶合板的一种，全称为装饰单板贴面胶合板，它是将天然木材或科技木刨切成厚0.2～0.5mm的薄片，黏附于胶合板表面，然后热压而成，是一种用于室内装修或家具制造的表面材料（见图4-12）。薄木贴面板具有花纹美丽、种类繁多、装饰性好、立体感强的特点，用于装修中家具及木构件的外饰面，涂饰油漆后效果更佳。

薄木贴面板一般分为天然板与科技板两种，天然薄木贴面板采用名贵木材，如枫木、榉木、橡木、胡桃木、樱桃木、影木、檀木等，经过热处理后刨切或半圆旋切而成，压合并粘接在胶合板上，纹理清晰、质地真实、价格较高。科技板表面装饰层则为人工机械印刷品，易褪色、变色，但是价格较低，也有很大的市场需求量，只是用在朝阳的房间里，容易褪色。薄木贴面板的规格为（长×宽×厚）2440mm×1220mm×3mm。天然板的整体价格较高，根据不同树种来定价，一般都在60元／张以上，而科技板的价格多在30～40元／张左右。

优质薄木贴面板具有清爽华丽的美感，色泽均匀清晰、材质细致、纹路美观，能够感受到其良好的装饰性，反之，如果有污点、毛刺沟痕、刨刀痕或局部发黄、发黑就很明显属于劣质或已被污染的板材。价格也根据木种、材料、质量的不同有很大差异，这些都与纹

图4-11　胶合板

图4-12　薄木贴面板

图4-13　纤维板

路、厚度、内芯等有直接关系。选购时可以使用砂纸轻轻打磨边角，观测是否褪色或变色，即可鉴定该贴面板的质量。

5．纤维板

纤维板又称为密度板，是采用森林采伐后的剩余木材、竹材、农作物秸秆等为原料，经打碎、纤维分离、干燥后施加胶粘剂，再经过热压后制成的一种人造板材（见图4-13）。纤维板的构造致密，隔声、隔热、绝缘和抗弯曲性较好，生产原料来源广泛，成本低廉，但是对加工精度与工艺要求高。

现代纤维板基本做过防水处理，其吸湿性比木材小，形状稳定性、抗菌性都比较好。半硬质纤维板使用频率最高，适用于装修中的家具制作，现今市场上所售卖的纤维板都经过了二次加工与表面处理，外表面一般覆有彩色喷塑装饰层，色彩丰富多样，可选择性强。中、硬质纤维板甚至可以替代常规木芯板，制作衣柜、储物柜时可以直接用作隔板或抽屉壁板，使用螺钉连接，无须贴装饰面材，简单方便。胶合板、纤维板表面经过压印、贴塑等处理方式，被加工成各种装饰效果。纤维板的规格为（长×宽）2440mm×1220mm，厚度为3～25mm不等，常见的15mm厚中等密度覆塑纤维板价格为80～120元／张。

选购中密度纤维板时应注意外观，优质板材应该特别平整，厚度、密度应该均匀，边角没有破损，没有分层、鼓包、碳化等现象，无松软部分。如果条件允许，可锯一小块中密度纤维板放在水温为20℃的水中浸泡24小时，观其厚度变化，同时观察板面有没有小鼓包。如果板面厚度变化大且有小鼓包，说明板面防水性差。此外，还可以用鼻子闻，因为气味越大，说明甲醛释放量就越高，造成的污染也就越大。■

第44课 控制板材环保质量

很多商家为了提高销量，在销售时很给多板材打上了绿色环保标识，其实，所有装饰材料都有污染，并不像经销商说的那样都是100%环保。装修板材是家居污染空气甲醛超标的重要来源，因为板材生产基本都要使用尿醛树脂胶水，这样才能加快凝固，提高产量。

目前，市场上的装饰板材，主要是指木芯板，没有一个达到E0级标准，也就是说没有真正达到健康、环保标准要求的产品。我国建材市场上出现大量的E0级板材，一部分是厂家自己制订的标准，还有一些干脆就是炒作。市场上许多健康板材的"绿色"标签，都是厂家自己标的。装修业主与装饰公司在购买板材时，从标签上根本无法鉴别真假。

1. 板材的E级标准

根据欧洲标准，E0级板材属于环保板材，家装板材根据甲醛释放量分为E0、E1、E2等3个等级。E0级板材称为环保健康板材，在装修中不受使用数量的限制；E1级板材属于合格板材，也是市场准入的最低标准，E2级板材属于不合格板材，不经处理是不允许直接用于室内装修的。而E0级健康环保地板在我国市场占有量不足5%。我国装饰材料市场上符合E1级板材标准的仅占20%。然而市场上销售的标定E1级标准的人造板材甲醛含量普遍在6~12mg／L，超出该标准等级限量标准4~8倍；标定为E2级标准的人造板材甲醛释放量普遍在15~45mg／L，超过该等级限量标准3~9倍。而这类板材目前占有的市场份额约为70%左右，而这类板材在我国装饰行业中几乎没有进行任何"杀毒"处理而直接将污染带入装修工程中，是造成家居装修污染超标的主要原因。

针对商家自称E1级板材是环保板材，这是经销商混淆是非的一种说法，他们借着装修业主对这个标准不太清楚，就硬把市场准入标准最低的E1级称为环保板材E0级。这样在价格没有提高的情况下还宣扬环保，从而能提高其销量。

目前，我国有6000多家大规模木材生产厂家，而板材的监管又涉及技术监督局、工商局等多个部门，因此，相应的监管程序比较复杂。此外，我国目前实行的是送检制度而不是抽检制度，国家只是制定了板材环保的标准等级，并没有相关的强制措施，要规范我国的板材市场还有待时间。因此，在装修中要开展相应的环境治理，如在施工中要对板材作严密的封边处理，装修结束后要在板材表面涂刷甲醛清除剂等，将不健康的板材经过治理变成环保板材才是关键。

2．控制板材的用量

减少装修污染的关键在于控制装饰板材的用量，在日常生活中，以平均停留时间最长的卧室为例，卧室中的衣柜大多使用木芯板、指接板、胶合板等板材制作，衣柜的立面面积不能太大，$10 \sim 15m^2$的卧室，衣柜立面面积应不超过$10m^2$，面积再大的卧室，衣柜立面面积应不超过$12m^2$。如果需要更多的储藏空间，可以在客厅、走道或封闭的阳台等公共空间制作衣柜，同时保持通风。衣柜内部的隔板、抽屉不宜过多，可以有选择地购买塑料抽屉、金属衣架安装在衣柜内。

一个底边长3.6m，高2.8m，深0.6m的普通平开门衣柜，立面面积约为$10m^2$，在装修中制作这样的衣柜，大约需要7张指接板用于制作柜体、隔板、抽屉，需要4张木芯板用于制作柜门，需要4张胶合板用于制作柜体背板，需要4张薄木贴面板用于制作柜体、柜门饰面。其中指接板与木芯板这两种主要板材共需要11张，应全部使用E1级以上产品。常见的3室2厅$100m^2$住宅装修使用指接板与木芯板板材总量应不超过25张，并极力控制其他木质板材的用量与成品家具的购置数量。■

第45课　地板选购范围很广

在现在装修中，地板都是由业主自行购买，甚至连安装都由地板经销商承包施工。地板主要可以分为实木地板、实木复合地板、强化复合木地板、竹地板等四种，各种类型地板的性能需要正确认识。

1. 实木地板

实木地板是采用天然木材，经加工处理后制成条板或块状的地面铺设材料。实木地板对树种的要求相对较高，档次也由树种拉开。一般来说，地板用材以阔叶材为多，档次也较高，而针叶材较少，档次也较低。优质实木地板应该具有自重轻、弹性好、构造简单、施工方便等优点。但是实木地板存在怕酸、怕碱、易燃的弱点，所以一般只用在卧室、书房、起居室等室内地面的铺设（见图4-14）。

实木地板的规格根据不同树种来订制，宽度为90～120mm，长度为450～900mm，厚度为12～25mm。优质实木地板表面经过烤漆处理，应具备不变形、不开裂的性能，含水率均控制在10%～15%之间，中档实木地板的价格一般为300～600元／m²。

识别实木地板有技巧，首先测量地板的含水率，国家标准规定木地板的含水率为8%～14%。我国北方地区地板含水率应控制在10%以内，南方地区地板含水率也应控制在14%以内。一般木地板的经销商应有含水率测定仪，如无测定仪则说明对含水率这项指标不重视。然后观测木地板的精度，木地板开箱后可取出2块徒手拼装，观察企口咬口、拼装间隙、相邻板间高度差。接着检查板材的缺陷，查看全部地板是否同一树种，地板上是否有死节、活节、开裂、腐朽、菌变等缺陷。注意看漆膜的光洁度，有无气泡，漏漆现象，可以用0#粗砂纸打磨，鉴定耐磨度如何。注意识别木地板材种，有的厂家为了促进销售，对木材冠以各式各样的美名，如花梨木、金不换、重蚁王等。更有以低档木材充高档木材的商家，业主一定不要为名称所惑，要弄清材质，避免上当。最后要确定合适的尺寸，实木地板并非越长越好，长度过大的木地板相对容易变形，一般选择中短长度的地板较好，这样不易变形。

2. 实木复合地板

实木复合地板是采用珍贵木材或木材中的优质部分以及其他装饰性强的材料作表层，采用材质较差的竹、木材料作中层或底层，构成经高温、高压制成的多层结构地板（见图4-15）。

实木复合地板不仅充分利用了优质材料，提高了制品的装饰性，而且所采用的加工工艺也不同程度地提高了产品的力学性能。不同树种制作成实木复合地板的规格、性能、价格都不同，但是高档次的实木复合地板表面多采用UV哑光漆，这种漆是经过紫外线固化的，耐磨性能非常好，不会产生脱落现象，使用后无须打蜡维护，连续使用十几年不用上新漆。实木复合地板的规格与实木地板相当，有的产品是拼接的，规格可能会大些，但是价格要比实木地板低，中档产品一般为200～400元／m²。

3. 强化复合木地板

强化复合木地板是由多层不同材料复合而成，其主要复合层从上

图4-14　实木地板

图4-15　实木复合地板

至下依次为：强化耐磨层、着色印刷层、高密度板层、防震缓冲层、防潮树脂层。强化耐磨层用于防止地板基层磨损；着色印刷层为饰面贴纸，纹理色彩丰富，设计感较强；高密度板层是由木纤维及胶浆经高温高压压制而成的；防震缓冲层与防潮树脂层垫置在高密度板层下方，用于防潮、防磨损，并且起到保护基层板的作用。

强化复合木地板表面耐磨度为实木地板的10～30倍，其次是产品的内结合强度、表面胶合强度和冲击韧性力学强度都较好，此外，还具有良好的耐污染腐蚀、抗紫外线、耐香烟灼烧等性能。但是强化复合木地板的脚感或质感不如实木地板，其次当基材与各层间的胶合不良时，使用中会脱胶分层而无法修复。此外，地板中所包含的胶粘剂较多，游离甲醛释放导致环境污染也要引起高度重视。强化复合木地板的规格长度为900～1500mm，宽度为180～350mm，厚度分别为6～15mm，厚度越高，价格也相对越高，中档产品一般为80～120元／m²。

识别强化复合木地板有技巧，可以用0#粗砂纸在地板表面反复打磨，约50次，如果没有褪色或磨花，就说明质量还不错。目前市场上地板的厚度一般为8～12mm，选择时应以厚度厚些为好。厚度越厚，使用寿命也就相对越长，但同时要考虑家庭的实际需要。观察拼装效果，可拿两块地板的样板拼装一下，看拼装后是否整齐、严密（见图4-16）。地板重量主要取决于其基材的密度，基材决定着地板的稳定性、抗冲击性等诸项指标，因此基材越好，密度越高，地板也就越重。还可以从包装中取出一块地板，用鼻子仔细闻一下，如果没有刺激性气味就说明质量合格。

4. 竹地板

竹地板是竹子经处理后制成的地板，与木材相比，竹材作为地板原料有许多特点，竹材的组织结构细密，材质坚硬，具有较好的弹性，脚感舒适，装饰自然而大方。竹材的干缩湿胀性小，尺寸稳定性

家具摆放影响地板质量

　　如果地板在使用中出现问题，业主首先想到的不是地板质量有问题，就是铺装有问题。以复合木地板为例，如果在房间中央的接缝处出现了5～6mm裂缝，这基本可以认为是地板质量有问题。但是房间内多处地方出现2mm左右的裂缝，这很有可能是当地气候干燥或潮湿，地板出现整体收缩或膨胀，只要幅度很小，一般不会影响正常使用。

　　在客厅沙发下、卧室床下，经常会发生地板开裂、起翘，这是因为大件家具自重过高，对地板造成压载，时间一长就容易使地板之间产生挤压，造成变形，这一点主要发生在铺设木龙骨的实木地板上，尤其是软质树种，特别容易被家具压弯，因此要经常调整家具的摆放位置。

高，不易变形开裂，同时竹材的力学强度比木材高，耐磨性好。竹材色泽淡雅，色差小，竹材的纹理通直，很有规律，竹节上有点状放射性花纹，有特殊的装饰性（见图4-17）。

　　由于竹材中空、多节，头尾材质、径级变化大，在加工中需去掉许多部分，竹材利用率往往仅20%～30%，此外，制作竹地板需采用竹龄3～4年以上的竹子，在一定程度上限制了原料的来源。因此，材料的利用率低，产品价格较高，中档产品一般为150～300元／m²。

5. 塑料地板

　　塑料地板在我国使用比较早，价格低廉，花色样式繁多，属于建

图4-16　强化复合木地板

图4-17　竹地板

图4-18　塑料地板

筑塑料。用于家居装修的塑料地板是聚氯乙烯卷材地板，它是以聚氯乙烯树脂为主要原料，加入适当促凝剂，在片状连续基材上，经涂敷工艺生产而成，分为带基材的发泡聚氯乙烯卷材地板与带基材的致密聚氯乙烯卷材地板两种，表面平整光洁，冷却后切除边卷即为产品，有一定的弹性，脚感舒适（见图4-18）。卷材的规格不一，常见的宽度有1800mm、2000mm，每卷长度20m、30m，总厚度有1.5mm、2mm、3mm、4mm。■

第46课 适当选用塑料型材

家居装修中所用的塑料型材价格一般比较低廉，主要作为木质、金属材料的补充，适用于耐磨损、耐腐蚀、隔声或具有防水功能的部位。常见的塑料型材主要有以下几种。

1. 防火板

防火板又名耐火板，原名为热固性树脂浸渍纸高压装饰层积板，一般是由表层纸、色纸、基纸（多层牛皮纸）三层构成的（见图4-19）。表层纸与色纸经过三聚氰胺树脂成分浸染，经干燥后叠合在一起，在热压机中通过高温高压制成，优质产品表面还有塑料覆膜，待施工结束后揭开。防火板并不是真的不怕火，只是具有一定的耐火性能。用作橱柜的防火板门板，是用防火板做贴面，刨花板（密度板）做基材，经过橱柜工厂压贴后制成。当表面温度高于200℃时，仍然会熔化，基层材料也因此会发生自燃。

防火板具有防水、耐磨、耐热、表面硬、易脆、表面不易被污染、不易褪色、容易保养及不产生静电等优点。防火板图案、花色丰富多彩，有仿木纹、仿石纹、仿皮纹、纺织物和净面色等多种，表面多数为高光色，也有呈麻纹状、雕状。

一般型材规格为（长×宽）2440mm×1220mm，厚度为0.6～1.2mm不等，少数纹理色泽较好的品种厚度多在0.8mm以上，价格也因此不同。在家居装修中，防火板一般用于厨房橱柜的柜门贴面装饰，具有很好的审美效果，同时也可以耐高温、防明火。

选购防火板时应注意，板材表面图案应该清晰透彻、效果逼真、立体感强、没有色差。表面平整光滑、耐磨。基材板的甲醛含量不超标，没有缝隙，平整光滑，密实度较好。防火板的质量差异不大，厚

0.8mm的产品价格一般为20~30元/张。

2．阳光板

阳光板是采用聚碳酸酯（PC）开发出来的一种新型室内外顶棚材料，中心成条状气孔，主要有白色、绿色、蓝色、棕色等样式，透光率达85％，成透明或半透明状，传热系数低，隔热性好，节能性能是相同厚度玻璃的1.5~1.7倍，重量是相同厚度玻璃的6％，可以冷弯，安全弯曲半径为其板厚的150倍以上，可以取代玻璃、钢板、石棉瓦等传统材料，质轻，安全、方便。阳光板的规格多为（长×宽）2440mm×1220mm，厚度为4~6mm，价格为60~100元/张（见图4-20）。

阳光板在现代家居装修中用于室内透光吊顶、室外阳台、露台搭建花房、阳光屋，它透光、保温、体轻、易弯曲造型，经过精心设计后呈现了多变的姿态。阳光板一般采用不锈钢、实木或塑钢作框架，构成遮阳篷或雨篷，也可以完全制成扩展的室内空间。轻巧的阳光板在家居中还可以制作成衣柜的梭拉门等更多的构造。

3．有机玻璃板

有机玻璃板又称为亚克力，是透光率最高的一种塑料，可透过90％以上的太阳光，紫外线达70％，机械强度较高，有一定的耐热耐寒性能，尤其是耐腐蚀、绝缘性能良好，尺寸稳定，易于成型，但

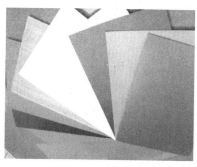

图4-19　防火板

图4-20　阳光板

购买材料合理省钱

　　家居装修后一般会使用5～10年，业主在选购材料时，不要一味买贵的。在选购装修材料时，关键材料不能省，例如，电线、开关、插座、水管、人造板、水泥、乳胶漆、油漆、锁、铰链、滑道等，这主要涉及安全、使用功能等。但是根据装修的使用周期，也有可省钱的地方。例如，地板不必太高档，实木地板200元／㎡左右就可以，复合地板100元／㎡左右的就不错；坐便器可选择千元左右的，数千元到上万元的大可不必；有的橱柜7000元／m，一般家庭用不着，1500元／m的就可以了。

是质地较脆，易溶于有机溶剂，表面硬度不够，容易擦毛（见图4-21）。

　　目前，有机玻璃板广泛用作装修中门窗玻璃的代用品，尤其是用在容易破碎的场合。此外，有机玻璃板还可以用在室内墙板、装饰台柜与灯具等构造上。成品有机玻璃板规格为（长×宽）2440mm×1220mm，厚度为2～20mm，超过20mm可以到相关厂家订制。厚5mm的有机玻璃板常用于墙、顶面的发光灯箱，价格为30～40元／张。

4．泡沫塑料板

　　泡沫塑料板又称为聚苯乙烯（PS），它具有一定的机械强度，化学稳定性，透光性好，着色性佳，并且容易成型，缺点是耐热性太

图4-21　有机玻璃板

图4-22　泡沫塑料板

图4-23　塑料扣板

低，只有80℃，不能耐沸水，性脆且不耐冲击，制品易老化出现裂纹，易燃烧，燃烧时会冒出大量黑烟，有特殊气味。

硬质聚苯乙烯的透光性仅次于有机玻璃，大量用于低档灯具、灯格板及各种透明、半透明装饰件。软质聚苯乙烯泡沫塑料大量用于轻质板材夹芯层，或穿插在龙骨架隔墙中，起到吸声、保温的作用（见图4-22）。成品泡沫塑料板规格为（长×宽）2440mm×1220mm，厚度为20～60mm，超过60mm可以到相关厂家订制，价格为10～30元／张。

5. 塑料扣板

塑料扣板又称为PVC板，是以聚氯乙烯树脂为基料，加入增塑剂、稳定剂、染色剂后经过挤压而成板材重量轻、安装简便、防水、防蛀虫，表面的花色图案变化也非常多，并且耐污染、好清洗，隔声、隔热性能良好，特别是新工艺中加入阻燃材料，使其能够离火即灭，使用更为安全（见图4-23）。不足之处是与金属材质的吊顶板相比，使用寿命相对较短。塑料扣板外观呈长条状居多，条型扣板宽度为200～450mm不等，长度一般有3m与6m两种，厚度为1.2～4mm，价格为20～30元／m²左右。

选购PVC吊顶型材时，除了要向经销商索要质检报告与产品检测合格证之外，可以目测外观质量，板面应该平整光滑，无裂纹，无磕碰，能拆装自如，表面有光泽而无划痕，用手敲击板面声音清脆。塑料扣板吊顶由40mm×40mm的木龙骨组成骨架，在骨架下面装订塑料扣板，这种吊顶更适合于装饰卫生间顶棚。PVC吊顶型材若发生损坏，更换起来十分方便，只要将吊顶一边的压条取下，将板逐块从压条中抽出，用新板更换破损板，再重新安装好压条即可，但是要注意应尽量减少色差。■

第47课　复合材料差价很大

复合材料是指采用多种材料综合生产而成的装饰材料，具备多种材料的优势与特性，花色品种较多，目前有很多生产厂家都在生产，由于竞争激烈，复合材料的品质、价格差异很大。因此在选购时要根据需要来购买，无污染且用量大的复合材料可以选购中低档产品，有一定污染的材料尽量不用，如果必须选购，最好购买高档产品。

1. 铝塑板

铝塑板全称铝塑复合板，是采用高纯度铝片和PE聚乙烯树脂，经过一次性高温高压制成的复合装饰板材，外部经过特种工艺喷涂塑料，色彩艳丽丰富，长期使用不褪色。一般型铝塑复合板中间夹层为PVC（聚氯乙烯），燃烧受热时将产生对人体有害的氯气；防火型铝塑复合板中间夹层为防火塑胶（见图4-24）。

铝塑板规格为（长×宽）2440mm×1220mm，分为单面和双面两种。单面铝塑板厚度一般为3mm、4mm，价格为40~50元／张，双面铝塑板厚度一般为5mm、6mm、8mm。室外用铝塑复合板厚度为4~6mm，最薄应为4mm，上下均为0.5mm铝板，中间夹层为PE（聚乙烯）或PVC（聚氯乙烯），夹层厚度为3~5mm，价格为80~120元／张。

铝塑板主要用于铺贴面积较大的家具、构造表面，如客厅电视背景墙、立柱或室外构造，基层需用木芯板制作，再涂刷专用胶水粘贴。优质铝塑板表面有一层覆膜，待施工完毕后再揭开，板材应该完全平整，边角锐利整齐，无任何弯曲变形。

2. 纸面石膏板

纸面石膏板是以石膏为主要原料，加入纤维、胶粘剂、稳定剂，

经过混炼压制、干燥而成的轻质薄板。它具有防火、隔声、隔热、轻质、高强、收缩率小等特点，而且稳定性好、不老化、防虫蛀、施工简便，可以用钉、锯、刨、粘等方法施工，广泛应用于家居装修吊顶与隔墙的贴面板（见图4-25）。

纸面石膏板的形状以棱边角为特点，使用护面纸包裹石膏板的边角，形态有直角边、45°倒角边、半圆边、圆边、梯形边。普通纸面石膏板又分防火与防水两种，市场上所售卖的型材一般兼得两种功能。普通纸面石膏板规格为（长×宽）2440mm×1220mm，厚度有9mm与12mm两种，常用的9mm纸面石膏板价格为20～30元／张。

3．矿棉板

矿棉板全称为矿棉装饰吸声板，是以矿物纤维为主要原料，加入适量胶粘剂，经过加压、烘干、饰面等工艺加工而成，最大特点是具有很好的吸声效果，是一种变废为宝、有利环境的绿色建材（见图4-26）。

矿棉板表面有滚花与浮雕等效果，图案有满天星、十字花、中心花、核桃纹等。矿棉板能隔声、隔热、防火，高档产品还不含石棉，对人体无害，并有防下陷功能。矿棉板是一种多孔材料，由纤维组成无数个微孔，减小声波反射、消除回音、隔绝楼板传递的噪声。当声波撞击材料表面时，部分被反射回去，部分被板材吸收，还有一部分穿过板材进入后空腔，大大降低反射声，有效控制和调整室内回响时间，降低噪

图4-24　铝塑板　　　图4-25　纸面石膏板　　　图4-26　矿棉板

声。矿棉板的规格多为300mm、500mm、600mm、800mm见方,厚度为8mm、10mm、12mm不等。矿棉板用于室内吊顶装饰,一般安装在轻钢龙骨或铝合金龙骨下反扣安装,具有良好的吸声隔声效果。常见600mm×600mm装饰矿棉板价格为8～12元／块。

4. 木丝水泥板

木丝水泥板是一种以天然木材和天然水泥,利用高压拍浆技术一体成型的板材。它是以水泥、草木纤维与胶粘剂混合,高压制成的多用途产品,又称为纤维水泥板。它结合水泥与草木纤维的优点,具有密度轻、强度大、防火性能和隔声效果好,板面平整度好等特性,外观颜色与水泥墙面一致(见图4-27)。

板材内含矿化木丝,外加水泥包裹,防火效果一流,同时可以用作浴室卫生间等潮湿的环境。木丝水泥板不含石棉,表面平整度非常好,展现出来的就是清水混凝土的效果。施工方便,钉子的吊挂能力好,常规的手锯就可以直接加工,可以钻孔、切割、刨、甚至雕刻。除了材料本身,施工过程中可以不用制作基层板,直接可以固定在龙骨上或者墙面上(墙面平整度要好),甚至内墙吊顶无须作表面处理。小块造型可以使用胶水粘接,大块水泥板先用1mm的钻头钻孔,然后用射钉枪固定,喷1～2遍的水性哑光漆,待干即可。木丝水泥板的规格为(长×宽)2440mm×1220mm,厚度

图4-27　木丝水泥板

图4-28　金属吊顶扣板

适当选用金属板材

金属材料具有较强的刚度，坚固耐用，但是价格较高，在一定范围内可以适当采用。常见的金属材料有金属吊顶扣板、彩色涂层钢板、不锈钢装饰板。

（1）金属吊顶扣板。一般以铝制板材与不锈钢板材居多，表面通过吸塑、喷涂、抛光等工艺，光洁艳丽，色彩丰富，并逐渐取代塑料扣板（见图4-28）。由于金属扣板耐久性强，不易变形、开裂，与传统吊顶材料相比，在质地与装饰效果上更优。金属吊顶扣板外观形态以长条状和方块状为主，均由0.6mm或0.8mm铝合金或不锈钢板材压模成型，方块型材规格多为（长×宽）300mm×300mm、600mm×600mm。中高档产品的价格为150～200元／m²。

（2）彩色涂层钢板。是以热轧钢板、镀锌钢板为基层，涂饰0.5mm的软质或半硬质有机涂料覆膜制成。彩色涂层钢板具有绝热、耐腐蚀性强、强度高等特点，颜色有蓝、灰、紫、红、绿、橙、褐色等（见图4-29）。彩色涂层钢板一般用于阳台、露台顶棚或隔墙制作。规格长2000mm、800mm，宽1000mm、450mm、400mm，厚0.8～2mm。中高档产品的价格为50～100元／m²。在不同的地区与不同的使用部位，采用相同的彩色涂层板，其使用寿命会有很大的不同。例如：在工业区或沿海地区，由于受到空气中二氧化硫气体或盐分的作用，腐蚀速度加快，使用寿命受到影响；在雨季，涂层长期受雨水浸湿，或在日夜温差太大易结露的部位，都会较快地受到腐蚀，均会降低使用寿命。

（3）不锈钢板。又称为不锈钢薄板，表面根据需求不同而采取不同的抛光、浸渍处理。用于家居装修的不锈钢板具有一定的强度，装饰效果极佳，尤其是镜面不锈钢板光亮如镜，反射率、变形率与高级镜面玻璃相差无几，且耐火耐潮、不变形、不破碎，安装方便（见图4-30）。不锈钢板的规格为（长×宽）2440mm×1220mm，厚度为0.6～8mm不等。厚0.8mm的不锈钢板价格为400～500元／张，一般用于耐磨损性高的部位，例如，厨房面台、楼梯扶手栏杆等，尤其在厨房的灶台墙面上，挂贴一张合适的镜面不锈钢板，可以防止油污沾染到瓷砖的接缝处，便于清洁。不锈钢板外表面在施工时贴有PVC保护膜，保护板面不被划伤，待施工完成后再揭去。不锈钢板对腐蚀具有很高的抗力，但并非完全不腐蚀，在购买时应该注意观察不锈钢装饰板外部的贴塑护面是否被划伤，贴塑是否完整。

图4-29　彩色涂层钢板

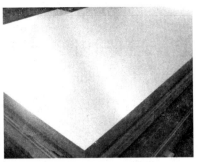

图4-30　不锈钢板

为6～30mm，特殊规格可以预制加工。木丝水泥板可以用于钢结构外包装饰、墙面装饰、地面铺设等领域。厚度10mm的木丝水泥板价格为100～120元／张。■

第48课　装饰玻璃品种繁多

装饰玻璃晶莹透彻，在装修中与常规木材、金属、涂料等材料形成对比，具有很强的装饰效果。装饰玻璃是以石英、纯碱、长石、石灰石等物质为主要材料，在1600℃左右的高温下熔融成型，经急冷制成的固体材料。在装修迅速发展的今天，玻璃由过去主要用于采光的单一功能向着装饰、隔热、保湿等多功能方向发展，已经成为一种重要的装饰材料。

1．平板玻璃

平板玻璃又称为白片玻璃或净片玻璃，是未经过加工的，表面平整而光滑，具有高度透明性能的板状玻璃的总称，是装修中用量最大的玻璃品种，可以作为进一步加工，成为各种技术玻璃的基础材料（见图4-31）。

普通平板玻璃在装饰领域主要用于家居装饰品陈列、家具构造、门窗等部位，起到透光、挡风与保温作用。平板玻璃要求无色，并具有较好的透明度，表面应光滑平整，无缺陷。厚度不小于8mm的平板玻璃一般被加工成钢化玻璃，其强度可以满足各种要求。

平板玻璃的质量稳定，产量大，生产的玻璃规格一般都在1000mm×1200mm以上，厚6mm的平板玻璃最大可以达到3000mm×4000mm，平板玻璃的厚度有4~25mm多种。质地较好的玻璃应该偏绿，透光性好，从斜侧面看玻璃背后的景物应该没有模糊、失真的效果。厚5mm的平板玻璃价格为30元／m^2，裁切时要加入20%的损耗。

2．钢化玻璃

钢化玻璃又称为安全玻璃，它是采用普通平板玻璃通过加热到一定温度后再迅速冷却的方法进行特殊处理的玻璃。钢化玻璃特性是强度高，其抗弯曲强度、耐冲击强度比普通平板玻璃高4～5倍。在遇到超强冲击破坏时，碎片呈分散细小颗粒状，无尖锐棱角。钢化玻璃同时可以制成曲面玻璃、吸热玻璃等（见图4-32）。

钢化玻璃厚度一般为6～12mm，价格是同等规格普通平板玻璃的两倍左右。钢化玻璃用途很多，主要用于玻璃幕墙，无框玻璃门窗，弧形玻璃家具等方面。目前，厚度不小于8mm的产品一般都是钢化玻璃，厚10～12mm的钢化玻璃使用最多。钢化玻璃都要定制加工，除了裁切时要加入20％的损耗，四周还要经过磨边处理，具体价格根据当地行情来定。

3．磨砂玻璃

磨砂玻璃又称为毛玻璃，是在平板玻璃的基础上加工而成的，一般使用机械喷砂或手工碾磨，将玻璃表面处理成均匀毛面，表面朦胧、雅致，具有透光不透形的特点，能使室内光线柔和且不刺眼（见图4-33）。

磨砂玻璃在生产中以喷砂技术最常见，所形成的最终产品又称为喷砂玻璃，它是采用压缩空气为动力，形成高速喷射束将玻璃砂喷涂到普通玻璃表面，其中单面喷砂质量要求均匀，价格比双面喷砂玻璃高。磨砂玻璃是以普通玻璃为基础进行加工的，有多种规格，可以根

图4-31　平板玻璃

图4-32　钢化玻璃

图4-33　磨砂玻璃

据使用环境作现场加工，主要用于装饰灯罩、玻璃屏风、梭拉门、柜门、卫生间门窗等。

厚5mm的双面磨砂玻璃价格为35元／m²，单面磨砂玻璃价格为40元／m²，因为单面磨砂玻璃对磨砂的平整度要求较高，一般用于厨房推拉门，可以将光滑的一面置于厨房一侧，防止油烟吸附在玻璃上。磨砂玻璃裁切时也需要加入20％的损耗。

4．压花玻璃

压花玻璃又称为花纹玻璃或滚花玻璃，将熔融的玻璃浆在冷却过程中采用带图案的辊轴辊压制成（见图4-34）。压花玻璃的性能基本与普通透明平板玻璃相同，但是具有透光不透形的特点，其表面压有各种图案花纹，所以具有良好的装饰性，给人素雅清新、富丽堂皇的感觉，并具有隐私的屏护作用和一定的透视装饰效果。压花玻璃厚度一般只有3mm与5mm两种。

压花玻璃的形式很多，目前不少厂商还在推出新的花纹图案，甚至在压花的效果上进行喷砂、烤漆、钢化处理，效果特异，价格也根据不同图案高低不齐。压花玻璃厚度以5mm为主要规格，用于玻璃柜门、卫生间门窗等部位，在用于室内外分隔的部位时，应该加上边框保护，压花面一般向内，可以减少花纹缝隙中的污染，便于清洁。厚5mm的压花玻璃价格为35～60元／m²不等，具体价格根据花型来定，裁切时要加入20％的损耗。

5．雕花玻璃

雕花玻璃又称为雕刻玻璃，它是在普通平板玻璃上，用机械或化学方法雕刻出图案或花纹的玻璃。雕花图案透光不透形，有立体感，层次分明，效果高雅。雕花玻璃分为人工雕刻与电脑雕刻两种，其中人工雕刻是利用娴熟刀法的深浅与转折配合，表现出玻璃的质感，使所绘图案予人呼之欲出的感受。电脑雕刻又分为机械雕刻与激光雕刻，其中激光雕刻的花纹细腻，层次丰富（见图4-35）。

雕花玻璃可以配合喷砂效果来处理，图形、图案丰富，在住宅装修中，雕花玻璃就很有品位了，所绘图案一般都具有个性创意，能够反映业主的生活情趣所在与对美好事物的追求。雕花玻璃一般根据图样订制加工，常用厚度为3mm、5mm、6mm，尺寸和价格根据花型与加工工艺来定。

6. 夹层玻璃

夹层玻璃也是一种安全玻璃，它是在两片或多片平板玻璃之间，嵌夹透明塑料薄片，再经过热压黏合而成的平面或弯曲的复合玻璃制品（见图4-36）。夹层玻璃的主要特性是安全性好，一般采用钢化玻璃，破碎时玻璃碎片不零落飞散，只产生辐射状裂纹，不至于伤人。抗冲击强度优于普通平板玻璃，防护性好，并有耐光、耐热、耐湿、耐寒、隔声等特殊功能。

夹层玻璃可以使用钢化玻璃、彩釉玻璃来加工，甚至在中间夹上碎裂的玻璃，形成不同的装饰效果。夹层玻璃属于一种复合材料，在生产过程中具有可设计性、可加工性，即可以根据性能要求，自主设计或加工成业主喜爱的形式。其中还可以夹入铁丝，称为夹丝玻璃，它是将普通平板玻璃加热到红热软化状态时，再将预热处理过的铁丝或铁丝网压入玻璃中间而制成。夹丝玻璃的特性是防火性能优越，可遮挡火焰，在高温燃烧时不易炸裂，即使破碎后也不会造成碎片伤

图4-34　压花玻璃

图4-35　雕花玻璃

图4-36　夹层玻璃

人。另外，夹丝玻璃还有防盗性能，玻璃被割破后还有铁丝网阻挡。夹层玻璃的厚度根据品种不同，一般整体厚度为8～25mm，规格为800mm×1000mm、900mm×1800mm，夹层数量为2～3层，价格也随之变动。夹层玻璃多用于与室外接壤的门窗、幕墙、屋顶天窗、阳台窗，起到隔声、保温的作用。

7．中空玻璃

中空玻璃是由两片或多片平板玻璃构成，用金属边框隔开，四周用胶接、焊接或熔接的方式密封，中间充入干燥空气或其他惰性气体。中空玻璃还可以制成不同颜色的产品，或在室内外镀上具有不同性能的薄膜，整体拼装在工厂完成（见图4-37）。

玻璃片中间留有空腔，因此具有良好的保温、隔热、隔声等性能。如果在空腔中充以各种漫射光线的材料或介质，则可获得更好的声控、光控、隔热等效果。中空玻璃在装饰施工中需要预先订制生产，主要用于公共空间，以及需要采暖、空调、防噪、防露的住宅，其光学性能、导热系数、隔声系数均应该符合国家标准，具体价格根据厂家的生产工艺与具体规格确定。

8．彩釉玻璃

彩釉玻璃是将无机釉料（油墨），印刷到玻璃表面，然后经烘干、钢化或热化加工处理。这种产品具有很高的功能性与装饰性，它

图4-37　中空玻璃

图4-38　彩釉玻璃

图4-39　玻璃砖

有许多不同的颜色与花纹，如条状、网状图案等，也可以根据业主的需要另行设计花纹。它采用的玻璃基板一般为平板玻璃或压花玻璃，厚度一般为5mm（见图4-38）。

彩釉玻璃釉面不脱落，色泽及光彩能保持常新，背面涂层能抗腐蚀，抗真菌，抗霉变，抗紫外线，能耐酸、耐碱、耐热，更能不受温度与天气变化的影响。彩釉玻璃可以做成透明彩釉、聚晶彩釉、不透明彩釉等品种。颜色超过上百品种。彩釉玻璃以压花形态的居多，一般用于装饰背景墙或家具构造局部点缀，价格为80元／m²以上，根据花形、色彩、品种而不同，适合装饰构造、背景墙、家具等小范围使用。

9．玻璃砖

玻璃砖又称为特厚玻璃，有空心砖和实心砖两种，其中空心砖使用最多。空心玻璃砖以烧熔的方式将两块玻璃胶合在一起，可依玻璃砖的尺寸、大小、花样、颜色来制作不同的外观样式（见图4-39）。依照尺寸的变化可以在室内外空间设计出直线墙、曲线墙以及不连续墙的玻璃墙。

空心玻璃砖不仅可以用于砌筑透光性较强的墙壁、隔断、淋浴间等，还可以应用于外墙或室内间隔，为使用空间提供良好的采光效果，并有延续空间的感觉。无论是单块镶嵌使用，还是整片墙面使用，皆有画龙点睛之效。玻璃砖的边长规格一般为190mm，厚度一般为80mm，价格为12～20元／块。

鉴别玻璃砖有技巧，空心玻璃砖的玻璃体之间不能存在的熔接与胶接不良，玻璃砖的外观不能有裂纹，玻璃坯体中不能有未熔物，目测砖体不应有波纹、气泡、条纹及玻璃坯体中的不均物质。玻璃砖的外表面内凹应不超过1mm，外凸应不超过2mm，重量应符合质量标准，无表面翘曲及缺口、毛刺等质量缺陷，角度要方正。■

第49课　壁纸风格变化无穷

　　壁纸的图案、风格丰富多彩、施工方便快捷，因而在现代装修中受到广泛应用。随着技术进步，壁纸也在不断变更、改良，现代壁纸的花色品种、材质、性能都有了极大的提高，新型壁纸不仅花色繁多，清洁起来也非常简单，用湿布可以直接擦拭。因此，在欧美、日韩，超过60％的家居空间都使用了壁纸。由于很多壁纸都以商品名的形式出现在市场上，很难区分，下面就详细介绍壁纸的种类与应用。

1．壁纸的种类

1）纸面壁纸

　　纸面壁纸是最早的壁纸，直接在纸张表面上印制图案或压花，基底透气性好，能使墙体基层中的水分向外散发，不致引起变色、鼓泡等现象。这种壁纸价格便宜，缺点是性能差、不耐水、不便于清洗、容易破裂，目前逐渐被淘汰，属于低档壁纸。

2）塑料壁纸

　　塑料壁纸是目前生产最多、销售最快的一种壁纸，它是以优质木浆纸为基层，以聚氯乙烯塑料（PVC树脂）为面层，经过印刷、压花、发泡等工序加工而成，其中作为塑料壁纸的底纸，要求能耐热、不卷曲，有一定强度，一般为$80 \sim 100 g / m^2$的纸张。塑料壁纸品种繁多，色泽丰富，图案变化多端，有仿木纹、石纹、锦缎纹的，也有仿瓷砖、黏土砖的，在视觉上可以达到以假乱真的效果。塑料壁纸有一定的抗拉强度，耐湿，有伸缩性、韧性、耐磨性、耐酸碱性，吸声隔热，美观大方，施工方便（见图4-40、图4-41）。

3）纺织壁纸

　　纺织壁纸是壁纸中较高级的品种，主要是用丝、羊毛、棉、麻等纤维织成，质感佳、透气性好，给人以高雅、柔和、舒适的感觉。

4）天然壁纸

天然壁纸是一种用草、麻、木材、树叶等天然植物制成的壁纸，如麻草壁纸，它是以纸作为底层，编织的麻草为面层，经过复合加工而成，也有采用珍贵树种的木材切成薄片制成的。天然壁纸具有阻燃、吸声、散潮的特点，装饰风格自然、古朴、粗犷，给人以置身于自然原野的美感。

5）静电植绒壁纸

静电植绒壁纸是用静电植绒法将合成纤维的短绒植于纸基上而成。壁纸有丝绒的质感和手感，不反光，有一定的吸声效果，无气味，不褪色，缺点是不耐湿，不耐脏，不便于擦洗，一般用于点缀性的局部装饰。

6）金属膜壁纸

金属膜壁纸是在纸基上涂布一层铝箔而制得，具有不锈钢、黄金、白银、黄铜等金属的质感与光泽，无毒，无气味，无静电，耐湿、耐晒，可擦洗，不褪色，属于高档墙面裱糊材料。用这种壁纸装修的家居环境能给人以金碧交辉、富丽堂皇的感受。

7）玻璃纤维壁纸

在玻璃纤维布上涂以合成树脂糊，经过加热塑化、印刷、复卷等

图4-40　塑料壁纸

图4-41　壁纸样本图册

工序加工而成，它要与涂料搭配，即在壁纸的表面刷高档丝光面漆，颜色可以随涂料色彩任意搭配。

8）液体壁纸

液体壁纸是一种新型的艺术装饰涂料，为液态桶装，通过专有模具，可以在墙面上做出风格各异的图案（见图4-42）。该产品主要取材于天然贝壳类生物壳体表层，胶粘剂也选用无毒、无害的有机胶体，是真正的天然、环保产品。液体壁纸不仅克服了乳胶漆色彩单一、无层次感及壁纸易变色、翘边、起泡、有接缝、寿命短的缺点，而且具备乳胶漆易施工、寿命长的优点和普通壁纸图案的精美，是集乳胶漆与壁纸的优点于一身的高科技产品。

9）特种壁纸

特种壁纸是指用于特殊场合或部位的产品，例如，荧光壁纸，在印墨中加有荧光剂，在夜间会发光，常用于娱乐室或儿童房；腰带壁纸，主要用于墙壁顶端，或沿着护壁板上部以及门框的周边，腰带壁纸的边缘装饰为壁纸的整体装饰起到了画龙点睛的作用。此外，还有防污灭菌壁纸、健康壁纸等。

2. 壁纸的应用

1）壁纸的规格

现代壁纸的花色品种、性能都有了极大提高。壁纸的规格有以下

图4-42　液体壁纸

图4-43　混纺地毯

地毯与壁纸搭配

地毯与壁纸一直都是相辅相成的装饰材料，如果房间中运用了壁纸，那么至少应该在地面上铺设一块地毯。地毯是一种高级地面装饰材料，它不仅有隔热、保温、吸声、挡风、弹性好等特点，而且铺设后可以使室内增显高贵、华丽、美观、悦目的气氛。与壁纸搭配能突出家居氛围的温馨。

（1）纯毛地毯。纯毛地毯主要原料为粗绵羊毛，毛质细密，具有天然的弹性，受压后能很快恢复原状，它采用天然纤维，不带静电，不易吸尘土，还具有天然的阻燃性。但是纯毛地毯的抗潮湿性较差，而且容易发霉虫蛀，如果发生这类现象，就会影响地毯外观，缩短使用寿命。使用纯毛地毯的房间要保持通风干燥，而且要经常进行清洁。纯毛地毯一般与质地厚实的壁纸搭配，如纺织壁纸或液体壁纸。

（2）化纤地毯。有效弥补纯毛地毯价格高、易磨损的缺陷，其种类较多，主要有尼龙、锦纶、腈纶、丙纶、涤纶地毯等。化纤地毯相对纯毛地毯而言，比较粗糙，质地硬，一般用在走道、书房等空间，价格很低，主要用在书房办公桌下，减少转椅滑轮与地面的摩擦。化纤地毯一般与普通塑料壁纸搭配。

（3）混纺地毯。融合了纯毛地毯和化纤地毯两者的优点，在羊毛纤维中加入化学纤维而成。例如，加入15%的锦纶，地毯的耐磨性能比纯羊地毯高出3倍，同时也克服了化纤地毯静电吸尘的缺点，具有保温、耐磨、抗虫蛀等优点。弹性、脚感比化纤地毯好，价格适中，为不少业主青睐。对于普通装修而言，混纺地毯的性价比最高，色彩样式繁多，既耐磨又柔软，可以作大面积铺设。混纺地毯可与各种质地壁纸搭配，一般作局部铺设，如客厅茶几、沙发所处的地面上（见图4-43）。

几种：窄幅小卷的宽530～600mm，长10～12m，每卷可以铺贴5～6m²；中幅中卷的宽760～900mm，长25～50m，每卷可以铺贴20～45m²；宽幅大卷的宽920～1200mm，长50m，每卷可以铺贴40～50m²。其中宽幅壁纸虽然大气、豪华，但是在施工中浪费较大，为了对其壁纸中的大幅图案，必须经过错位裁切，因此，不宜盲目选用宽幅壁纸。

中档塑料壁纸的价格一般为60～100元／m²，很多经销商承诺包安装到位。选购壁纸关键在于鉴别壁纸材料是否结实耐用，用力拉扯壁纸应该不变形、不断裂为宜。

2）壁纸的选用

在装修中选购壁纸，除了价格外，重点就是花色与样式。壁纸经销商都有相应的产品样本共业主挑选，每种壁纸还搭配实景图片供参考，效果真实唯美，往往令人举棋不定。但是仔细观察就不难发现，图案、花纹较大的壁纸多适合大面积房间，而碎小的图案、花纹多适合局部墙面、家具表面铺贴。因此，在选购时应当根据铺设面积来定。壁纸一般应铺贴在通风、透气、干燥的房间，如楼层较高、采光充足、通风良好的房间，对于卫生间、厨房、背光走道、无窗储藏间等房间内最好不要铺贴壁纸，避免受潮发霉或脱落。在气候变化较大的地区，应该选用适应性较强的塑料壁纸。

3）风格定位

壁纸的花色品种多，具体选用哪一种不能仅看图册样本，还要考虑家居空间的设计风格。例如，中式古典风格的客厅可以选用书法文字图案的壁纸，整体色调以浅棕色、浅褐色、米色为主。面积不大的欧式古典风格卧室可以选用竖向条纹壁纸，整体色调以浅绿色、浅蓝色、浅紫色为主。简约风格且面积比较开阔的餐厅、客厅，可以只选定某一两面墙铺贴壁纸，壁纸图案可以是大气的几何形、花纹，色彩可以更鲜艳、浓烈些，其他墙面仍然涂刷浅色乳胶漆。儿童房可以选用动物、花卉、卡通图案的壁纸，一般也只铺贴一面墙，不宜全部铺贴，避免让孩子感到枯燥无味。至于混搭风格，墙面壁纸可以选用抽象的几何图案、粗宽的竖向条纹、对比强烈的色彩，壁纸中的图案给人朦胧、模糊的印象，将房间的视觉中心集中在家具、配饰上，让壁纸成为衬托即可。■

第50课　窗帘质量重在面料

　　窗帘的主要功能是遮光并保护隐私，但是在家居装修中也充当了其他重要角色，它能以独特的造型、绚丽的色彩、完整的垂挂方式来烘托整个家居氛围，强调整个空间的装饰风格等。选购窗帘主要关注窗帘的面料，下面详细介绍窗帘的选购。

1. 窗帘种类

1）百叶窗帘

　　百叶窗帘有水平与垂直两种，水平百叶窗帘由横向板条组成，只要稍微改变一下板条的旋转角度，就能改变采光与通风。板条有木质、钢质、纸质、铝合金质和塑料的，板条宽为50mm、25mm、15mm的薄条，特点是灵活、轻便。垂直百叶窗帘可以用铝合金、麻丝织物等制成，条带宽有80mm、90mm、100mm以及120mm。百叶窗帘适用于书房、娱乐室，或用于室内玻璃隔墙旁（见图4-44）。

2）卷筒窗帘

　　卷筒窗帘的特点是不占空间、简洁素雅、开关自如，这种窗帘有多种形式，其中常见的手动窗帘一拉就到某部能停住，再一拉就弹回卷筒内（见图4-45）。此外，还有通过链条或电动机升降的产品。

图4-44　百叶窗帘

图4-45　卷筒窗帘

卷筒窗帘使用的帘布可以是半透明的，也可以是乳白色及有花饰图案的编织物。卷筒窗帘开关快捷，占用空间较小，适用于面积较小的卧室与或儿童房，可以采用不透光的暗幕型织物。

3）折叠窗帘

折叠窗帘的机械构造与卷筒窗帘差不多，一拉即下降，所不同的是第2次拉的时候，窗帘并不像卷筒窗帘那样完全缩进卷筒内，而是从下面一段段打褶升上来（见图4-46）。适用于窗户面积较大的客厅、餐厅、卧室，当窗帘完全开启后仍会有一部分遮挡住窗户，可以在窗前增设灯光来补充光照。

4）垂挂窗帘

垂挂窗帘的组成最复杂，由窗帘轨道、装饰挂帘杆、挂帘楣幔、窗帘、吊件、窗帘缨束、配饰五金件等组成（见图4-47）。这种窗帘除了不同类型选用不同织物与式样以外，以前比较注重窗帘盒的设计，但是现在已渐渐被无窗帘盒的装饰窗帘杆所替代，另外，用垂挂窗帘的窗帘缨束围成的帷幕形式也成为一种流行的装饰形式。垂挂窗帘适用于卧室、书房中的落地窗，楣幔与大尺寸窗帘形成丰富的对比层次，能体现出温馨的家居氛围。

2．面料特性

1）麻织物

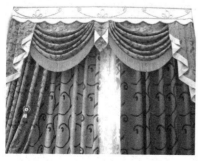

图4-46　折叠窗帘

图4-47　垂挂窗帘

麻织物属植物纤维，特别适合制作窗帘。麻织物的布面光洁平整，富有弹性，透气性好，吸湿散热性强，抗霉菌性能好，抗水性能好，不易受水的侵蚀而发霉，对酸碱的敏感性较低。但是麻织物的弹性较差，洗后不用拧水即可直接悬挂晾干。麻织物的熨烫温度为180°，喷水后可直接在反面熨烫。

　　2）毛织物

　　用于窗帘的天然毛织物坚牢耐磨，尤其是羊毛纤维表面有一层鳞片保护着，使织物具有较好的耐磨性能。毛织物质地轻盈，保暖性好，特别是经过缩绒的粗纺呢绒，表面耸立着平整的绒毛，能抵御窗外冷空气的侵袭。毛织物的弹性、抗皱性能好，羊毛具有天然卷曲性，回弹率高，织品的弹性好，用毛织物制作的窗帘经过熨烫定形后，不易发生褶皱，能较长时间保持呢面平整、挺括，但有时会出现毛球现象。此外，它不易褪色，一般均采用较高工艺染色，使染色渗入到纤维内层，窗帘的色泽能保持较长时间。但是毛织物耐碱性能差，因为动物蛋白潮湿状态下易霉烂、生虫，洗涤难度较大，水洗后会缩水变形，只能干洗，可以购买专用丝毛洗涤剂洗涤。

　　3）涤纶

　　涤纶织物具有较高的强度与弹性恢复能力，不仅坚牢耐用，而且挺括抗皱，洗后免熨烫。涤纶织物吸湿性较小，湿后强度不下降，不变形，涤纶织物具有良好的耐磨性与热塑性。但是抗熔性较差，在使用中接触烟灰、火星立即形成孔洞。

　　4）锦纶

　　锦纶织物的耐磨性能居各种天然纤维与化学纤维织物之首，同类产品比毛织物高20倍，比涤纶织物高约4倍。其强度也很高，且湿态强度下降极小，具有良好的耐用性。锦纶织物的弹性及弹性恢复性有极好，但在小外力下易变形。锦纶织物耐热性与耐光性均差，在使用过程要注意洗涤、熨烫条件，以免损坏。

5）腈纶

腈纶织物的弹性与蓬松度可与天然羊毛媲美，不仅挺括抗皱，而且保暖性较好。腈纶织物的耐光性居各种纤维之首，腈纶织物色泽艳丽，与羊毛适当比例混纺可改善外观色泽并且不影响手感。在化纤织物中，腈纶织物比较轻，但是腈纶纤维结构决定其织物耐磨性不佳，是化纤织物中耐磨性最差的产品。

6）粘胶纤维

粘胶纤维具有吸湿、透气、柔软、悬垂性好等优势，吸湿性能在化纤化中最佳，粘胶纤维织物手感柔软、色泽艳丽，优于其他化纤织物，有华丽高贵之感。普通粘胶织物的悬挂垂直性好，刚度、回弹性及抗皱性较差。高湿模量粘胶纤维织物的手感柔软、表面光滑，湿态下变形小，具有较好的耐磨性，能耐洗涤、耐碱，含棉的混纺织物可进行丝光处理。

3．选购要点

1）整体效果

薄型织物如薄棉布、尼龙绸、薄罗纱、网眼布等制作的窗帘，不仅能透过一定程度的自然光线，同时还可以使人在白天的室内有一种隐秘感与安全感（见图4-48）。厚型窗帘对于形成独特的室内环境及减少外界干扰更具有显著的效果。在选购厚型窗帘时，宜选择灯芯

图4-48　薄型窗帘

图4-49　遮光窗帘

绒、呢绒、金丝绒、毛麻织物之类的材料。对于装饰要求比较高的家居空间，窗帘要考虑用双层双轨的形式，靠窗的一层用较薄的丝织品或尼龙镂花窗帘，目的在于既透光又遮挡视线，外层则选用厚重的遮光帘或镶边丝绒，目的在于遮光或显示风格（见图4-49）。

2）花色图案

织物的花色要与室内空间相协调，根据住宅所在地区的环境与季节而定。夏季宜选用冷色调织物，冬季宜选用暖色调织物，春秋两季则应选择中性色调织物。从家居整体协调的角度上来看，应考虑与墙体、家具、地板等的色泽是否一致。

3）式样与尺寸

一般小面积房间的窗帘应以比较简洁的式样为好，以免使空间因为窗帘的繁杂而显得更为窄小。而对于大空间，则宜采用比较大方、气派、精致的式样。窗帘的宽度尺寸，一般以两侧比窗户各宽出100mm左右为宜。窗帘底部应视窗帘式样而定，短式窗帘也应长于窗台底线200mm左右为宜，落地窗帘一般应距地面100mm左右。■

第51课 水电管线粗细有别

水电管线施工在家居装修领域通常被称为隐蔽工程，由于水电管线被埋藏在墙体内部或安装在专用箱盒内，一次施工完毕后即不能随意更改，因此对材料的质量要求很高，直接影响使用安全。鉴别水电管线质量的关键在于粗细，下面详细介绍各种水电管线材料。

1. 水管

1）金属软管

金属软管又称为金属防护网强化管，内管中层布有腈纶丝网加强筋，表层布有金属丝编制网。金属软管重量轻、挠性好、弯曲自如，最高工作压力可达4.0MPa。使用温度为-30 ~ 120℃，不会因气候或使用温度变化而出现管体硬化或软化现象，具有良好的耐油、耐化学腐蚀性能（见图4-50）。金属软管的生产以成品管为主，两端均有接头，长度0.3 ~ 20m不等，可以订制生产，常见600mm长的金属软管价格为30元／套。

此外，还有一种不锈钢软管在装修中用作供水管和供气管，尤其是强化燃气软管，取代传统的橡胶软管，普通橡胶软管使用寿命为18个月，而金属软管可达10年。目前我国一些城市已经明令禁止销售普通塑料软管，强制推行使用安全系数较高的金属软管，不易破裂脱落，更不会因虫鼠咬噬而漏水漏气。

2）PP-R管

PP-R管又称为三型聚丙烯管，采用无规共聚聚丙烯材料，经挤出成型，注塑而成的新型管件，在装修中取代传统的金属镀锌管（见图4-51）。PP-R管具有重量轻、耐腐蚀、不结垢、保温节能、使用寿命长的特点。PP-R管每根长4m，$\phi20 ~ \phi125$mm不等，并配套各种接头。$\phi20$mm中档产品价格为8元/m左右。

近年来，随着市场的需求，在PP–R管的基础上又开发出铜塑复合PP–R管、铝塑复合PP–R管、不锈钢复合PP–R管等，进一步加强了PP–R管的强度，提高了管材的耐用性。PP–R管不仅用于冷热水管道，还可用于纯净饮用水系统。PP–R管在安装时采用热熔工艺，可以做到无缝焊接，也可以埋入墙内，完全能满足各种不同场合的需要。

3）PVC管

PVC主要成分为聚氯乙烯，是当今颇为流行并且也被广泛应用的一种合成材料（见图4-52）。PVC可分为软PVC和硬PVC，其中硬PVC材料用作排水管，它是由硬聚氯乙烯树脂加入各种添加剂制成的热塑性塑料管，适用水温不超过45℃，工作压力不超过0.6MPa的排水管道，具有重量轻，内壁光滑，流体阻力小，耐腐蚀性好，价格低等优点，取代了传统的铸铁管，也可以用于电线穿管护套。

PVC排水管有圆形、方形、矩形、半圆形等多种，以圆形为例，$\phi10\sim\phi250$mm不等。此外，PVC管中含化学添加剂酞，对人体有毒害，一般用于排水管，不能用作给水管。$\phi130$mm的中档产品价格为15元/m左右。

2.电线

电线的种类很多，按使用功能主要分为电力线（强电）和信号传

图4-50　金属软管

图4-51　PP-R管

图4-52　PVC管

输线（弱电）。

1）电力线

电力线是用来传输电力的导体管线，能保证照明、电器、设备等系统正常运行，装饰装修所用的电力线通常采用铜作为导电材料，外部包上聚氯乙烯绝缘套（PVC），在形式上一般分为单股线和护套线两种（见图4-53）。单股线即是单根电线，内部是铜芯，外部包PVC绝缘套，需要穿接专用阻燃PVC线管，方可入墙埋设，为了方便区分，单股线的PVC绝缘套有多种色彩，如红、绿、黄、蓝、紫、黑、白和绿黄双色等；护套线为单独的一个回路，包括一根火线和一根零线，外部有PVC绝缘套统一保护，PVC绝缘套一般为白色或黑色，内部电线为红色与彩色，安装时直接埋设到墙内，使用方便。

电力线铜芯有单根和多根之分，单根铜芯的线材比较硬，多根缠绕得比较软，方便转角。无论是护套线还是单股线，都以卷为计量，每卷线材的长度标准应该为100m。电力线的粗细规格一般按铜芯的截面面积来划分，照明用线选用1.5mm^2，插座用线选用2.5mm^2，空调等大功率电器设备的用线选用4mm^2，超大功率电器可以选用6mm^{2}等。

2）信号传输线

信号传输线又称为弱电线，用于传输各种音频、视频等信号，在

图4-53 电力线

图4-54 插座面板

装饰工程中主要有电脑网线、有线电视线、电话线、音响线等。由于是信号传输，导体的材料就多种多样了，如铜、铁、铝、铜包铁、合金铜等。信号传输线一般都要求有屏蔽功能，防止其他电流干扰，尤其是电脑网线和音响线，在信号线的周围，有铜丝或铝箔编织成的线绳状的屏蔽结构，带防屏蔽的信号线价格较高，质量稳定。

3）开关插座面板

目前在装修中使用的开关插座面板主要采用防弹胶等合成树脂材料制成，防弹胶又称为聚碳酸酯，这种材料硬度高，强度高，表面相对不会泛黄，耐高温（见图4-54）。此外，还有电玉粉，氨基塑料等材料，这些都具备耐高温，表面不泛黄，硬度高等特点。

中高档开关插座面板的防火性能、防潮性能、防撞击性能等都较好，表面光滑，面板要求无气泡、无划痕、无污迹。开关拨动的手感轻巧而不紧涩，插座的插孔须装有保护门，内部的铜片是开关最关键的部分，具有相当的重量。现代装修所选用的一般是暗盒开关插座面板，线路都埋藏在墙体内侧，开关的款式、档次应该与家居风格相吻合。白色的开关是主流，大部分装修的整体色调是浅色，也有特殊装饰风格选用黑色、棕色等深色开关。市场上最简单的单开控制面板，价格为8～15元／个。开关插座面板的价格折扣很大，厂商的定价都要打3～5折，原价基本没卖过，所以选购时要仔细询问实际价格。■

第52课　油漆涂料适宜搭配

油漆涂料，在我国传统行业内都称为油漆，这种材料可以用不同的施工工艺涂覆在物件表面，形成黏附牢固、具有一定强度与连续性的固态薄膜，这样形成的膜通称为涂膜，又称为漆膜或涂层。在家居装修中，油漆涂料具有很强的挥发性，应当选用环保产品，各种产品还需适宜搭配，满足不同部位、材料的使用需要。

1．混油

混油又称为铅油，是采用颜料与干性油混合研磨而成的产品，外观黏稠，需要加清油溶剂搅拌方可使用（见图4-55）。这种漆遮覆力强，可以覆盖木质材料纹理，与面漆的黏结性好，经常用作涂刷面漆前的打底，也可以单独用作面层涂刷，但是漆膜柔软，坚硬性较差，适用于对外观要求不高的木质材料打底，或作为金属焊接构造的填充材料。

混油使用简单，色彩种类单一，传统的使用方法是直接涂刷在木质、金属构造表面，现在以混油装饰为主的装饰设计风格在众多的装饰风格中脱颖而出，它以丰富活泼的色彩，良好的视觉效果而深受大众喜爱。

2．调和漆

现代调和漆是一种高级油漆，一般用作饰面漆，在生产过程中已经经过调和处理，相对于不能开桶即用的混油而言，它不需要现场调配，可直接用于装饰工程施工的涂刷。

1）油性调和漆

油性调和漆是以干性油与颜料研磨后加入催干剂、溶解剂调配而成的油漆，它具有吸附力强，不易脱落、松化，经久耐用，但干燥、结膜较慢。磁性调和漆又称为磁漆，是用甘油、松香酯、干性油与颜料研磨后加入催干剂、溶解剂配制而成的油漆，其干燥性能比油性调和漆要好，结膜较硬，光亮平滑，但容易失去光泽，产生龟裂（见图4-56）。

2）水性漆

水性漆是以水作为稀释剂的调和漆，它无毒环保，不含苯类等有害溶剂，施工简单方便，不易出现气泡、颗粒等油性漆常见毛病，且漆膜手感好（见图4-57）。水性漆使用后不易变黄，耐水性优良，不燃烧，并且可与乳胶漆等其他油漆同时施工，但是部分水性漆的硬度不高，容易出划痕。中高档调和漆在市场上成套装销售，一般包括面漆、调和剂及光泽剂等，适用于室内外金属、木材及墙体表面涂饰。

3）硝基漆

硝基漆属于调和漆，是一种由硝化棉、醇酸树脂、增塑剂及有机溶剂调制而成的透明漆，属挥发性油漆，具有干燥快、光泽柔和等特点，是目前比较常见的木器及装修用涂料（见图4-58）。硝基清漆分为亮光、半哑光、哑光三种，可以根据需要选用。硝基漆的装饰作用较好，施工简便，干燥迅速，对涂装环境的要求不高，具有较好的硬度和亮度，不易出现漆膜弊病，修补容易。缺点是漆膜保护作用不好，不耐有机溶剂、不耐热、不耐腐蚀。硝基漆主要用于木器及家具

图4-55　混油

图4-56　油性调和漆

图4-57　水性漆

涂装、金属涂装、普通水泥涂装等方面。

4）裂纹漆

裂纹漆是由硝化棉、颜料、体质颜料、有机溶剂，辅助剂等研磨调制而成的调和漆，也正是如此，裂纹漆具有硝基漆的一些基本特性，属于挥发性自干油漆，无须加固化剂，干燥速度快。因此，裂纹漆必须在同一特性的一层或多层硝基漆表面才能完全融合并展现裂纹漆的裂纹特性。由于裂纹漆粉性含量高，溶剂的挥发性大，因而它的收缩性大，柔韧性小，喷涂后内部应力产生较高的拉扯强度，形成良好、均匀的裂纹图案，增强涂层表面的美观，提高装饰性。裂纹漆格调高贵、浪漫，极具艺术韵涵，裂纹纹理均匀，变化多端，错落有致，极具立体美感。效果自然逼真，极具独特的艺术美感，为古典艺术与现代装修的结合品（见图4-59）。

3. 乳胶漆

乳胶漆又称为乳胶涂料、合成树脂乳液涂料，是目前比较流行的内、外墙装修涂料（见图4-60）。传统装修用于涂刷内墙的石灰水、大白粉等材料，由于水性差、质地疏松、易起粉，已被乳胶漆逐步替代。

乳胶漆与普通油漆不同，它是以水为介质进行稀释和分解，无毒无害，不污染环境，它有多种色彩、光泽可以选择，装饰效果清新、淡雅。近年较为流行的丝面乳胶漆，涂膜具有丝质哑光，手感光滑细

图4-58 硝基漆

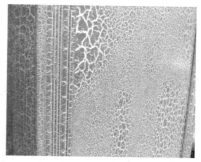

图4-59 裂纹漆

腻如丝绸，能给家居营造出一种温馨的氛围。要想改变色彩只需在原涂层上稍作处理，即可涂刷新的乳胶漆。在欧美发达国家，自己动手涂刷乳胶漆改变住房颜色，已成为一种家庭乐趣。

乳胶漆价格低廉，经济实惠，是现代装修墙顶面装饰的理想材料。市场上销售的乳胶漆多为内墙乳胶漆，桶装规格一般为5L、15L、18L三种，每升乳胶漆可以涂刷墙顶面面积为12～16m²。乳胶漆还可以根据室内设计风格来配置色彩，品牌乳胶漆销售商提供计算机调色服务。

4．真石漆

真石漆又称石质漆，是一种水溶性复合涂料，主要是由高分子聚合物、天然彩石砂及相关辅助剂混合而成（见图4-61）。真石漆是由底漆层、真石漆层、罩面漆层三层组成。真石漆涂层坚硬、附着力强、黏结性好，耐用10年以上，防污性好，耐碱耐酸，且修补容易，与之配套施工的有抗碱性封闭底油与耐候防水保护面油。

真石漆最先用于建筑外墙装饰，近年来进入室内，它的装饰效果酷似大理石和花岗石，主要用于客厅、卧室背景墙和具有特殊装饰风格的家居空间，除此之外，还可用于圆柱、罗马柱等装饰上，可以获得以假乱真的效果。在施工中采用喷涂工艺，装饰效果丰富自然，质感强，并与光滑平坦的乳胶漆墙面形成鲜明的对比。

图4-60　乳胶漆

图4-61　真石漆

警惕涂料销售中的骗术

（1）只销售不服务。商家在销售时只有关于产品的介绍，而绝口不提售后服务。当墙体出现掉色、掉粉等问题时，经销商即使当时答应上门维修，时间也会一拖再拖，最终不了了之。

（2）垃圾漆穿上洋装。市场上一些打着洋品牌的涂料，实际上是在国外以很低的价格进口的垃圾涂料（过期产品），在国内重新灌装，贴上洋品牌销售，利润都在4～5倍左右。

（3）本地产品卖个洋价格。一些采用国产原料的本地产品，质量不稳定，却打上一个洋品牌卖高价。

（4）蓄意夸大功能。商家将一般涂料应该具有的基本功能蓄意夸大，这五种功能包括防霉、易擦洗、覆盖细微裂纹、持久靓丽、气味芬芳。其实涂料的防霉和覆盖功能都是基本功能，现在却被商家拿出来炒作成了卖点。

（5）乱炒概念。抓住一个让装修业主不熟悉的概念大肆炒作，制造卖点，如"太空绿色产品"、"联合国卫生组织验证"、"纳米科技"、"十二五攻关项目"等。

5．特种涂料

1）防锈漆

防锈漆一般分为油性防锈漆与树脂防锈漆两种。油性防锈漆是以精炼干性油、各种防锈颜料和基质颜料经混合研磨后，加入溶解剂、

图4-62　防锈漆

图4-63　防火涂料

图4-64　防水涂料

催干剂制成，其油脂的渗透性、润湿性较好，结膜后能充分干燥，附着力强，柔韧性好。树脂防锈漆是以各种树脂为主要成膜物质，表膜单薄，密封性强（见图4-62）。防锈漆主要用于金属装饰构造的表面，如含铜、铁的各种合金金属。

涂刷防锈漆时一定要将金属构造表面处理干净，注意金属结构之间的边角与接缝，任何缝隙都有可能产生氧化，造成防锈漆脱落。

2）防火涂料

防火涂料可以有效延长可燃材料（如木材）的引燃时间，阻止非可燃结构材料（如钢材）表面温度升高而引起强度急剧丧失，阻止或延缓火焰的蔓延与扩展，使人们争取到灭火与疏散的宝贵时间。

在家居装修中，防火涂料一般涂刷在木质龙骨构造表面，也可以用于钢材、混凝土等材料上，提高使用的安全性（见图4-63）。

3）防水涂料

早期的防水涂料以熔融沥青及其他沥青加工类产物为主，现在仍在广泛使用。近年来以各种合成树脂为原料的防水涂料逐渐发展，按其状态可分为溶剂型、乳液型、反应固化型三类。

溶剂型防水涂料是以各种高分子合成树脂溶于溶剂中制成的防水涂料，能快速干燥，可低温施工。乳液型防水涂料是应用最多的品种，它以水为稀释剂，有效降低了施工污染、毒性和易燃性。反应固化型防水涂料是以化学反应型合成树脂（如聚氨酯、环氧树脂等）配以专用固化剂制成的双组分涂料，是具有优异防水性和耐老化性能的高档防水涂料（见图4-64）。

防水涂料的施工要严谨，不放过任何边角与接缝，一般用于卫生间、厨房及地下工程的顶、墙、地面。■

第53课 洁具灯具注重内质

洁具与灯具产品种类丰富，同类产品的价格差距较大，在选购时仅凭价格来判断质量难免上当受骗，选购的主旨在于洁具与灯具产品的内部质量，下面详细介绍各种洁具、灯具的选购方法。

1. 洁具选购

卫生洁具是厨房、卫生间不可缺少的设施，洁具的功能使用取决于洁具设备的质量，厨卫洁具既要满足使用功能要求，又要满足节水节能等环保要求。

1）陶瓷制品

陶瓷制品是卫生间洁具的主流，如面盆、蹲便器、坐便器、浴缸等，这些制品在使用中容易受到外部污染，表面釉质材料是否耐脏，是否容易残留污垢是选购的重点。陶瓷制品的釉面质量、光滑度、内壁形状是决定产品质量的关键因素，特别是坐便器的用水量小，所以如果内壁质量较差，就会造成不卫生。

在选购时，应当对着光看或用手电筒照射陶瓷的釉面是否平整，是否存在针孔（见图4-65）。还可以带上一瓶有色液体，如可乐、绿茶、酱油等（见图4-66），在釉面滴上数滴饮料，用手铺开让其快速

图4-65 手电筒照射检测

图4-66 滴上酱油检测

蒸发，再用干布或纸巾擦干，检查釉面，无残留斑点的产品质量就比较好，不容易受到污染或残留污垢。此外，须仔细检查陶瓷制品是否有开裂，可以用小铁锤轻轻敲击陶瓷产品边缘，听其声音是否清脆，当声音较沙哑声时则说明陶瓷坯体有裂纹。还可以将瓷件放在平整的平台上，各方向活动检查是否平稳匀称，安装面及陶瓷产品表面边缘是否平正，安装孔是否均匀圆滑。此外，釉面厚度也是一个相当重要的指标，不宜选釉面比较薄的产品。

2）台柜构件

台柜构件一般包括厨房橱柜、卫生间浴柜等家具构件，除了台柜上的陶瓷、石材等材料，还要关注台柜的板材质量。常见的台柜柜体材料为中密度纤维板，标准厚度应不小于15mm，板面具有喷塑涂层，涂层质地细腻、平滑，没有任何毛刺。有的台柜外表色彩多样，是贴纸饰面，要注意边角部位是否存在气泡、皱褶等瑕疵，日后容易脱落，并影响正常使用（见图4-67）。中密度纤维板制作的台柜应当使用成品连接件与螺钉固定，不能用气排钉直接固定。台柜内底面应铺装防潮垫，防止水汽滴落后对板材造成浸泡。中密度纤维板应选用E1级环保产品，板材侧边的密封边条应当粘贴牢固，不能用手指剥揭下来（见图4-68），否则不仅影响美观，还会造成甲醛释放给家居环境带来污染。

图4-67　台柜门板表面　　　　　　图4-68　纤维板密封

3）金属构件

金属构件主要是指洁具中配置的水龙头、排水管与其他五金件，其中水龙头价格差距最大。优质水龙头一般采用纯铜制作内芯，观察龙头内部管道，材料颜色应该是土黄偏红紫色，质地厚实，管口边缘应粗壮敦实（见图4-69）。水龙头的外观都比较光滑，优质产品为不锈钢材料铸造，低档产品为单薄的镀铬工艺制作，容易受到腐蚀脱落。鉴别时可以用手臂内侧的皮肤接触（见图4-70），如果感到特别冰凉，则说明是优质不锈钢材料，排水管的质量鉴别与之类似。其他五金件主要包括拉手与铰链，现在家具拉手多以铝合金材料为主，材质与色彩表里如一，不再采用传统的镀铬产品。

2. 灯具选购

灯具品种繁多，在选购时不能仅凭外观来决定价格，要多方比较。

1）外观标识

购买灯具时应察看灯具标识，如商标、型号、额定电压、额定功率等。外观标识是灯具安全性能中的基本要求，其中额定功率尤为重要，如果功率超标，就有可能造成外壳变形、绝缘层损坏等问题。

2）电线质量

电线质量是保障灯具安全性能的关键因素，用于照明灯具的主电

图4-69 水龙头质地

图4-70 皮肤接触不锈钢表面

线应采用1.5mm²的铜芯线，分支电线应不小于0.5mm²，否则绝缘层容易烧坏而导致短路。打开包装后可以查看电线上的文字标识，不能采用过细过软的铜芯线或铝芯线。电线接头应采用成品塑料套件，不能见到绝缘胶布缠绕的痕迹。

3）各种配件

灯体较大、造型华丽的吊灯应当关注支架构件。选购时应关注其承重支架的结构与材料是否与灯具的重量相称，支架的结构应与灯具的造型相适应，各部分受力均匀，支架构件的截面积应足以支承灯具各部分重量与灯具总重量。节能灯与程控灯中的电子设备应具备反常保护功能，反常保护是指当荧光线路中出现非正常状态时给予的保护，使电子设备仍能正常工作。当发生非正常变化时，电子设备应加保护线路，防止灯具元器件损坏。

目前，市场有很多廉价灯具属于空包产品，即是以散件的形式进行销售没经整体检验的灯具。这些产品只有外壳，灯具附件如镇流器、电线等都都需要在装修在现场搭配，灯具外壳上没有生产厂的标记，一旦发生质量纠纷，没有生产单位对产品的质量负责。因此，最好不要购买这类产品，完整的灯具除了外壳，还需配镇流器、灯座、启动器、电线等零件。■

第54课 辅材质量不可忽视

装修辅材的内容很多，一般配合主材使用，在装修施工中多由施工方负责采购。辅材质量如果不合格，会严重影响装修质量，下面就介绍一些常见辅材的鉴别方法。

1. 水泥

在装修中常用于墙地砖铺贴的水泥为普通硅酸盐水泥，标号为$32.5^{\#}$，25kg／袋，编织袋或牛皮纸袋包装。由于家居装修的水泥用量不大，竞争激烈，一般不选用散装水泥。在选购时要注意以下细节。

1）外观包装

从外观上看包装质量，是否采用了防潮性能好不易破损的三层编织袋或三层牛皮纸袋，看标识是否清楚、齐全。通常，正规厂家出产的水泥应该标有注册商标、产地、生产许可证编号、执行标准、包装日期、袋装净重、出厂编号、水泥品种等。而劣质水泥则往往对此语焉不详。

2）拿捏粉末

打开包装后，水泥粉末呈中灰色，偏少许蓝色，颜色过深或有变化有可能是杂质过多。粉末不应结块或干裂，用手拿捏粉末会感到细腻、冰凉、干燥，反之则为受潮变质产品（见图4-71）。

3）生产日期

水泥有保质期，超过出厂日期30天的水泥强度将有所下降。储存3个月后的水泥其强度下降20%，6个月后降低约30%，1年后降低40%。选购时最好购买2个月内生产的水泥。

2. 砂

砂是指在湖、海、河等天然水域中形成并堆积的岩石碎屑，如河砂、海砂、湖砂、山砂等。在家居装修中，一般只用河砂。海砂中的氯离子会对钢筋、水泥砂浆造成腐蚀，影响建筑的牢固度。如果要使用海砂，必须经过除盐处理，淡水冲洗后氯离子含量应低于0.02%。为了保险起见，村镇住宅尽量不要用海砂。业主在选购河砂时要注意识别，避免将海砂当做河砂购买。识别方法很简单，仔细观察砂的外观色彩，呈土黄色的为河砂（见图4-72），呈土灰色的为海砂，河砂中有泥块，而海砂中有各种海洋生物，如小贝壳、小海螺等。还可以拾起少量砂用舌尖舔一下，有咸味的就是海砂。

3．胶水

胶水又称为胶粘剂，胶接工艺与传统的钉接、焊接、铆接相比，具有很多优点，如接头分布均匀，适合各种材料，操作灵活，使用简单，当然也存在一些问题，如胶接强度不均，对使用温度与寿命有限定等。不同材料应采用不同的胶水，一种胶水不能同时用到多种构造中，选购时应选择知名品牌，虽然价格稍高，但是质量有保证。常见的胶水有以下几种。

1）硅酮玻璃胶

硅酮玻璃胶是以硅橡胶为原料，加入各种特性添加剂制成，呈黏稠软膏状液体，主要分为酸性玻璃胶与中性玻璃胶，有黑色、瓷白、透明、银灰等多种色彩。硅酮玻璃胶用于干净的金属、玻璃、不含油

图4-71　拿捏水泥粉末

图4-72　河砂

脂的木材、硅酮树脂、加硫硅橡胶、陶瓷、天然及合成纤维、油漆塑料等材料表面，也可以用于木线条背面哑口处、厨卫洁具与墙面的缝隙处等（见图4-73）。不同地方要用不同性能的玻璃胶，中性玻璃胶粘接力比较弱，但是不会腐蚀物体，而酸性玻璃胶一般用在木线背面的哑口处，粘接力很强。

2）粉末壁纸胶

粉末壁纸胶是一种新型的壁纸胶粘剂，取代传统的液态胶水，其特点是粘接力好，无毒无害，使用方便，干燥速度快（见图4-74）。粉末壁纸胶主要适用于水泥、抹灰、石膏板、木板墙等墙顶面粘贴塑料壁纸。调配胶浆时需要塑料桶与塑料搅拌棍，根据胶粉包装盒上的使用说明加入适量清水，边搅动边将胶粉逐渐加入水中，直至胶液呈均匀状态为止。原则上是壁纸越重，胶液的加水量越小，但要根据胶粉包装盒上厂家说明书进行调配，务必采用干净的凉水，不可用温水或热水，否则胶液将结块而无法搅匀。

3）硬质PVC塑料管胶

硬质PVC塑料管胶主要由氯乙烯树脂、干性油、改性醇酸树脂、增韧剂、稳定剂组成，经研磨后加有机溶剂配制而成，具有较好的粘接能力与防霉、防潮性能（见图4-75）。硬质PVC塑料管胶粘剂主要用于穿线管与排水管接头的粘接，施工时要使用砂纸将管道接触表面

图4-73　硅酮玻璃胶

图4-74　粉末壁纸胶

图4-75　硬质PVC塑料管胶

打毛，末端削边或倒角。胶接后在1分钟内固定，24小时后方可使用。胶粘剂容器应该放置阴暗通风处，必须与所有易燃原料保持距离，置于儿童拿不到的地方。

4）白乳胶

白乳胶又称为聚醋酸乙烯乳液，是一种乳化高分子聚合物，无毒无味、无腐蚀、无污染，是一种水性胶粘剂（见图4-76）。白乳胶具有常温固化快、成膜性好、粘接强度大、抗冲击、耐老化等特点，其粘接层具有较好的韧性和耐久性。但是白乳胶的黏度不稳定，尤其在冬季低温条件下，常因黏度增高而导致胶凝，需加热之后才能使用。白乳胶在装饰装修工程中使用方便、操作简单，一般用作水泥增强剂、防水涂料、木材胶粘剂及木制品的粘结、墙面腻子的调和等。

5）801胶

801胶是由聚乙烯醇与甲醛在酸性介质中缩聚反应，再经氨基化后而成，外观为微黄色或无色透明胶体（见图4-77）。801胶具有毒性小、无味、不燃等优势，施工中无刺激性气味，其耐磨性、剥离强度及其他性能均优于107胶。但是在生产过程中仍然含有未反应的甲醛，游离甲醛含量应不超过1g／kg，含固量应不小于9%。801胶主要用于乳胶漆基层腻子粉的调配，或根据需要掺在铺贴瓷砖的水泥砂浆中，以增强水泥砂浆或混凝土的胶粘强度，主要起到界面基层与装

图4-76 白乳胶

图4-77 801胶

图4-78 聚氯丁二烯胶粘剂

饰材料之间黏合过渡的作用。801胶的使用温度在10℃以上，储存期一般为6个月。

6）聚氯丁二烯胶粘剂

聚氯丁二烯胶粘剂适用面很广，属于独立使用的特效胶水，又称为万能胶（见图4-78）。目前，在装修领域使用较多的强力万能胶均采用聚氯丁二烯合成，是一种不含三苯（苯、甲苯和二甲苯）的高质量活性树脂及有机溶剂为主要成分的胶粘剂。聚氯丁二烯强力万能胶为浅黄色液态，含固量高，黏合力强，黏合速度快，黏性保持期长，抗潮湿抗油污，抗紫外线，耐热耐老化，在高温110℃以下灼热不易发泡开裂，在零下20℃不易凝固老化。聚氯丁二烯强力万能胶适用于防火板、铝塑板、PVC板、胶合板、纤维板、地板、有机玻璃片等塑料、木质材料的粘接。

4．腻子粉

腻子粉是指油漆涂料在施工前，对施工面进行预处理的一种表面填充材料。腻子粉分成品腻子与现场调配腻子两种。主要配料是滑石粉、纤维素钠、801胶水，用法只需加入清水搅拌就可使用（见图4-79）。用于墙面、家具、构造表面找平处理，使墙面平整，以便于后期饰面作业。如果腻子粉质量不合格，会导致墙面出现脱分、起皮、龟裂等现象。待施工完毕了，如果腻子干燥后用手模不掉粉、指甲不

图4-79　腻子粉

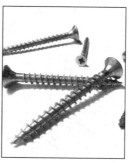

图4-80　钉子

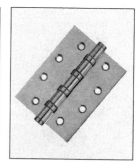

图4-81　合页

划花、水刷不掉就是优质产品。选购腻子粉关键看品牌，品牌产品包装上都贴有防伪标识，刮开涂层拨打电话即可辨别真假。

5．五金配件

五金配件主要用于各种主材、家具、构造之间的连接，起到牢固的作用。

1）钉子

钉子的种类、规格较多，如圆钉、气排钉、螺钉、膨胀螺栓等，选购时主要观察产品的规格与细节。可以用尺精确测量钉子的长度、直径等数据，尤其看长度是否为15mm、20mm、25mm、30mm等整数。观察钉子的端头是否平整、锐利，无锈迹与多余毛刺（见图4-80）。

2）合页

合页又称为轻薄型铰链，房门合页材料一般为全铜与不锈钢两种。单片合页的标准为100mm×30mm和100mm×40mm，中轴规格为$\phi11\sim\phi13$mm之间，合页壁厚为2.5～3mm。为了在使用时开启轻松无噪声，高档合页中轴内含有滚珠轴承，安装合页时也应选用附送的配套螺钉（见图4-81）。

3）铰链

在家具构造的制作中使用最多的是家具体柜门的烟斗铰链，它具

图4-82 铰链

图4-83 吊轮滑轨

图4-84 抽屉滑轨

有开合柜门和扣紧柜门的双重功能（见图4-82）。目前用于家具门板上的铰链为二段力结构，其特点是关门时门板在45°以前可以任一角度停顿，45°后自行关闭，当然也有一些厂家生产出30°或60°后就自行关闭的。柜门铰链分为脱卸式和非脱卸式两种，又以柜门关上后遮盖位置的不同分为全遮、半遮、内藏三种，一般以半遮为主。

4）滑轨

滑轨使用优质铝合金、不锈钢或工程塑料制作，按功能一般分为梭拉门吊轮滑轨与抽屉滑轨。

（1）吊轮滑轨。由滑轨道与滑轮组成，安装于梭拉门上方边侧。滑轨厚重，滑轮粗大，可以承载各种材质门扇的重量（见图4-83）。滑轨长度有1200mm、1600mm、1800mm、2400mm、2800mm、3600mm等，可以满足不同门扇的需要。

（2）抽屉滑轨。由动轨和定轨组成，分别安装于抽屉与柜体内侧两处（见图4-84）。新型滚珠抽屉导轨分为二节轨、三节轨两种，选择时要求外表油漆和电镀质地光亮，承重轮的间隙和强度决定了抽屉开合的灵活和噪声，应挑选耐磨及转动均匀的承重轮。常用规格一般为（长度）300～550mm。■

第五篇　施工工艺

关键词：方法、要点、步骤、工艺

第55课　最标准的施工流程

　　装修的最终效果取决于装修施工能否融合图纸的设计与材料的品质，为了保证装修效果，业主应该了解相关的施工工艺，增进与施工队的沟通。装修施工涉及技术工种多、技术含量高、装修材料复杂、施工空间狭小等多项难题。合理安排施工工序才能协调好施工员、设计图纸、材料之间的关系，充分发挥多方的最大效能，保证施工安全与施工质量。

1．装修施工流程

　　装修施工的工序不能一概而论，要根据现场的实际施工工作量与设计图纸最终确定。例如，住宅面积小但交通方便，则装修材料可以分多次进场；客厅地面需大面积铺设玻化砖，则工序可以提前，与厨房、卫生间瓷砖铺贴同步，但是要注意保护等。具体的装修施工流程如下。

　　1）基础改造

　　根据设计图纸拆除墙体，清除住宅界面上污垢，对空间进行重新规划调整，在墙面上放线定位，制作施工必备的脚手架、操作台等。

　　2）水电隐蔽构造

　　水电工程材料进场，在地、墙、顶面开槽，布设给水排水管路（见图5-1），布设电路，给水通电检测，修补线槽。

　　3）墙地砖铺贴

　　瓷砖、水泥等材料进场，厨房、卫生间防水处理，墙地砖铺设，完工养护。

　　4）木质构造与家具

　　木质工程材料进场，吊顶墙面龙骨铺设，面板安装及制作，门套窗套制作，墙面装饰施工，木质固定家具制作，木质构件安装调整。

5）涂料涂饰

涂料材料进场，木质构件及家具涂装施工，壁纸铺贴，墙顶面基层抹灰、涂饰，清理养护。

6）成品安装

电器设备、灯具、卫生洁具安装，地板铺装，整体保洁养护。

7）竣工验收

装饰公司与业主对装修工程进行验收，发现问题及时整改，绘制竣工图，拍照存档（见图5-2）。

2．装饰施工基本要求

1）保证建筑结构安全

装修施工必须保证住宅结构安全，不能损坏受力的梁柱、钢筋；不能在混凝土空心楼板上钻孔或安装预埋件；不能超负荷集中堆放材料与物品；不能擅自改动建筑主体结构或房间的主要使用功能。

2）不能损坏公共设施

施工中不应对公共设施造成损坏或妨碍，不能擅自拆改现有水、电、气、通信等配套设施；不能影响管道设备的使用与维修；不能堵塞、破坏上下水管道与垃圾道等公共设施；不能损坏所在地的各种公共标识。施工堆料不能占用楼道内的公共空间与堵塞紧急出口，应避

图5-1　排水管施工　　　　　图5-2　竣工拍照存档

开公开通道、绿化地等市政公用设施。材料搬运中要避免损坏公共设施，如果损坏要及时报告有关部门修复。

3）使用环保材料

装修所用材料的品种、规格、性能应符合设计要求及国家现行有关标准的规定。住宅装修所用材料应按设计要求进行防火、防腐、防蛀处理。施工方与业主应对进场主要材料的品种、规格、性能进行验收，主要材料应有产品合格证书，特殊材料应该具有性能检测报告与使用说明书。现场配制的材料应按设计要求或产品说明书制作。装修后的室内污染物如甲醛、氡、氨、苯与总挥发有机物，应在国家相关标准规范内。

4）施工安全文明

保证现场的用电安全，由电工安装维护或拆除临时施工用电系统，在系统的开关箱中装设漏电保护器，进入开关箱的电源线不能用插销连接。用电线路应避开易燃、易爆物品堆放地，暂停施工时应切断电源。不能在未做防水的地面蓄水，临时用水管不能破损、滴漏，暂停施工时应切断水源。严格控制粉尘、污染物、噪声、振动对相邻居民与周边环境的污染及危害，装修垃圾宜密封包装，并放在指定的垃圾堆放地，工程验收前应将施工现场清理干净。■

第56课 基层工程牢固可靠

装修工程正式开始，首先要做的就是基础改造，为后继施工创造良好的施工环境。约好时间，业主与施工方一同前往装修现场，对施工项目、施工周期作交底。如果施工员已经到场可以边开工边商议。

1. 拆墙施工

拆墙施工比较简单，一般都是小工、杂工去干。首先，用粉笔在要拆的墙上作上记号，标清拆除边缘。然后，使用大锤从下向上敲击，墙体两侧都要敲击，不能只敲一侧，否则振动会破坏建筑结构。接着，当墙体拆到横梁或立柱边缘时，再用小锤敲击边角，尽量修饰平整（见图5-3）。最后，将拆下的墙砖与碎碴装袋搬运至物业指定位置。

拆墙时使用大锤用力敲击墙体，会产生很大振动，影响整体建筑结构，尤其会造成混凝土中的钢筋与水泥之间发生摩擦，降低建筑结构的牢固性。现在，很多施工方都采用切割机与电锤配合拆墙，专门清除墙体周边与横梁边角部位（见图5-4），既整齐又安全。如果住宅内有下沉式卫生间，还应该保留一些细碎的砖碴，待后继施工回填到卫生间内。当墙体拆除完工后，要仔细检查周边墙体、立柱、横梁

图5-3 拆墙

图5-4 横梁边角

的情况，如果发现较大裂缝，如不小于3mm的裂缝，就要提高警惕，征求施工方的意见，看是否需要用型钢加固。如果只是在某一面墙上开设小于等于1200mm的门、窗洞，要用120#槽钢或工字钢作横梁，用于支撑门、窗洞上部砖块。

2. 抹灰修饰边角

对于拆除的墙体边缘要作重新抹灰，缺口较大的墙角还需要填补轻质砖。使用32.5#水泥、经过网筛的河砂与水调和成1：2.5（体积比：水泥为1，砂为2.5）的水泥砂浆，水分适中，不能过干或过稀，用手抓一把水泥砂浆起来，以不滴水、不松散为宜。有的施工员图轻松，一次调配出很多水泥砂浆待用，为了延长干燥时间，初次加水过多，造成抹灰墙角松散变形，产生裂缝。此外，加水过多还会渗漏到楼板下，影响邻里关系。因此，每次调配水泥砂浆只使用两袋水泥与相应河砂即可。

使用水泥砂浆修整墙角时要注意水平度与垂直度，必要时应先放线定位，再采用钢板找平。为了进一步强化质量，可以选用成品护角边条，在面层抹灰之前镶嵌在墙角后再作抹灰。仅凭施工员个人感觉很难做出横平竖直的墙角，严重影响后期施工。

3. 墙体砌筑

有的砖墙过于单薄，厚度甚至小于120mm，这类砖墙只拆一部分，恐怕会破坏未拆的部分，因此，应将整面墙全部拆除，再根据设计要求，对需要保留的部分作重新砌筑，这样保留墙体形态会更完整些。

重新砌墙一般从下向上施工。无论是采用红砖还是轻质砖，施工前都要在新旧墙交界处洒水浸湿，地面须清扫干净。砌砖用的水泥砂浆比例为1：3，水泥标号为32.5#，砖块应尽量选用大小统一、方正有角的砖块，砂的含泥量应小于5%。砌砖时应拉线，保证每排砖的缝隙应统一成水平线，主体要垂直，不能有漏缝砖，每天砌砖高度应不低于1.5m。顶上收口为45°斜角，并反向制作收口。在新旧墙连接

正确认识隔墙

拆墙一直是装修中的热门话题，拆墙甚至成为装修的代名词，是装修的必修课。拆墙的目的是为了拓展起居空间、变化交通流线，使家居空间更适合业主的生活习惯，但是拆墙又会对建筑结构造成影响。以往大多数人认为，只要不拆承重墙就没事，或者拆了顶楼的承重墙也没事。其实这都是误解，建筑中的任何隔墙都具有承载重力的功能，即使是非承重墙也能起到一定的坚固作用，就像一个木制板凳，每两条腿之间都有一根横撑，如果横撑增加到三根，那么会更加经久耐用。将非承重墙拆了，建筑的横梁与立柱之间就完全失去了依托，对住宅的抗风、抗震性能都会存在消极影响。尤其是周边环境很空旷，住宅对抗风性要求就高，室内墙体拆除过多还会造成外墙裂缝、渗水。

如果觉得现有隔墙特别影响生活起居，可以有选择地拆除，如厚度不超过180mm的砖墙，拆墙总面积应不超过20m²。当然，很多施工方是鼓励主业拆墙的，拆得越多，消费越高，施工就越复杂，他们的收益也就越丰厚。厚度大于180mm的砖墙最好不要拆，如果要求拓展流通空间，可以在砖墙上开设一个宽度不超过1200mm的门洞。卫生间、厨房、阳台、庭院中或周边的墙体也不要随意拆除，这些墙体上有防水涂料，墙体周边布置了大量管线，一旦破坏很难发现并及时修补，导致日后渗水、漏水。如果希望将卫生间、厨房的隔墙做成玻璃，拆墙时一定要在底部保留高度不低于200mm，并重新涂刷防水涂料。承重墙、立柱、横梁是千万不能拆除的，有的施工方认为拆了可以替换上型钢，起到支撑作用，钢材的辅助支撑往往难以承担原结构的作用。

识别是否为承重墙、立柱、横梁比较简单，可以对照原有建筑设计图来判定。承重墙的厚度大多不小于200mm，立柱与横梁大多会凸出于墙体表面。如果实在无法确认，可以用小锤将墙体表面的抹灰层敲掉，如果露出带有碎石与钢筋的混凝土层就说明这是承重墙，如果露出的是蓝灰色的轻质砖，一般可以拆除。当然，厚度不小于200mm的砖墙还是要慎重考虑，高层或房龄超过10年的住宅最好不要拆除现有墙体，可以通过外观装饰来改变空间氛围。

处，每砌600mm高度须插入两根∅6mm钢筋，长度不小于400mm，钢筋入墙体或柱内须用专用胶水固定。

新旧墙表面水平或直角连接必须用铁丝网加强防裂处理，两边宽度不小于150mm，并用水泥钉固定。砌筑墙体前须在地面上开槽当做墙基，开槽深度以地面抹灰层厚度为准。墙体底部要用C20混凝土浇筑地梁，地梁的高度不小于150mm，宽度按砖宽来定制，其后在地梁上砌筑墙体会很牢固。新旧墙体之间要镶嵌钢丝网，防止墙体开裂，顶部砖块须倾斜45°砌筑（见图5-5）。新筑墙体门、窗洞上方须增加钢筋混凝土过梁，其中配置4根ϕ8mm钢筋，两边超出门洞应不小于120mm，用于承载上部砖墙的重量。墙面抹灰前要在墙面上作标筋线，保证水泥砂浆抹灰的厚度一致。墙面抹灰须从下向上进行，时刻注意平整度，完成后用水平尺校对。

4. 墙面粉刷

粉刷能有效保护砌筑的砖墙，施工前必须提前8小时浸水湿透，设置垂直标筋，标筋间距不超过1.2m，上下端头距离墙体边缘应不超过600mm。粉刷的水泥砂浆为1∶3，墙角与墙面应用钢板扫平（见图5-6）。门套两边及上方必须粉刷，并保证水平与垂直，粉刷后的水平、垂直角误差应不超过3mm。现场须清扫干净，多余砂子袋装，砖块统一堆放或退出现场，养护7天以上。墙体砌筑与粉刷在现代家装中运用已不多了，现代住宅寸土寸金，为了节约占地面积，除了卫生间与厨房的隔墙，一般都采用轻钢龙骨来制作。■

图5-5　铁丝网加强

图5-6　墙面找平

第57课　隐蔽工程安全至上

　　水电隐蔽构造施工对安全性要求很高，水电管线一旦封闭到墙体中就不能再调整，施工前一定要求绘制比较完整的施工图，并在施工现场与施工员交代清楚。

1. 给水管安装

1）施工方法

　　首先，查看厨房、卫生间的施工环境，找到给水管入口。大多数住宅只将给水管引入至厨房、卫生间后就不作延伸了，在施工中应就地开口延伸，但是不能改动原有管道的入户方式。然后，根据设计要求在墙面开凿穿管所需的孔洞与暗槽，现代家装中的给水管都布置在顶部，管道会被厨房、卫生间的扣板遮住。因此，一般只在墙面上开槽，而不会破坏地面防水层。接着，根据墙面开槽尺寸对给水管下料并预装，布置周全后仔细检查是否合理，其后就正式热熔安装，并采用各种预埋件与管路支托架固定给水管。最后，采用打压器为给水管试压，使用水泥修补孔洞与暗槽。

2）施工要点

　　（1）施工前要根据管路改造设计要求，将穿墙孔洞的中心位置要用十字线标记在墙面上，用电锤打洞孔，洞孔位置准确，洞壁平直。安装前还要清理管道内部，保证管内清洁无杂物。

　　（2）安装时注意接口质量，同时找准各管件端头的位置与朝向，以确保安装后连接各用水设备的位置正确，管线安装完毕后应清理管路。水路走线开槽应该保证暗埋的管道在墙内、地面内，装修后不应外露。开槽注意要大于管径约20mm，管道试压合格后墙槽应用1：3水泥砂浆填补密实，填补厚度为墙内冷水管应不小于10mm，热

水管应不小于15mm，嵌入地面的管道应不小于10mm。明装单根冷水管道距墙表面应为15～20mm，冷热水管位置为左热右冷，平行间距应不小于200mm（见图5-7）。

（3）明装热水管穿墙应设套管，其两端应与墙面持平。管接口与设备受水口位置应正确，管卡应进行防腐处理并安装牢固。当墙体为多孔砖墙时，应凿孔并填实水泥砂浆后再进行固定件安装；当墙体为轻质隔墙时，应在墙体内设置预埋件，预埋件应与墙体连接牢固。

（4）管道敷设应横平竖直，各类阀门的安装位置应正确且平正，便于使用与维修，并整齐美观。室内明装给水管道的管径一般都在15～20mm之间。管径不超过20mm的给水管道固定管卡的位置应设在转角、水表、水龙头、三角阀及管道终端的100mm处。管道暗敷在墙内或吊顶内，均应在试压合格后做好隐蔽工程验收记录。

（5）给水管道安装完成后，在隐蔽前应进行水压试验，给水管道试验压力应不小于0.6MPa（见图5-8）。没有加压条件下的测试办法可以关闭水管总阀，打开总水阀门30分钟，确保没有水滴后再关闭所有的水龙头。打开总水阀门30分钟后查看水表是否走动，包括缓慢走动，如果有走动，即为漏水了，如果没有走动，即为没有渗漏。

2．排水管安装

排水管道的水压小，管道粗，安装起来相对简单。很多住宅的厨

图5-7　PP-R管开槽

图5-8　给水管试压

房、卫生间都设置好了排水管，一般不必刻意修改，只是按照排水管的位置来安装洁具即可。但是有的住宅为下沉式卫生间，只预留一个排水孔，所有管道均需要现场设计、制作。

1) 施工方法

首先，查看厨房、卫生间的施工环境，找到排水管出口。现在大多数住宅将排水管引入厨房与卫生间后就不作延伸了，需要在施工中对排水口进行必要延伸，但是不能改动原有管道的入户方式。然后，根据设计要求在地面上测量管道尺寸，对管道下料并预装。厨房地面一般与其他房间等高，如果要改变排水口位置只能紧贴墙角作明装，待施工后期用地砖铺贴转角作遮掩，或用橱柜作遮掩。下沉式卫生间不能破坏原有地面防水层，管道都应在防水层上布置安装。如果卫生间地面与其他房间等高，最好不要对排水管进行任何修改，作任何延伸或变更，否则都需要砌筑地台，给出入卫生间带来不便。接着，布置周全后仔细检查是否合理，其后就正式胶接安装，并采用各种预埋件与管路支托架固定管道。最后，采用盛水容器为各排水管灌水试验，观察排水能力以及是否漏水，局部可以使用水泥加固管道。下沉式卫生间需用细砖渣回填平整，回填时注意不要破坏管道。

2) 施工要点

（1）量取管材长度后，裁切管材时，两端切口应保持平整，锉除毛边并作倒角处理。粘接前必须进行试装，清洗插入管的管端外表约50mm长度与管件承接口内壁，再用涂有丙酮的棉纱擦洗一次，然后在两者粘接面上用毛刷均匀涂上一层胶粘剂即可，不能漏涂。涂毕立即将管材插入对接管件的承接口，并旋转到理想的组合角度，再用木槌敲击，使管材全部插入承口；在2分钟内不能拆开或转换方向，及时擦去接合处挤出的胶粘剂，保持管道清洁。

（2）安装PVC排水管应注意管材与管件连接件的端面要保持清洁、干燥、无油，并去除毛边与毛刺。管道安装时必须按不同管径的要求设置管卡或吊架，位置应正确，埋设要平整，管卡与管道接触应紧密，但不能损伤管道表面（见图5-9）。采用金属管卡或吊架时，金属管卡与管道之间应采用橡胶等软物隔垫。其他新型管材的安装应按生产企业提供的产品说明书进行施工。

3．防水施工

给水排水管道都安装完毕后，就需要开展防水施工。所有毛坯住宅厨房、卫生间都有防水层，但其所用材料不确定，防水施工质量不明确，即使在装修施工中没有破坏原有的防水层，也应该重新施工。

1）施工方法

首先，要保证厨房、卫生间的地面必须平整、牢固、干净、无明水，如有凹凸不平及裂缝必须抹平。然后，选用优质防水涂料按规定比例准确调配，对地面、墙面分层涂覆。根据不同类型防水涂料，一般须涂刷2～3遍，涂层应均匀，间隔时间应不短于12小时，以干而不粘为准，总厚度为1mm左右。最后，须经过认真检查，涂层不能有裂缝、翘边、鼓泡、分层等现象。使用素水泥浆将整个防水层涂刷一遍，待水泥干燥后，必须再采取封闭灌水的方式，进行检测渗漏试验，如果24小时后检测无渗漏，方可继续施工。

2）施工要点

（1）无论是厨房、卫生间，还是阳台，除了地面满涂外，墙面

图5-9 排水管组装

图5-10 闭水试验

防水层高度要达到300mm，卫生间淋浴区的防水层应不低于1600mm。与浴缸相邻的墙面，防水涂料的高度也要比浴缸上沿高出300mm。要注意与卧室相邻的卫生间隔墙，一定要对整面墙体涂刷一次防水涂料。如果经济条件允许，防水层最好都能做到顶，保证潮气不散到室内。做完防水一定要做闭水试验（见图5-10）。

（2）如果是住宅二次装修，更换卫生间的地砖，将原有地砖凿去之后，先要用水泥砂浆将地面找平，然后再做防水处理。这样可以避免防水涂料因薄厚不均而造成渗漏。卫生间墙地面之间的接缝以及管道与地面的接缝，是最容易出现问题的地方，接缝处要涂刷到位。

4．电路施工

电路施工在装修中涉及的面积最大，遍布整个住宅，全部线路都隐藏在顶、墙、地面及装修构造中，需要严格操作。

1）施工方法

首先，根据完整的电路施工图现场草拟布线图，使用墨线盒弹线定位，用铅笔在墙面上标出线路终端插座、开关面板的位置。对照图纸检查是否有遗漏。然后，在顶、墙、地面开线槽，线槽宽度及数量根据设计要求来定。埋设暗盒及敷设PVC电线管，将单股线穿入PVC管。接着，安装空气开关、各种开关插座面板、灯具，并通电检测。最后，根据现场实际施工状况完成电路布线图，备案并复印交给下一工序的施工员。

2）施工要点

（1）设计布线时，执行强电走上，弱电在下，横平竖直，避免交叉，美观实用的原则。使用切割机开槽时深度应当一致，一般要比PVC管材的直径要宽10mm。住宅入户应设有强弱电箱，配电箱内应设置独立的漏电保护器，分数路经过空气开关后，分别控制照明、空调、插座等。空气开关的工作电流应与终端电器的最大工作电流相匹配。

（2）PVC管应用管卡固定，PVC管接头均用配套接头，用

PVC胶水粘牢，弯头均用弹簧弯曲构件，暗盒、拉线盒与PVC管都要用螺钉固定。PVC管安装好后，统一穿电线，同一回路的电线应穿入同一根管内，但管内总根数应不超过8根，电线总截面积不应超过管内截面积的40%，暗线敷设必须配阻燃PVC管（见图5-11）。

（3）当管线长度大于15m或有两个直角弯时，应增设拉线盒。吊顶上的灯具位应设拉线盒固定。穿入配管导线的接头应设在接线盒内，线头要留有余量约150mm左右，接头搭接应牢固，绝缘带包缠应均匀紧密。安装电源插座时，面向插座的左侧应接零线（N），右侧应接火线（L），中间上方应接保护地线（PE）。保护地线一般为2.5mm²的双色线，导线间与导线对地间电阻必须大于0.5Ω。

（4）电源线与通信线不能穿入同一根管内。电源线及插座与电视线及插座的水平间距应不小于0.3m。电线与暖气、热水、燃气管之间的平行距离应不小于0.3m，交叉距离应不小于0.1m。电源插座底边距地宜为300mm，开关距地宜为1.3m。挂壁空调插座高1.8m，厨房各类插座高0.95m，挂式消毒柜插座高1.8m，洗衣机插座高1m，电视机插座高0.65m。同一房间的插座面板应在同一水平标高上，高差应不超过5mm（见图5-12）。■

图5-11 电路布设

图5-12 开关插座暗盒安装

第58课 瓷砖铺贴避免空鼓

在装修中，墙地砖铺贴是技术性极强，且非常耗费工时的施工项目。一直以来，墙地砖铺贴水平都是衡量装修质量的重要参考，很多业主甚至能自己动手贴瓷砖，但是现代装修所用的墙砖体块越来越大，如果不得要领，铺贴起来会很吃力，而且容易造成空鼓。

1. 墙面砖铺贴

一般铺贴卫生间、厨房墙面瓷砖需要5～7天左右，如果加上客厅地砖则会更长。

1）施工方法

首先，清理墙面基层，铲除水泥疙瘩，平整墙角，但是不要破坏防水层。同时，选用于墙面铺贴的瓷砖浸泡在水中3～5小时后取出晾干。然后，配置1∶1水泥砂浆或素水泥浆待用，对铺贴墙面洒水，并放线定位，精确测量转角、管线出入口的尺寸并裁切瓷砖。接着，在瓷砖背部涂抹水泥砂浆或素水泥，从下至上准确粘贴到墙面上，保留的缝隙要根据瓷砖特点来定制。最后，采用瓷砖专用填缝剂填补缝隙，使用干净抹布将瓷砖表面擦拭干净，养护待干。

2）施工要点

（1）选砖时要仔细检查墙面砖的几何尺寸、色差、品种，以及每一件的色号，防止混淆色差。铺贴墙面如果是涂料基层，必须洒水后将涂料铲除干净，凿毛后方能施工。检查基层平整、垂直度，如果高度误差不小于20mm，必须先用1∶3水泥砂浆打底校平后方能进行下一工序。

（2）确定墙砖的排版，在同一墙上的横竖排列，不宜有一行以上的非整砖，非整砖行排在次要部位或阴角处，不能安排在醒目的装饰部位。用于墙砖铺贴的水泥砂浆体积比一般为1∶1，亦可用素水泥浆铺贴（见图5-13）。墙砖粘贴时，缝隙应不超过1mm，横竖缝必须完全贯通，缝隙不能交错。墙砖粘贴时平整度用1m水平尺检查，误差应小于1mm；用2m长的水平尺检查，误差应小于2mm，相邻砖之间平整度不能有误差。

（3）墙砖镶贴前必须找准水平及垂直控制线，垫好底尺，挂线镶贴。镶贴后应用同色水泥浆勾缝，墙砖粘贴时必须牢固，不空鼓，无歪斜、缺楞掉角裂缝等缺陷。腰线砖在镶贴前，要检查尺寸是否与墙砖的尺寸相协调，下腰线砖下口离地应不小于800mm，上腰带砖离地1800mm。墙砖贴阴阳角必须用角尺定位，墙砖粘贴如需碰角，碰角要求非常严密，缝隙必须贯通。墙砖镶贴过程中，要用橡皮锤敲击固定（见图5-14），砖缝之间的砂浆必须饱满，严防空鼓，墙砖的最上层铺贴完毕后，应用水泥砂浆将上部空隙填满，以防在制作扣板吊顶钻孔时破坏墙砖。

（4）第2次采购墙砖时，必须带上样砖，选择同批次产品。墙砖与洗面台、浴缸等的交接处，应在洗面台、浴缸安装完后再补贴。墙砖在开关插座暗盒处应该切割严密，当墙砖贴好后上开关面板时，面板不能存在盖不住的现象。墙砖镶贴时，遇到开关面板或水管的出水孔在墙砖中间时，墙砖不允许断开，应用电钻严密钻孔。墙砖镶贴

图5-13　墙砖背后涂抹素水泥浆

图5-14　橡皮锤敲击平整

时，应考虑与门洞平整接口，门边框装饰线应完全将缝隙遮掩住，检查门洞垂直度。墙砖铺完后1小时内须用填缝剂勾缝，保持清洁干净。

（5）墙面砖铺贴是技术性极强的工作，在辅助材料备齐、基层处理较好的情况下，每个施工员1天能完成5~8m²。陶瓷墙砖的规格不同、使用的粘结材料不同、基层墙面的管线数量不同等，都会影响到施工工期。所以，实际工期应根据现场情况确定。墙面砖的铺贴施工，可以与其他项目平行或交叉作业，但要注意成品保护。

（6）住宅建筑外墙铺贴墙面砖的方法与内墙相似，只是在施工中要作2级放线定位，其中1级为横向放线，在建筑外墙高度间隔1.2~1.5m放一根水平线，可以根据铺贴墙砖的规格或门窗洞口尺寸来确定间距，用于保证墙砖的水平度。2级为纵、横向交错放线，一般是边铺贴边放线，主要参考1级放线的位置，用于确定每块墙砖的铺贴位置。住宅建筑外墙铺贴施工一般从上至下进行，边铺贴边养护，同时顺带填补外墙上的脚手架孔。

2．地面砖铺贴

地面砖一般为高密度瓷砖、抛光砖、玻化砖等，铺贴的规格较大，不能有空鼓存在，铺贴厚度也不能过高，避免与地板铺设形成较大落差，因此，地面砖铺贴难度相对较大。

1）施工方法

首先，清理地面基层，铲除水泥疙瘩，平整墙角，但是不要破坏楼板结构。然后，配置1：2.5水泥砂浆待干，对铺贴墙面洒水，放线定位，精确测量地面转角与开门出入口的尺寸，并对瓷砖作裁切。普通瓷砖与抛光砖仍须浸泡在水中3~5小时后取出晾干（见图5-15），将地砖预先铺设并依次标号。接着，在地面上铺设平整且黏稠度较干的水泥砂浆，依次将地砖铺贴在到地面上，保留缝隙根据瓷砖特点来定制。最后，采用专用填缝剂填补缝隙，使用干净抹布将瓷砖表面的水泥擦拭干净，养护待干。

2）施工要点

（1）地面上刷一遍清水泥浆或直接洒水，注意不能积水，防止通过楼板缝渗到楼下。在建房中，已经抹光的地面须进行凿毛处理。当地面高差超过20mm时要用1：3水泥砂浆找平。地砖铺设前必须全部开箱挑选，选出尺寸误差大的地砖单独处理或是分房间、分区域处理，选出有缺角或损坏的砖重新切割后用来镶边或镶角，有色差的地砖可以分区使用。

（2）地砖铺贴前应经过仔细测量，再通过计算机绘制铺设方案，统计出具体地砖数量，以排列美观与减少损耗为目的，并且重点检查房间的几何尺寸是否整齐。使用1：2.5水泥砂浆，砂浆应是干性，手捏成团稍出浆，粘接层厚度应不小于12mm，灰浆饱满，不能空鼓。普通瓷砖与抛光砖在铺贴前要充分浸水后才能使用。铺贴之前要在横竖方向拉十字线，贴的时候横竖缝必须对齐。贯通不能错缝，地砖缝宽1mm，不能超过2mm，施工过程中要随时检查。特别注意地砖是否需要拼花或是按统一方向铺贴，切割地砖一定要准确，预留毛边位后打磨平整、光滑。门套、柜底边等处的交接一定要严密，缝隙要均匀，地砖边与墙交接处缝隙应小于5mm。

（3）地砖铺设时，随铺随清，随时保持清洁干净。地砖铺贴的平整度要用不小于1m的水平尺检查，相邻地砖高度误差应不超过

图5-15　瓷砖浸水

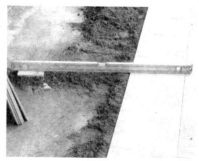

图5-16　水平尺校正

1mm（见图5-16）。地砖铺贴施工时，其他工种不能污染或踩踏，地砖勾缝在24小时内进行，随做随清，并做养护与一定保护措施。地砖空鼓现象，控制在1%以内，在主要通道上的空鼓必须返工。

（4）地砖可以由多种颜色组合，尤其是釉面颜色不同的地砖可以随机组合铺装，其视觉效果千差万别，令人遐想，这是对传统对称统一审美观的挑战，它适合较大厅堂采用。留缝铺装也是现在流行的趋势，适用于仿古地砖，它主要强调历史的回归。釉面处理得凹凸不平，直边也做成腐蚀状，对于铺装时留出必要的缝隙并用彩色水泥填充，使整体效果统一，强调了凝重的历史感。地面采用45°斜铺与垂直铺贴相结合，这会使地面由原来较为单调的几何线条变得更丰富，增强了空间的立体感并活跃了环境氛围。

（5）地砖铺设后随时保持清洁，不能有铁钉、泥沙、水泥块等硬物，以防划伤地砖表面。乳胶漆、油漆等易污染工序，应在地面铺设珍珠棉加胶合板后方可操作，并随时注意防止污染地砖表面。乳胶漆落地漆点，在10分钟内用湿毛巾清洁，防止干硬后不易清洁。铺贴门界石与其周围砖时应加防水剂到水泥砂浆中铺贴。卫生间地漏与地面的坡度为1%为宜。墙地砖对色要保证2m处观察不明显，平整度须用2m水平尺检查，误差应小于3mm，砖缝控制在2mm以内，时刻保持横平竖直。这些细节都能反应施工员的真实技术水平。■

第59课 吊顶隔墙要求平整

木质构造与家具的施工内容最多，施工时间最长，容易令人疲惫，很多业主都会感到枯燥，不是每天都到现场管理施工，因此要督促施工员注意质量。

1. 石膏板与胶合板吊顶

一般装修业主会要求在客厅、餐厅顶面制作石膏板或胶合板吊顶，其中石膏板吊顶用于外观平整的吊顶造型，胶合板用于弧度较大的曲面吊顶造型。石膏板与胶合板吊顶主要由吊杆、骨架、面层等三部分组成。吊杆承受吊顶面层与龙骨架的荷载，并将重量传递给屋顶的承重结构，吊杆大多使用钢筋。骨架承受吊顶面层的荷载，并将荷载通过吊杆传给屋顶承重结构。面层具有装饰室内空间、降低噪声、界面保洁等功能。

1）施工方法

首先，在顶面放线定位，根据设计造型在顶面、墙面钻孔，放置预埋件。然后，安装吊杆于预埋件上，并在地面或操作台上制作龙骨架。接着，挂接龙骨架于吊杆上，对龙骨架作防火、防虫处理。最后，钉接石膏板或胶合板并对钉头作防锈处理，并全面检查。

2）施工要点

（1）顶面与墙面上都应放线定位，分别弹出标高线、造型位置线、吊挂点布局线与灯具安装位置线。在墙的两端固定压线条，用水泥钉与墙面固定牢固。依据设计标高，沿墙面四周弹线，作为顶棚安装的标准线，其水平允许偏差±5mm。

（2）石膏板吊顶可用轻钢龙骨，轻钢龙骨抗弯曲性能好，但是不能弯曲，如需制作弧线造型，仍要使用木龙骨（见图5-17）。木质龙骨架顶部吊点固定有两种方法：一种是用φ5mm以上的射钉直接将角钢或扁铁固定在顶部；另一种是在顶部钻孔，用膨胀螺栓固定预制件做吊点，吊点间距应当反复检查，保证吊点牢固、安全。木龙骨安装要求保证没有劈裂、腐蚀、死节等质量缺陷，截面长30～40mm，宽40～50mm，含水率应不超过10%。

（3）遇藻井吊顶时，应从下至上固定压条，阴阳角都要用压条连接。注意预留出照明线的出口。吊顶面积过大可以在中间铺设龙骨。当藻井式吊顶的高差大于300mm时，应采用梯层分级处理。龙骨结构必须坚固，大龙骨间距应不超过500mm。龙骨固定必须牢固，龙骨骨架在顶、墙面都必须有固定件。木龙骨底面应刨光刮平，截面厚度一致并作防火处理。

（4）石膏板用于平整面的面板，胶合板用于弧形面的面板，也可以用于吊顶造型的转角或侧面。面板安装前应对安装完的龙骨与面板板材进行检查，板面平整，无凹凸，无断裂，边角整齐（见图5-18）。安装饰面板应与墙面完全吻合，有装饰角线的可留有缝隙，饰面板之间的接缝应紧密，同时还要预留出灯口位置。

2．扣板吊顶

扣板吊顶一般用于厨房、卫生间，具有良好的防潮、隔声效果。常用的扣板有塑料扣板与金属扣板两种，塑料扣板一般配置木龙骨，

图5-17　木龙骨基层

图5-18　石膏板吊顶

施工方法与石膏板吊顶相似，金属扣板配置预制成品龙骨，下面主要介绍常用的金属扣板吊顶施工方法。

.1）施工方法

首先，在顶面放线定位，根据设计造型在顶面、墙面钻孔，并放置预埋件；然后，安装吊杆于预埋件上并调整吊杆高度；接着，将金属龙骨安装在吊杆上并调整水平，安装装饰角线；最后，将金属扣板扣接在金属龙骨上，调整水平后揭去表层薄膜，并全面检查。

2）施工要点

（1）根据吊顶的设计标高在四周墙面上弹线，弹线应清晰，位置应准确，其水平偏差为±5mm。确定龙骨位置线，因为每块铝合金块板都是已成型饰面板，尽量不再切割分块，为了保证吊顶饰面的完整性与安装可靠性，需要根据金属扣板的规格来定制，如300mm×600mm或300mm×300mm。当然，也可以根据吊顶的面积尺寸来安排吊顶骨架的结构尺寸（见图5-19）。

（2）主龙骨中间部分应起拱，龙骨起拱高度不小于房间面跨度的5％。吊杆应垂直并有足够的承载力，吊杆接长时，必须搭接牢固，焊缝均匀饱满，并作防锈处理。吊杆距主龙骨端部应不超过300mm，否则应增设吊杆，以免下坠，覆面龙骨应紧贴承载龙骨安装。

（3）龙骨完成后要全面校正主、次龙骨的位置及水平度。连接

图5-19　铝合金扣板吊顶

图5-20　铝合金扣板吊顶

件应错位安装，检查安装好的吊顶骨架，应牢固可靠。沿标高线固定角铝，角铝的作用是吊顶边缘部位的封口，角铝常用规格为25mm×25mm，其色泽应与金属扣板相同，角铝多用水泥钉固定在墙上。

（4）安装金属扣板时，应把次龙骨调直。金属方块板组合要完整（见图5-20），四围留边要对称均匀，将安排布置好的龙骨架位置线画在标高线的上端。吊顶平面的水平误差应小于5mm。

3. 石膏板隔墙

当家居装修需要进行不同功能的空间分隔时，最常采用的就是石膏板隔墙了，而砖砌隔墙现在已经很少采用了。大面积平整的石膏板隔墙应采用轻钢龙骨作基层骨架，小面积弧形隔墙可以采用木龙骨与胶合板饰面。

1）施工方法

首先，清理基层地面、顶面与周边墙面，分别放线定位，根据设计造型在顶面、地面、墙面钻孔，放置预埋件；然后，沿着地面、顶面与周边墙面制作边框墙筋，并调整到位；接着，分别安装竖向龙骨与横向龙骨，并调整到位；最后，将石膏板竖向钉接在龙骨上，对钉头作防锈处理，封闭板材之间的接缝，并全面检查。

2）施工要点

（1）隔墙的位置放线应按设计要求，沿地、墙、顶弹出隔墙的中心线及宽度线，宽度线应与隔墙厚度一致，位置应准确无误。安装轻钢龙骨时，应按弹线位置固定沿地、沿顶龙骨及边框龙骨，龙骨的边线应与弹线重合。龙骨的端部应安装牢固，龙骨与基层的固定点间距应不超过600mm。安装沿地、沿顶龙骨时，保证隔断墙与墙体连接牢固。安装竖向龙骨应垂直，潮湿的房间与钢丝网抹灰墙，龙骨间距应不超过400mm。安装支撑龙骨时，应先将支撑卡口件安装在竖向龙骨的开口方向，卡口件距离以400~600mm为宜，距龙骨两端的距离宜为20~25mm。安装贯通龙骨时，小于3m的隔墙安装一道，3~5m高的隔墙安装两道（见图5-21）。饰面板接缝处如果不在龙骨上时，应加设龙骨固定饰面板。在门窗或特殊节点处安装附加龙骨时应符合设计要求。

（2）安装木龙骨时，木龙骨的横截面面积及纵、横间距应符合设计要求。骨架横、竖龙骨宜采用开半榫、加胶、加钉的方式连接。安装饰面板前，应对龙骨进行防火处理。骨架隔墙在安装饰面板前应检查骨架的牢固程度、墙内设备管线及填充材料的安装是否符合设计要求。如有隔声要求，可以在龙骨间填充各种隔声、吸声材料。

（3）安装纸面石膏板宜竖向铺设，长边接缝应安装在竖龙骨上。龙骨两侧的石膏板接缝应错开安装，不能在同一根龙骨上接缝。轻钢龙骨应用自攻螺钉固定，木龙骨应用普通螺钉固定，沿石膏板周边钉接间距应不超过200mm，钉与钉的间距应不超过300mm，螺钉与板边距离应为10～15mm。安装石膏板时应从板材的中部向板的四周固定。钉头略埋入板内，但不得损坏纸面，钉头应进行防锈处理。石膏板与周围墙或柱应留有3mm的槽口，以便进行防开裂处理（见图5-22）。

（4）安装胶合板饰面前应对板材的背面进行防火处理。胶合板与轻钢龙骨的固定应采用自攻螺钉，与木龙骨的固定采用圆钉，钉距宜为80～150mm，钉帽应砸扁。采用射钉枪固定时，钉距宜为80～100mm。阳角处应做护角，用木压条固定时，固定点间距应不超过200mm。■

图5-21　石膏板隔墙龙骨

图5-22　石膏板隔墙

第60课 木质构造精益求精

需要现场制作的木质构造品种繁多，一般包括各种柜件、背景墙、软包饰面等内容，下面详细介绍这些木质构造的制作工艺。

1. 柜件

常见的木质柜件包括鞋柜、电视柜、装饰酒柜、书柜、衣柜、储藏柜与各类木质隔板，木质柜件制作在木构工程中占据相当比重。虽然现在不少业主都主张购买成品家具或订购集成家具，但是现场制作的柜件能与房型结构紧密相连，可以选用更牢固的板材。下面就以衣柜为例，详细介绍施工方法。

1）施工方法

首先，清理制作衣柜的墙面、地面、顶面基层，放线定位，根据设计造型在墙面、顶面上钻孔，放置预埋件；然后，对板材涂刷封闭底漆，根据设计要求制作指接板或木芯板柜体框架，调整柜体框架的尺寸、位置、形状；接着，将柜体框架安装到位，制作抽屉、柜门等构件，钉接饰面板与木线条收边，对钉头作防锈处理，将接缝封闭平整；最后，安装各种铰链、拉手、挂衣杆、推拉门等五金件，全面检查调整。

2）施工要点

（1）用于制作衣柜的指接板、木芯板、胶合板必须为高档环保材料，无裂痕、无蛀腐，且用料合理。制作框架前，板材表面内面必须涂刷封闭底漆，靠墙的一面须涂刷防潮漆。柜体深度应不超过700mm，单件衣柜的宽度应不超过1600mm，过宽的衣柜应分段制作再拼接，板材接口与连接处必须牢固（见图5-23）。

（2）平开门门板宽度一般应不超过450mm，高度应不超过

1500mm，最好选用E0级厚18mm高档木芯板制作（见图5-24）。薄木饰面板表面不能有缺陷，在完整的饰面上不能看到纹理垂直方向的接口，平行方向的接缝也要拼密，其他偏差范围应严格控制在有关审美范围之内。安装饰面板时，要注意将该处的强、弱电线拉出，出线孔的位置、标高应符合原始设计要求。饰面板拼接花纹时，接口紧密无缝隙，木纹的排列应纵横连贯一致。安装时尽可能采用气钉枪固定，控制钉孔的数量与明显度。

（3）木质装饰线条收边时应与周边构造平行一致，连接紧密均匀。木质饰边线条应为干燥木材制作，无裂痕、无缺口、无毛边、头尾平直均匀，其尺寸、规格、型号要统一。长短视装饰件的要求而合理挑选，特殊木质花线在安装前应按设计要求选型加工。如果要在柜件上安装玻璃，可以先在玻璃上钻孔，再用镀铬螺钉将玻璃固定在木骨架与衬板上，或用硬木、塑料、金属等材料的压条压住玻璃，用钉子固定。对于面积较小的玻璃可以直接用玻璃胶将其粘在构件上。

2．背景墙

背景墙是现代家装突出亮点的核心部位。只要条件允许，背景墙无处不在，如门厅背景墙、客厅背景墙、餐厅背景墙、走道背景墙、床头背景墙等。背景墙制作工艺要求精致，配置的材料要丰富，施工难度较大，它能反映出整个住宅的装修风格与业主的文化品位。

图5-23　衣柜基础

图5-24　衣柜柜门

1）施工方法

首先，清理基层墙面、顶面，分别放线定位，根据设计造型在墙面、顶面钻孔，放置预埋件；然后，根据设计要求沿着墙面、顶面制作木龙骨，作防火处理，并调整龙骨尺寸、位置、形状；接着，在木龙骨上钉接各种罩面板，同时安装其他装饰材料、灯具与构造；最后，全面检查固定，封闭各种接缝，对钉头作防锈处理。

2）施工要点

（1）背景墙的制作材料很多，要根据设计要求谨慎选用，先安装廉价且坚固的型材，后安装昂贵且易破损的型材（见图5-25），例如，先安装木龙骨，钉接石膏板、胶合板、木芯板、薄木饰面板，后安装灯具、玻璃、成品装饰板、壁纸等材料。背景墙要求特别精致，墙面造型丰富，但是在装饰构造上不要承载重物，壁挂电视、音响、空调、电视柜等设备应安装在基层墙面上。如果背景墙造型过厚，必须焊接型钢延伸出来再安装过重的设备（见图5-26）。

（2）如果要在背景墙上挂壁液晶电视，墙面就要保留合适位置用于安装预理挂件及足够的插座，可以暗埋一根 $\phi 50 \sim \phi 70 mm$ PVC管，所有的电线通过该管穿到下方电视柜，如电视线、电话线等。

（3）背景墙在施工时，应将地砖的厚度、踢脚线的高度考虑进去，使各个造型协调，如果没有设计踢脚线，面板、石膏板的应该在

图5-25 背景墙骨架

图5-26 背景墙饰面与电视支架

地砖施工后再安装，以防受潮。

3．软包饰面

软包饰面一般用于对隔声要求较高的卧室、书房、活动室与视听间，是一种高档墙面装修手法。

1）施工方法

首先，清理基层，放线定位，根据设计造型在墙面钻孔，放置预埋件；然后，根据实际施工环境对墙面作防潮处理，制作木龙骨安装到墙面上，作防火处理，并调整龙骨尺寸、位置、形状；接着，制作软包单元，填充弹性隔声材料；最后，将软包单元固定在墙面龙骨上，封闭各种接缝，全面检查。

2）施工要点

（1）软包饰面所用填充材料、纺织面料、木龙骨、木基层板等均应进行防火、防潮处理。木龙骨宜采用凹槽榫工艺预制，可整体或分片安装，软包单元的填充材料制作尺寸应正确，棱角应方正（见图5-27），与木基层板粘结紧密，织物面料裁剪时应经纬顺直。

（2）安装应紧贴构造表面，接缝应严密，花纹应吻合，无波纹起伏、翘边、褶皱现象，表面须清洁。软包布面与压线条、踢脚线、开关插座暗盒等交接处应严密、顺直、无毛边，电器盒盖等开洞处套割尺寸应准确（见图5-28）。■

图5-27　软包单元

图5-28　软包墙面

第61课　涂饰工程重在基层

涂饰是装修后期的必备工序，主要包括在木质造型、家具上涂饰油漆，在墙面、顶面上涂饰乳胶漆或刷涂、喷涂、滚涂各种薄、厚、复层涂料。涂饰工程的施工重点在于基层处理。

1．抹灰

抹灰是针对粗糙水泥墙面或外露砖墙墙面进行的找平施工，通过抹灰为内墙乳胶漆涂饰打好基础，方便下一步工序。

1）施工方法

首先，检查抹灰墙面的完整性，记下凸出与凹陷强烈的部位。对墙面四角吊竖线、横线找水平，弹出基准线、墙裙线与踢脚线，做冲筋线；然后，墙面湿水，采用1∶2水泥砂浆对墙面、顶面的阴阳角找方整，做门窗洞口护角；接着，采用1∶2水泥砂浆作基层抹灰，厚度宜为5~7mm，待干后采用1∶1水泥砂浆作找平层抹灰，厚度宜为5~7mm；最后，采用素水泥浆找平面层，养护。

2）施工要点

（1）抹灰用的水泥宜为32.5#普通硅酸盐水泥，不同品种、不同标号的水泥不能混用。抹灰施工宜选用中砂，用前要经过网筛，不能含有泥土、石子等杂物。如果用石灰砂浆抹灰，所用石灰膏的熟化期应不少于15天，罩面用磨细生石灰粉的熟化期应不少于3天。水泥砂浆拌好后，应在初凝前用完，凡是结硬砂浆不能继续使用（见图5-29）。

（2）基层处理必须合格，砖砌体应清除表面附着物、尘土，抹灰前洒水湿润。混凝土砌体的表面应凿毛或在表面洒水润湿后涂刷掺加适当胶粘剂的1∶1水泥砂浆。加气混凝土砌体则应在润湿后刷界面剂，边刷边抹1∶1水泥砂浆。

（3）各抹灰层之间粘结应牢固，用水泥砂浆或混合砂浆抹灰时应待前一层抹灰层凝结后，才能抹第2层。用石灰砂浆抹灰时，应待前一层达到80%干燥后再抹下一层（见图5-30）。底层抹灰的强度不得低于面层抹灰的强度。在不同墙体材料交接处的表面抹灰时，应采取防开裂的措施，如贴防裂胶带或加细金属网等。

（4）洞口阳角应用1∶2水泥砂浆做暗护角，其高度应小于2m，每侧宽度应不小于50mm。大面积抹灰前应设置标筋线，制作好标筋找规矩与阴阳角找方正是保证抹灰质量的重要环节，它将影响一系列后续工序。水泥砂浆抹灰层应在抹灰24小时后进行养护。抹灰层在凝固前，应防止震动、撞击、水冲、水分急剧蒸发。冬季施工时，抹灰面的温度应大于5℃，抹灰层初凝前不能受冻。

2．油漆涂饰

油漆涂饰主要用于木质构造、家具表面的各种油性漆、水性漆的涂饰，它能起到封闭木质纤维，保护木质表面，光亮美观的作用。现代家装中使用的清漆多为调和漆，需要在施工中不断勾兑，在挥发过程中不断保持合适的浓度，保证涂饰均匀。

1）施工方法

首先，清理涂饰基层表面，铲除多余木质纤维，使用0#砂纸打磨木质构造表面与转角，上润油粉；然后，根据设计要求与木质构造的

图5-29　水泥砂浆

图5-30　墙面抹灰

纹理色彩对成品腻子粉调色,修补钉头凹陷部位,待干后用240#砂纸打磨平整(见图5-31);接着,整体涂刷第一遍底漆,待干后复补腻子,采用360#砂纸打磨平整,整体涂刷第两遍面漆,采用600#砂纸打磨平整;最后,在使用频率高的木质构造表面涂刷第三遍面漆(见图5-32),待干后打蜡、擦亮、养护。

2)施工要点

(1)打磨基层是涂刷油漆的重要工序,应首先将木器表面的尘灰、油污等杂质清除干净。上润油粉时用棉丝蘸油粉涂抹在木器的表面上,用手来回揉擦,将油粉擦入到木材的空洞内。涂刷清油时,手握油刷要轻松自然,手指轻轻用力,以移动时不松动、不掉刷为准。

(2)涂刷时蘸次要多、每次少蘸油,力求勤刷、顺刷,依照先上后下、先难后易、先左后右、先里后外的顺序操作。基层处理要保证表面油漆涂刷不会失败,清理周围环境,防止尘土飞扬。油漆都有一定毒性,对呼吸道有较强的刺激作用,施工中要注意通风。硝基漆施工最好作无气喷涂,每次都要将硝基漆轻轻搅拌均匀,加入适量稀释剂,注意喷涂均匀,间隔4～8小时再重复喷一遍。每次喷涂干燥后都要用1000#～1500#砂纸仔细打磨(见图5-33)。面漆需要涂刷4～5遍才有遮盖能力。对于台面、柜门等重点部位,累积涂饰施工要达到10遍。

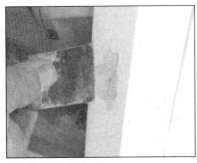

图5-31 腻子修补

图5-32 涂刷清漆

3. 乳胶漆涂饰

乳胶漆在家装中的涂饰面积最大，用量最大，主要涂刷于室内墙面、顶面与装饰构造表面，还可以根据要求作调色，变幻效果丰富。

1）施工方法

首先，清理涂饰基层表面，对墙面、顶面不平整的部位填补石膏粉腻子，并用240#砂纸对界面打磨平整。然后，对涂刷基层表面作第一遍满刮腻子，修补细微凹陷部位，待干后采用360#砂纸打磨平整，满刮第二遍腻子，仍采用360#砂纸打磨平整。接着，根据界面特性选择涂刷封固底漆，复补腻子磨平，整体涂刷第一遍乳胶漆，待干后复补腻子，采用360#砂纸打磨平整。最后，整体涂刷第二遍乳胶漆，待干后采用360#砂纸打磨平整，养护。

2）施工要点

（1）基层处理是保证施工质量的关键环节，其中保证墙体完全干透是最基本条件，一般应放置10天以上。墙面必须平整，最少应满刮两遍腻子，直至满足标准要求。石膏板面接缝处应粘贴防裂胶带再刮腻子，为防止墙面开裂，必要时可以采用尼龙网封闭局部墙面。

（2）乳胶漆涂刷的施工方法应该采用刷涂、滚涂与喷涂相结合。涂刷时应连续迅速操作，一次刷完。涂刷乳胶漆时应均匀，不能有漏刷、流附等现象（见图5-34）。涂刷一遍，打磨一遍，应具备两

图5-33　砂纸打磨

图5-34　乳胶漆滚涂

壁纸粘贴方法

　　壁纸粘贴是一种较高档次的墙面装饰施工，粘贴工艺复杂，成本高，应该严谨对待。

　　首先，清理涂饰基层表面，对墙面、顶面不平整的部位填补石膏粉腻子，并用240#砂纸对界面打磨平整。然后，对涂刷基层表面作第一遍满刮腻子，修补细微凹陷部位，待干后采用360#砂纸打磨平整，满刮第二遍腻子，仍采用360#砂纸打磨平整，对壁纸粘贴界面涂刷封固底漆，复补腻子磨平。接着，在墙面上放线定位，展开壁纸检查花纹、对缝、裁切，设计粘贴方案，对壁纸、墙面涂刷专用壁纸胶，上墙对齐粘贴。最后，赶压壁纸中可能出现的气泡，严谨对花、拼缝、擦净多余壁纸胶，修整养护（见图5-36）。

　　个轮回。对于非常潮湿、干燥的界面应该涂刷封固底漆。涂刷第二遍乳胶漆之前，应该根据气候对乳胶漆加水稀释。如果需对乳胶漆作调色，应预先准确计算各种颜色乳胶漆的用量，对加入的色彩颜料均匀搅拌（见图5-35），中档乳胶漆用量为12～18m²/L。

　　（3）腻子应与乳胶漆性能配套，最好使用成品腻子，腻子应坚实牢固，不能粉化、起皮、裂纹。卫生间等潮湿处要使用耐水腻子，腻子要充分搅匀，黏度太大可适当加水，黏度小可加增稠剂。施工温度应不低于10℃，室内不能有大量灰尘，最好避开雨天施工。■

图5-35　乳胶漆调色搅拌

图5-36　壁纸对齐接缝

第62课　地板铺装不能简化

地板铺装看似简单，但是步骤却不能缺少。目前，很多地板经销商承诺购买地板即包安装，看似实惠的买卖其中却存在很多隐患，经销商利用业主对地板铺装不了解，指使施工员在铺装过程中简化步骤，降低了地板的舒适性，提高了地板的使用、维修成本。因此，业主一定要了解地板铺装的详细方法。

1. 实木地板安装

1）施工方法

首先，清理房间地面，根据设计要求放线定位，钻孔安装预埋件，并固定木龙骨。然后，对木龙骨及地面作防潮、防腐处理，铺设防潮垫（见图5-37），将木芯板钉接在木龙骨上，并在木芯板上放线定位。接着，从内到外铺装木地板，使用地板专用钉固定，安装踢脚线与分界条。最后，调整修补，打蜡养护。

2）施工要点

（1）所有木地板运到施工现场后，应拆除包装在室内存放7天以上，使木地板与室内温度、湿度相适应后才能使用。木地板安装前应进行挑选，剔除有明显质量缺陷的不合格品。将颜色花纹一致的预铺

图5-37　铺设龙骨与防潮毡

图5-38　紧固地板企口

在同一房间内，有轻微质量缺欠但不影响使用的，可以铺设在床、柜等家具底部，同一房间的板厚必须一致。铺装实木地板应避免在大雨、阴雨等气候条件下施工，最好能够保持室内温度、湿度的稳定。

（2）如果地面基层不平整，应该用水泥砂浆找平后再铺贴木地板，基层含水率应不超过15%。实木地板要先安装地龙骨，再铺装木芯板，龙骨应使用松木、杉木等不易变形的树种，木龙骨、踢脚板背面均应进行防腐处理。安装龙骨时，要用预埋件固定木龙骨，预埋件为螺栓与铅丝，预埋件间距应不超过800mm，从地面钻孔下入。实铺实木地板最好有木芯板作为基层板。对于防潮性较好的房间或高档实木地板也可以直接铺设在防潮垫上。

（3）地板铺装完成后，要进行上蜡处理，同一房间的木地板应一次铺装完成，因此，要备有充足的辅料，并及时做好成品保护，严防污渍、果汁等沾染表面。实木地板铺装后的质量问题，55%以上是铺设施工水平所致；15%是选用劣质辅料，如地面潮湿木龙骨水分太高，或选用腐朽、劣质的人造板、乳胶、劣质油漆等；15%是由于现场维护保养不当；15%才是实木地板自身的质量问题。

2. 复合木地板安装

复合木地板具有强度高、耐磨性好、易于清理的优点，购买后一般由商家派施工员上门安装，铺设工艺比较简单。

首先，要将地面上的砂浆、垃圾与杂物清扫干净。然后，依据设计的排列方向铺设，每个房间找出一个基准边统一放线，周边缝隙保留8mm左右，企口拼接时满涂专用防水胶，缝隙紧密后及时擦清余胶。当安装空间的长度大于8m，宽度大于5m时，要设伸缩缝，安装专用卡条。不同地材交接处需要装收口条，拼装时不要直接锤击表面与企口，必须套用安装垫块再锤击（见图5-38）。■

第63课　灯具洁具安装牢固

设备安装工程是全套装修的最后步骤，在前期装修中涉及的水电、木构等施工员都应如期到场作最后收尾工作，主要安装各种灯具、洁具、地板、成品家具、电器设备等。施工现场十分繁忙，一般顺序为从上至下，由内到外进行，保护好已经完成的装饰构造，需要有条不紊地组织施工。

1. 灯具安装

灯具的样式很多，但是安装方法基本一致，特别注意客厅、餐厅大型吊灯的组装工艺，最好购买带有组装说明书的中、高档产品。

1）施工方法

首先，处理电源线接口，将布置好的电线终端按需求剪切平整，打开包装查看灯具及配件是否齐全（见图5-39），并检验灯具工作是否正常。然后，根据设计要求，在墙面、顶面或家具构造上放线定位，确定安装基点，使用电钻钻孔，并放置预埋件。接着，逐个安装灯具电线接头与开关面板，并将灯具固定到位。最后，测试调整，清理施工现场。

2）施工要点

（1）灯具安装前应熟悉电气图纸，检查灯具型号、规格、数量要符合设计用规范要求。安装电气照明装置一般采用预埋接线盒、吊钩、螺钉、膨胀螺栓或塑料塞等固定方法，严禁使用木楔固定，每个灯具固定用的螺栓应不小于2个。

（2）照明灯具在易燃结构、装饰部位及木器家具上安装时，灯具周围应采取防火隔热措施，并选用冷光源的灯具。室内安装壁灯、床头灯、台灯、落地灯、镜前灯等灯具时，安装高度不超过2.4m的灯

具，金属外壳均应接地，保证使用安全。卫生间、厨房装矮脚灯头时，宜采用瓷螺口矮脚灯头，螺口灯头的零线、火线（开关线）应接在中心触点端子上，零线接在螺纹端子上。台灯等带开关的灯头与开关手柄不应有裸露的金属部分。

（3）装饰吊平顶安装各类灯具时，应按灯具安装说明的要求进行安装。当灯具重量大于3kg时，应在顶面楼板上钻孔，预埋膨胀螺栓固定安装（见图5-40），不能用吊平顶龙骨支架安装灯具。吊顶或墙板内的暗线必须有阻燃套管保护。

2．洁具安装

常用洁具一般包括洗面盆、水槽、坐便器、蹲便器、浴缸、淋浴房等，形态、功能虽然各异，但是安装程序基本相同，重点在于找准给水与排水的位置，并连接严密，不能有任何渗水现象。

1）施工方法

首先，检查给、排水口位置与通畅情况，打开包装查看洁具与配件是否齐全，精确测量给、排水口与洁具的尺寸数据；然后，根据现场环境与设计要求预装洁具，进一步检查、调整管道位置，标记安装位置基线，确定安装基点，使用电钻钻孔，并放置预埋件；接着，逐个安装洁具的给、排水管道，并将洁具固定到位；最后，紧固给水阀门，密封排水口，供水测试，清理施工现场。

图5-39 查看灯具配件

图5-40 使用膨胀螺栓固定

2）施工要点

（1）安装洗面盆时，构件应平整无损裂。洗面盆与排水管连接后应牢固密实，且便于拆卸，连接处不能敞口。洗面盆与墙面接触部位应用玻璃胶嵌缝，安装时不能损坏表面镀层（见图5-41）。

（2）安装水槽时，水槽底部下水口平面必须装有橡胶垫圈，并在接触面处涂抹少量厚白漆。水槽的地面下水管必须高出橱柜底板100mm，便于下水管的连接与封口，下水管必须采用硬质PVC管连接，严禁采用软管连接，且安装相应的存水弯（见图5-42）。水槽与水阀门的连接处必须装有橡胶垫圈，以防水槽上的水渗入下方，水阀门必须紧固不能松动，在水槽与台面的接触面涂抹一层玻璃胶作防渗密封处理。

（3）安装坐便器、蹲便器时，要确定坐便器、蹲便器的规格与排水管距离相符，以排水管口与便器排污口为中心，在地面上划出底座位置线与底脚螺栓安装位置，采用成品橡胶密封圈作为排水管的防水封口。在地面底座所占位置边缘涂抹玻璃胶（见图5-43），可以起到调整坐便器水平的作用。坐便器底座两侧底脚螺栓稍带紧即可，不宜过紧以防底座瓷器开裂。安装水箱必须保持进水立杆、溢流管垂直，不能歪斜，安装扳手连杆与浮球时，上下动作必须无阻，动作灵活。连接进水口的金属软管时，不能用力过大，以通水时不漏为宜，

图5-41　洗面盆排水管

图5-42　水槽排水管

以免留下爆裂漏水的隐患。水箱进水阀距地面高度为150～200mm。坐便器底座禁止使用水泥安装，以防水泥的膨胀特性造成底座开裂，安装完毕作通水试验并做好保护措施。

（4）安装浴缸、淋浴房时，检查安装位置底部及周边防水处理情况，检查侧面溢流口外侧排水管的垫片与螺帽的密封情况，确保密封无泄漏，检查排水拉杆动作是否操作灵活。铸铁、亚克力浴缸的排水管必须采用硬质PVC管或金属管道（见图5-44），插入排水孔的深度要大于50mm，经放水试验无渗漏后再进行正面封闭，在对应下水管部位留出检修孔。浴缸周边的墙砖必须在浴缸安装好以后再进行镶贴，使墙砖立于浴缸周边上方，以防止水沿墙面渗入浴缸底部。墙砖与浴缸周边应留出1～2mm嵌缝间隙，避免热胀冷缩的因素使墙砖与浴缸瓷面产生爆裂。浴缸安装的水平度误差应不超过2mm，浴缸水阀门安装必须保持平整，开启时水流必须超出浴缸边缘溢流口处的金属盖，按摩浴缸的电源必须采用插座连接。安装完毕后必须用塑料薄膜封好，上方开口要用胶合板盖好，以防硬物坠落造成表面损坏。

（5）安装洁具时特别要注意，不能破坏防水层，已经破坏或没有防水层的，要先作好防水，并经12小时积水渗漏试验。各类洁具固定牢固，管道接口严密。洁具安装的基本要求是：平、稳、牢、准，使用情况良好，安装时应轻搬轻放、防止损坏。■

图5-43 坐便器封闭玻璃胶

图5-44 浴缸排水管

第64课　竣工验收技巧多样

竣工验收的细节很多，国家有相应的验收标准，一般业主很难掌握全套验收方法，大多数情况下只能凭感觉来判断，具体验收标准也可以参考上文中的施工内容。下面就介绍一些验收的硬指标，帮助业主验收。

1. 给水排水管道

施工后管道应畅通无渗漏，新增的给水管道必须加压试验检查，如采用嵌装或暗敷时，必须检查合格后方可进入下道工序施工。排水管道应在施工前对原有管道进行检查，确认畅通后，进行临时封堵，避免杂物进入管道。

管道采用螺纹连接时，其连接处应有外露螺纹，安装完毕应及时用管卡固定，管卡安装必须牢固，管材与管件或阀门之间不能有松动，金属热水管必须进行绝热处理。安装的各种阀门位置应符合设计要求，并便于使用及维修。

2. 电气

每户应设分户配电箱，配电箱内应设置电源总断路器，该总断路器应具有过载短路保护、漏电保护等功能（见图5-45）。空调电源插座、厨房电源插座、卫生间电源插座、其他电源插座及照明电源均应设计单独同路。各配电回路保护断路器均应具有过载与短路保护功能，断路时应同时断开相线及零线。

电热设备不能直接安装在可燃构件上，卫生间插座宜选用防溅式。吊平顶内的电气配管，应采用明管敷设，不得将配管固定在平顶的吊杆或龙骨上。灯头盒、接线盒的设置应便于检修，并加盖板。使用软管接到灯位的，其长度应小于1m。软管两端应用专用接头与接线盒，灯具应连接牢固，严禁用木榫固定。金属软管本身应做接地保护。各种强、弱电的导线均不得在吊平顶内出现裸露。照明灯开关不宜装在门后，相邻开关应布置匀称，安装应平整、牢固。

3. 抹灰

平顶及立面应洁净、接槎平顺、线角顺直、粘接牢固，无空鼓、脱层、爆灰、裂缝等缺陷。抹灰应分层进行。当抹灰总厚度不小于25mm时应采取防止开裂的加强措施。不同材料基体交接处表面抹灰宜采取防止开裂的加强措施。当采用加强网时，加强网的搭接宽度不小于100mm。检查抹灰层是否平整，可以用手电筒或灯泡从侧面照射墙面，没有明显阴影即为合格，也可以用IC卡对齐墙角（见图5-46），检查是否存在缝隙。

4. 墙地砖铺贴

墙砖表面色泽基本一致，平整干净，无漏贴错贴。墙面无空鼓，缝隙均匀，周边顺直，砖面无裂纹、掉角、缺楞等现象，每面墙不宜有两列非整砖，非整砖的宽度宜大于原砖的30%。其中，识别墙面是否存在空鼓，可以用小铁锤敲击瓷砖边角，通过声音可以识别。墙面安装镜子时，应保证其安全性，边角处应无锐口或毛刺。卫生间、厨房间与其他用房的交接面处应作好防水处理。地砖镶贴应牢固，表面平整干净，无漏贴错贴，缝隙均匀，周边顺直，砖面无裂纹、掉角、

图5-45 总断路器

图5-46 墙角平整度验收

缺楞等现象，留边宽度应一致。用小锤在地面砖上轻击，应无空鼓声。厨房、卫生间应做好防水层，与地漏结合处应严密。有排水要求的地面镶贴坡度应满足排水设计要求，与地漏结合处应严密牢固。

5. 木质构造

柜体造型、结构与安装位置应符合设计要求。实木框架应采用榫头结构。用手抚摸柜体表面，应该砂磨光滑，无毛刺或锤痕。采用贴面材料时，应粘贴平整牢固，不脱胶，边角处不起翘。柜体台面应光滑平整，柜门与抽屉应安装牢固，开关灵活，柜门下口与台柜底边的位置应平行，其他配件应齐全，安装应牢固、正确。墙饰板表面应光洁，木纹朝向一致，接缝紧密，棱边、棱角光滑，装饰性缝隙宽度均匀。墙饰板应安装牢固，上沿线水平，无明显偏差，阴阳角应垂直。墙饰板用于特殊场合时应做好防护处理。

木质吊顶与隔墙安装应牢固，表面平整（见图5-47），无污染、折裂、缺棱、掉角、锤痕等缺陷，搁置的饰面板无漏、透、翘角等现象。木质吊顶内部构造应进行防火处理，吊顶中的预埋件、钢吊筋等应进行防腐防锈处理，在嵌装灯具等物体的位置要有加固处理，吊顶的垂直固定吊杆不得采用木榫固定。吊顶应采用螺钉连接，钉帽应进行防锈处理。

6. 门窗

门窗安装必须牢固，横平竖直，门窗框与墙体之间的缝隙应采用弹性材料填嵌饱满，并采用密封胶密封，密封胶应粘结牢固。门窗应开关灵活，关闭严密，无倒翘。推拉门窗扇必须有防脱落措施。门窗配件齐全，安装应牢固，位置应正确，门窗表面应洁净，大面无划痕、碰伤。外门外窗应无雨水渗漏。

铝合金门型材的壁厚规格应不小于2mm，窗型材的壁厚规格应不小于1.4mm。PVC塑料门窗表面应干净、光滑，人面应无划痕、碰伤。外门窗应无雨水渗漏，当PVC构件长度超过规定尺寸时，内腔必须加衬增强型钢，增强型钢的壁厚应不小于1.2mm。木门窗应安装牢固，开关灵活，关闭严密，且无反弹、倒翘。表面应光洁，无刨痕、毛刺或锤痕，无脱胶与虫蛀。门窗配件应齐全，位置正确，安装牢固。

7．涂装与裱糊

涂刷或喷涂要均匀，无掉粉、漏涂、露底、流坠，没有明显刷纹，表面无鼓泡、脱皮、斑纹等现象（见图5-48）。壁纸的裱糊应粘贴牢固，表面应清洁、平整，色泽应一致，无波纹起伏、气泡、裂缝、皱折、污斑及翘曲，拼接处花纹图案吻合，不离缝，不搭接，不显拼缝。

8．卫浴设备

外观洁净无损，安装牢固，无松动。不宜在多孔砖或轻型墙中使用膨胀螺栓固定卫生器具。卫生洁具的给水连接管，无凹凸弯扁等缺陷。排水、溢水应畅通无堵，各连接处应密封无渗漏，阀门启闭灵活。卫生洁具与进水管、排污口应严密，无渗漏现象。坐便器应采用膨胀螺栓固定安装，并用玻璃胶密封，底座不能用水泥砂浆固定。浴缸排水必须采用硬管连接且无渗漏。按摩浴缸的电源必须用插座连接，严禁直接接电源，连接处应无渗漏。淋浴房底座应填实，底座安装平整无积水，排水管应采用硬质管连接，淋浴房的玻璃采用安全玻璃，玻璃与墙体结合部应无渗漏现象。■

图5-47 木质吊顶构造

图5-48 乳胶漆涂刷

第65课　开荒保洁轻松自如

　　装修后一般都要对装修界面作必要的保洁，住宅界面是指住宅室内顶、墙、地面，主要装修材料为乳胶漆、壁纸、地板、地砖、石材、地毯等，每种材料的保洁方法均比较独特。业主与家人自己动手能节省开销，提升保洁质量。下面介绍装修后的保洁方法，业主无须任何经验，按照以下内容操作即可达到满意效果。

1. 顶角线条保洁

　　普通石膏线条清洁可以直接使用鸡毛掸子掸去灰尘，如果是在餐厅或客厅顶部的石膏线条可能会有油烟蘸染，这时就在鸡毛掸子末端蘸上少许去油污的洗洁剂掸除1~2遍，紧接着使用蘸有少量清水的干净鸡毛掸子继续清扫1~2遍。这种保养每间隔1个月要做1次，否则油污深重后就很难清除了。木质线条表面一般都涂刷透明清漆，可以用干净拭布蘸少量清水卷在木棍或长杆的头端，用力擦除木线条上的污垢，由于表面有油漆涂饰，所以不难清除上面的油污。塑料边条可采用普通洗洁剂或肥皂水进行清洗，烤漆边条不宜使用强酸强碱性洗洁剂，使用少量中性洗衣粉蘸清水擦洗即可，铝合金边条可以使用钢丝球或金属刷蘸少量肥皂水擦洗。

2. 乳胶漆保洁

　　开窗户、打扫卫生等，都会使灰尘吸附到墙面上，而且，如果墙面长时间不清洁，空气中的水蒸气会与尘土溶解而渗入墙面材料内部，时间长了导致墙面颜色变得暗淡。因此，要对墙面进行定期除尘，保持墙面的清洁，这样会使室内看起来亮敞一些，心情也会感到很舒畅。

　　对墙面进行吸尘清洁时，注意要将吸尘器换吸头，日常发现的特殊污迹要及时擦除（见图5-49），对耐水墙面可用水擦洗，洗后用干毛巾吸干即可。对于不耐水墙面可用橡皮等擦拭或用毛巾蘸些清洁液拧干后轻擦（见图5-50），总之是要及时除去污垢，否则时间一长会留下永久的斑痕。乳胶漆表面光滑，高档品牌可用湿毛巾反复擦洗，毛巾一定要清洁，且要拧干，擦洗时只能轻轻地擦，不能来回多次用力擦，否则会破坏乳胶漆的漆膜。长久挂在墙壁上的画册，相框一旦取下来，墙壁四周会留下痕迹，用软布蘸些清洁剂都可以轻松擦除。

3. 壁纸保洁

如果壁纸的污渍不是由纸与墙灰间的霉痕引起，则较易清除。先用强力去污剂，以一汤匙调在半盆热水中搅匀，以毛巾蘸取拭抹，擦亮后即可以用清水再抹。一般的漂白剂，不稀释也可用来清抹壁纸，但仍需尽快用清水湿抹。在纸质、布质壁纸上的污点不能用水洗，可用橡皮擦轻拭。彩色壁纸上的新油渍，可用滑石粉将其去掉。

4. 地板保洁

地板除了日常擦洗，关键在于打蜡，如果打蜡方法不当，将产生泛白、圈痕、变色等现象。一般最好选择晴好天气打蜡，雨天湿度过高，打蜡会产生白浊现象。为防止洗涤剂积留在沟槽处，浸泡了洗涤剂的抹布要尽量拧干。先使用拧干的抹布或专用保洁布进行擦拭地板表面，特别是沟槽部分，要仔细擦拭（见图5-51），不要残留洗涤

图5-49　墙面吸尘

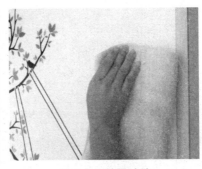

图5-50　墙面清洗

剂。如果残留洗涤剂和水分，会导致表面泛白、鼓胀。擦洗后要待地板表面与沟槽部的水分完全干燥后方可打蜡。根据季节不同，打蜡所需的时间也会发生变化，一般需1天左右，如没有经过充分干燥，地板蜡将不会紧密附着在地板表面，影响美观，产生泛白现象。

打蜡时摇晃装有地板蜡的容器，并充分搅拌均匀，整体打蜡前，可在不醒目之处进行局部试用，确认有无异常。为防止地板蜡污染墙踢脚线和家具，要用胶带纸等对上述部位遮盖。用干净的抹布充分浸蘸地板蜡，以不滴落为宜。如果条件允许，也可以向当地五金器械店租赁打蜡机操作，效果会更好。在地板蜡干燥前不能在地板上行走，干燥通常要花20~60分钟，如有漏涂，要进行补涂。如采用两次打蜡的方式，第二次涂抹时，要在第一次完全干燥后进行。每六个月左右打一次蜡，可以长期保持地板整洁美观。

5．地砖保洁

地砖保洁比较简单，常擦洗即可，关键在于清除缝隙中的污垢，可以在尼龙刷上挤适量的牙膏，然后直接刷洗瓷砖的接缝处。牙膏用量可以根据瓷砖接缝处油污的实际情况来决定，因为瓷砖接缝处的方向是纵向的，所以在刷洗的时候，也应该纵向地刷洗，这样才能将油污刷干净。另外，瓷砖接缝处的主要原料是腻子与白水泥，所以油污黏附在上面后就很难擦洗干净，而牙膏则有很强的清洁作用，清洗效

图5-51　擦洗地板勾缝

图5-52　擦洗地砖缝隙

果较好（见图5-52）。

厨房地砖接缝处很容易就染上油污，这时可以使用普通的蜡烛，将蜡烛轻轻地涂抹在瓷砖接缝处。首先是纵向地涂，这样能让接缝处均匀涂抹上蜡，然后再横向地涂，这样可以让蜡烛的厚度和瓷砖的厚度持平（见图5-53）。因为蜡烛表面光滑，即使有油污沾染在上面，也只要轻轻一擦就干净了。以后再清洗灶台旁瓷砖接缝处的油污，只要用普通洗洁精擦洗就可以了。

6. 地毯保洁

地毯使用时，要求每天用吸尘器清洁一次，这样就能保持地毯干净（见图5-54）。否则时间长了就会造成地毯表面变色、变质，一旦出现局部霉点再清洗就晚了。

日常滚刷吸尘能尽早吸走地毯表面的浮尘，以免灰尘在毛纤维之间沉积。吸尘器上的刷子不但能梳理地毯，而且还能刷起了浮尘与较有黏附性的尘垢，所以清洁效果比单纯吸尘要好。新的污渍必须及时清除，若待污渍干燥或渗入地毯深部，对地毯会产生长期的损害。对于行走频繁的地毯，需要配备打泡箱，用干泡清洗法定期进行中期清洁，以去除黏性尘垢，使地毯保持光洁如新。灰尘一旦在地毯纤维深处沉积，必须采用湿水进行深层清洁，使地毯恢复原有的光亮、清洁。对水有敏感的地毯，可用干泡沫代替水进行清洁。■

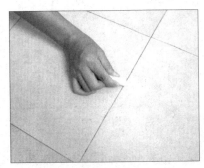

图5-53 地砖缝隙涂抹蜡烛

图5-54 地毯吸尘

第66课　家具设备全面保养

家具与设备的使用频率最高，也最容易污染，日常保养维护要根据应用材料来选择。

1. 家具保养

擦拭家具时，应尽量避免使用肥皂水、洗洁精等清洁剂。这些产品不仅不能有效地去除堆积在家具表面的灰尘，也无法去除打光前的沙土及沙土微粒，反而会在清洁过程中损伤家具表面，让家具的漆面变得黯淡无光。不要用粗布或旧衣服当抹布，最好用毛巾、棉布、棉织品或法兰绒布等吸水性好的布料来擦家具（见图5-55）。对于家具上的五金件可以选用专用清洁剂来辅助擦拭（见图5-56），但是不要将清洁剂随意喷涂到任何木质家具面板上。对家具进行清洁保养时，一定要先确定所用的抹布是否干净，不要重复使用已经弄脏的那一面，这样不但达不到清洁效果，反而会损坏家具的光亮表层。抹布使用完后，一定要洗净晾干。

此外，擦拭家具表面的灰尘不能用干抹布，因为灰尘是由纤维、沙土构成的。如果用干抹布来清洁擦拭家具表面，这些细微颗粒在来回摩擦中，已经损伤了家具漆面。虽然这些刮度微乎其微，甚至肉眼

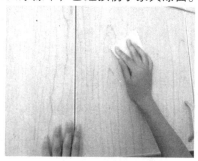
图5-55　家具板面擦拭

图5-56　家具五金件擦拭

无法看到，但时间一长就会导致家具表面黯淡粗糙。

2．窗帘保养

对于一些用普通布料做成的窗帘，可用湿布擦洗，也可按常规方法放在清水中或洗衣机里用中性洗涤剂清洗。易缩水的面料应尽量干洗，实在不方便应与销售商联系，以便放大尺寸与大幅整烫。帆布或麻制成的窗帘清洗后难干燥，因此不宜到水中直接清洗，宜用海绵蘸些温水或肥皂溶液混合擦拭，待晾干后卷起来即可。

天鹅绒窗帘要先将窗帘浸泡在中性清洁液中，用手轻压、洗净后放在倾斜的架子上，使水分自动滴干，就会使窗帘清洁如新了。清洗静电植绒布窗帘（遮光面料）时切忌将其泡在水中揉洗或刷洗，只需用棉纱布蘸上酒精或汽油轻轻地擦就行了。正确的清洗方法应该是用双手压去水或自然晾干，这样就可以保持植绒面料的面貌。卷帘或软性成品帘时应先将窗户关好，在其上喷洒适量清水或擦光剂，然后用抹布擦干，即可使窗帘保持较长时间的清洁、光亮。百叶窗帘平时可用布或刷子清扫，几个月后将窗帘摘下来用湿布擦拭，或用中性洗衣粉加水擦洗即可。

窗帘的拉绳处，可用柔软的鬃毛刷轻轻擦拭。如果窗帘较脏，则可以用抹布蘸些温水溶开的洗洁精，也可用少许氨溶液擦拭。有些部位有用胶粘合的，要特别注意这些位置不能进水，有些较高档的成品帘可以防水，就不用特别小心用水洗了。

3．灯具保养

灯泡保养比较容易，将灯泡取下，用清水冲洗后，往手心内倒些食盐，再往盐面上倒些洗洁精，用手指搅拌均匀。然后用手握住灯泡在手心里转动，并轻轻擦灯泡表面，污垢极易去除，最后用干净的抹布擦拭干净即可（见图5-57）。但是灯罩的材料就多种多样了，灯罩的形状和材质不同，有不同的清洗方法。

布质灯罩可以先用小吸尘器将表面灰尘吸走，然后将洗洁精或家

图5-57　灯泡擦拭　　　　　图5-58　磨砂玻璃灯罩擦拭

具专用洗涤剂倒一些在抹布上，边擦边替换抹布的位置。若灯罩内侧是纸质材料，应避免直接使用洗涤剂，以防破损。磨砂玻璃灯罩可以用软布小心擦洗，或者蘸牙膏擦洗（见图5-58），不平整的地方可用软布包裹筷子或牙签处理。树脂灯罩可用化纤掸子或专用掸子进行清洁。清洁后应喷上防静电喷雾，因为树脂材料易产生静电。褶皱的灯罩可以用棉签蘸水耐心地擦洗，如果特别脏的话，可用中性洗涤剂。金属灯座上的污垢，可先把表面灰尘擦掉后，再在棉布上挤一点牙膏进行擦洗。■

第67课　家装维修自己动手

家装结束后，很多业主都会搁置6～10月才搬入新房，很多装饰公司承诺的保修期都在一年左右。往往装修后的住宅刚投入使用没多久就超出了保修期，这令很多业主很烦恼，掌握一些家装维修技法，自己就能随时解决常见维修难题，降低了维修成本，还能体验自己动手做的乐趣。下面根据装修业主的实际状况，介绍一些能够自己动手解决的维修方法。

1. 水电维修

水电构造属于隐蔽工程，埋藏在墙体内的管线一般不会无端损坏，问题主要出现在外部构造与设备上。维修的主要内容是更换水阀门、软管与开关插座面板。

1）更换水阀门与软管

水阀门与软管是外露的主要水路构件，这些构件使用频率过高或过低都会造成不同程度的损坏，最终导致漏水。更换水阀门与软管比较简单，关键在于购买优质且型号相符的新产品，且更换时理清操作顺序即可。首先，关闭入户水管总阀门，将水管中的余水排尽，使用扳手将坏的水阀门或软管向逆时针方向旋钮下来。然后，对照相应尺寸购买新的产品，水阀门的螺口要使用专用生料带将其缠绕紧密（见图5-59）。最后，使用扳手将水龙头向正时针方向拧紧扶正。如果住宅小区的供水水压长期高低不均，还会造成软管破裂，如果更换频繁则应该考虑使用不锈钢波纹管，成本虽高，但是更加坚固耐用。

2）更换开关插座面板

家装电线一般埋在墙体或吊顶内，加上空气开关的保护，一般情况下是不会断裂、烧毁的，如果发生故障，大多缘于开关插座面板的

磨损。更换开关插座面板要注意安全，不能带电操作，一定要将入户电箱中的空气开关关闭。首先，更换电器灯头或插头，仔细检查开关插座面板，确认已经损坏后关闭该线路上的空气开关，并用试电笔检测确认无电。然后，使用平头螺丝刀将面板拆卸下来，使用十字头螺丝刀将基层板拆卸下来，松开电线插口（见图5-60）。接着，使用平头螺丝刀将坏的开关插座模块用力撬出，注意不要损坏基层板上的卡槽，将新模块安装上去。最后，将零线、火线分别固定到新模块的插孔内，将电线还原至暗盒内，安装还原即可。如果没有十足把握，可以在安装面板之前，打开空气开关通电检测，无任何问题后再安装面板。

3）更换电线

断电后经过多次检测，如果断定是埋藏在墙体内的线路发生故障，这时可以拆除开关插座面板内的线头和该线另一端接头，从面板这头将电线用力向外拉，如果能拉动则说明该线管内比较空。再将电线的另一端绑上新电线，从这端用力向外拉，可以将整条损坏的电线抽出（见图5-61），同时将绑定的新电线置入线管内，这样就完成了电线的整体更换。这种方法适用于穿接硬质PVC管的单股电线，最好在装修时预埋金属穿线管，如果中途转折过多则很难将电线拉出，造成维修困难。

　　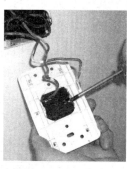　　

图5-59　缠绕生料带　　　　图5-60　拆开电线　　　　图5-61　拉出电线

4）并联电线

将损坏的线路并联到正常的线路上，让一个开关控制两个灯具或电器，或让一条线路分出两个插座（见图5-62）。但是要注意，不能超负荷连接，避免再次损坏。普通1.5mm²的电线一般只能负荷1500W以下的电器，2.5mm²的电线不要超过2500W，至于空调线路还是应该单独分列，不能与其他电器共用。

2. 瓷砖维修

铺设完毕的墙地砖在生活中难免会遭到破坏，或是重物砸落，或是墙体开裂，都会造成墙地砖不同程度破损。如果破损在显眼处就有碍观瞻，这就需要进行维修。瓷砖虽然是用水泥砂浆铺贴的，但是维修起来也并不困难。

1）整块更换瓷砖

如果是墙地砖发生开裂，一般需要整块更换。首先，到五金店租赁一台瓷砖切割机，沿着旧瓷砖边缘内10mm左右进行切割，墙砖的切割深度约6mm，地砖的深度约12mm（见图5-63）。然后，使用平头螺丝刀当做凿子，配合铁锤拆除旧瓷砖，露出水泥砂浆层。接着，继续将水泥砂浆层凿掉一部分（见图5-64），注意不要破坏防水层。最后，使用瓷砖胶粘剂将新瓷砖补贴上去，使用填缝剂修补缝隙即可。如果用素水泥补贴，则应将原有水泥层全部凿掉。

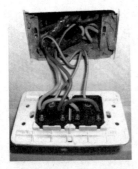

图5-62　并联完成　　　图5-63　切割瓷砖　　　图5-64　凿下水泥

2）修补瓷砖凹坑

修补凹坑比较简单，购买小包装云石胶，采用普通美术颜料调色后直接修补即可，注意调色时要逐渐加深，一旦颜色过深就无法再调浅。待云石胶干燥后用小平铲铲除表面多余部分（见图5-65），再用360#砂纸轻微打磨即可。

3. 家具维修

家具磨损率最高，需要长期保养，家具保养一般为调整五金件和修补破损部位两种形式，要以认真严谨的态度来完成。

1）调整五金件

家具上的五金件一般包括铰链、合页、拉手、滑轨、锁具等。当固定五金件的螺钉松动了，造成家具构件移位，门板、抽屉闭合不严。除了使用螺丝刀紧固外，必要时还需将五金件拆下来，使用木屑或牙签填充螺钉孔，强化螺钉的衔接力度（见图5-66）。

2）修补破损部位

常见的修补方法比较简单。首先，使用铲刀清除家具缺角和凹坑周边的毛刺、结疤和污垢。然后，制作一些细腻的锯末，掺和502胶水或白乳胶，涂抹到破损部位（见图5-67），涂抹应尽量平整，待完全干燥后使用刀片清除多余的部分（见图5-68）。接着，使用360#砂纸将表面打磨平整，并擦拭干净，使用美术颜料与腻子粉调和，使

图5-65 填补云石胶　　　图5-66 塞入牙签　　　图5-67 粘接锯末

图5-68　刀片刮平　　　图5-69　铲除抹灰层　　　图5-70　抹灰

腻子的颜色与家具原有色一致，仔细刮满修补部位，待干后再次打磨，最后涂饰清漆即可。此外，高档家具最好定期打蜡处理。修补家具破损部位要细心、耐心，精湛的修补工艺能使家具维修保养成为一种生活享受。

4. 墙面维修

乳胶漆墙面的普通污迹可以用橡皮擦除或用360#砂纸打磨，但是不要轻易采用蘸水擦洗的方法。彩色乳胶漆墙面的擦洗力度过大会露出白底，很难再调配出原有颜色来。对于受潮起泡的墙面首先可以局部铲除（见图5-69）。然后调配成品腻子，如果是彩色墙面，可以在腻子中调配水粉颜料，获得近似色彩即可，接着将腻子涂抹在墙面（见图5-70）上，最后采用装饰墙贴修饰，这种方法最简单有效。■

第68课　完美装修另有捷径

　　家居装修特别复杂，业主要将全程完美控制在自己手中得花上不少时间、精力，对于工作繁忙、时间紧张的业主不妨参考以下方法，会给繁琐的装修带来一份轻松。

1．选择集成家居

　　集成家居又称为系列家居装修或成套装修，是将整个家居装修作为一种产品来统一操作的装修方式，是家庭装修向系统化、规模化发展的产物，一般有各地知名、品牌家装公司整合各种装修资源，联合各种传统装修企业为业主集中服务，如装饰公司联系各种家具、建材、饰品、家电、家政等企业来为业主提供服务，但是业主不必过问其中的任何事宜，只是交给装饰公司全权负责即可。集成家居的装修效率很高，同时能迅速形成巨大的产业链，为装修业主提供一体化、全方位服务。

　　集成家居的优势是显而易见的，传统家装设计在先，很多材料采购、施工工艺预先是不可能考虑全面的，导致最终的装修效果与图纸差异很大，业主花了很大精力看懂了图纸，结果发现最后的装修效果与图纸大相径庭。集成家居是先进行初步设计，将装修的基本形态确

图5-71　集成衣柜

图5-72　集成房门

定下来后，再将各项工程交给不同的施工员、经销商、厂商去完成，装修质量也是各负其责。以卧室衣柜为例，首先在初步设计时，设计师只绘制平面图并确定大体尺寸。然后，给业主看衣柜厂商提供的样品宣传手册，进一步确定衣柜中的细节，接着，设计师才绘制立面图并交给厂商，厂商会另外派设计师上门进行核对尺寸，确定细节。最后，衣柜在工厂车间生产加工，分解为板块包装好，如期运输至现场安装，安装时间不超过1天。这与传统装修完全不同，衣柜制作不在住宅室内制作，可以缩短现场施工时间，节省业主的时间与精力（见图5-71）。衣柜全部由专业的机械裁切、组装，施工员除了做衣柜还是做衣柜，不同于传统木工除了制作家具还兼容吊顶、隔墙、房门（见图5-72）等其他构造，集成家居更专业、更精致。进一步解决了施工现场噪声、粉尘的污染，即便出现问题，责任也很容易划分。

只是集成家居的成本较高，一部分利润被更专业的施工员、经销商、厂商赚走，装饰公司要保证收益，业主自然得多花钱，这种形式更适合追求品质、经济条件较好的家庭。

2. 重点在家具上

家居装修内容繁多，但是最终的品质主要体现在家具的档次上，因此，在购买家具上要多花心思。一般而言，价格较高的家具外观造型、用材都很到位（见图5-73、图5-74），日常生活中使用频率较

图5-73 高档家具

图5-74 高档家具

高的家具最好选用高档产品,如沙发、床、衣柜、餐桌椅等,这些家具才是选购重点。由于价格较高,很多品牌厂商能根据住宅实际尺寸定制产品。例如,常规的餐桌尺寸为(长×宽×高)1200mm×700mm×760mm,如果业主与家人的身材较大,定制生产时可以改为(长×宽×高)1280mm×780mm×800mm,但是价格并无变化。高品质家具的优势还在于售后服务,厂商一般都能提供5年左右的质保。

高档家具的优势自然不言而喻,如果大量采购则开销不菲,为了提升装修,业主可以先到高档家具城考察家具,拍下喜爱的款式上网购买,或让设计师绘制图纸让木工制作。现场制作的家具质量虽然与购置的成品家具有差距,但是可以将差距降至最低,主要通过选用高素质施工员,选购优质板材、五金件(见图5-75),给家具添加金属装饰条,严格监控表面油漆工艺。此外,还有一个重要环节,就是待家具基础构架完成后,业主应当亲自持砂纸打磨,这个工序最简单,但是特别考验人的耐心,很少有施工员愿意在这个工序上花太多时间,打磨效果直接影响到家具的最终品质。

3. 擅用软装配饰

家居软装配饰是指装修完毕之后,利用易更换、易变动位置的饰物与家具,如窗帘、沙发套、靠垫、工艺品、台布、装饰品等,对家

图5-75 家具五金配件

图5-76 软装配饰

居环境作陈设与布置。家居软装配饰作为可移动的装修,更能体现业主与家人的品位,是营造家居氛围的点睛之笔,它打破了传统装修行业的界限,形成了全新的装修理念。家居配饰的功能非常强大,绝不亚于前期的硬件装修,它凭借绚丽的色彩、丰富的质地、灵活的摆放给家居空间带来意想不到的视觉效果,尤其是改善小空间作用更大(见图5-76)。

选购软装配饰要确定装修风格,但是饰品风格不必完全与装修风格相同,那样会令人感到俗套,应该有少许变化。例如,在欧式古典风格的家居中摆设青花瓷瓶,在新中式风格的家居中摆设东南亚饰品,在美式乡村风格的家居中摆设日式饰品,在现代简约风格的家居中挂贴无框水墨画,这些都能补足单一设计风格的不足。此外,不同房间主人的喜好是选择配饰的首要因素,要真正做到满足家庭成员的性格爱好,最直接的办法是让他们畅所欲言,发表意见,甚至亲自去选择配饰,最后集中起来商议摆放方式。关于这一点很难顾及全面,因为很多个人喜好都来源于生活积累,选购时最好全家齐上阵,计划额定采购指标,就能顾及全面了。对于固定摆放,使用时间较长的家居饰品,最好选择材质真实、具有厚重质感的品种,虽然价格贵些,但是购买的数量不多,一套住宅中精心挑选1~2件上档次的就足够了。■

参考文献

［1］国家住宅与居住环境工程技术研究中心. 住宅设计规范实施指南［M］. 北京：中国建筑工业出版社，2012.

［2］苏丹. 住宅室内设计［M］. 北京：中国建筑工业出版社，2011.

［3］梁梅. 家居住宅室内空间设计［M］. 武汉：华中科技大学出版社，2011.

［4］薛野. 室内软装饰设计［M］. 北京：机械工业出版社，2012.

［5］陈易. 室内设计原理［M］. 北京：中国建筑工业出版社，2006.

［6］高钰. 室内设计风格图文速查［M］. 北京：机械工业出版社，2010.

［7］李继业. 新编建筑装饰材料实用手册［M］. 北京：化学工业出版社，2012.

［8］郭道明. 实用建筑装饰材料手册［M］. 上海：上海科学技术出版社，2009.

［9］周翔. 家具布置与配饰设计［M］. 北京：机械工业出版社社，2010.

［10］叶刚. 住宅建筑装饰装修设计与施工［M］. 北京：金盾出版社，2011.

［11］肖绪文，王玉岭. 建筑装饰装修工程施工操作工艺手册［M］. 北京：中国建筑工业出版社，2010.

［12］张书鸿. 室内装修施工图设计与识图［M］. 北京：机械工业出版社，2012.

作者简介

汤留泉

　　湖北省武汉市人，湖北工业大学艺术设计学院环境艺术设计系讲师，设计艺术学硕士，武汉艺新装饰工程有限公司副总经理，长期从事室内、外装饰装修设计与施工。先后出版多部装修著作。经常接受新闻媒介采访，对装修预算、材料鉴别、快速施工有独特见解。

图书在版编目（CIP）数据

完美家装必修的68堂课/汤留泉等编著. — 北京：
中国建筑工业出版社，2013.4
ISBN 978-7-112-15042-7

Ⅰ.①完… Ⅱ.①汤… Ⅲ.①住宅 — 室内装修 — 基
本知识 Ⅳ.①TU767

中国版本图书馆CIP数据核字（2013）第077622号

责任编辑：白玉美 率 琦
责任校对：陈晶晶 赵 颖

完美家装必修的68堂课

汤留泉 等 编著

*

中国建筑工业出版社出版、发行（北京西郊百万庄）

各地新华书店、建筑书店经销

北京京点图文设计有限公司制版

北京云浩印刷有限责任公司印刷

*

开本：880×1230毫米 1/32 印张：11¼ 字数：292千字
2013年6月第一版 2013年6月第一次印刷
定价：30.00元
ISBN 978-7-112-15042-7
（23177）